"十二五"普通高等教育电气信息类实验规划教材

电工学实验教程

朱　莉　主　编
高　平　副主编

化学工业出版社
·北　京·

本书主要内容包括：电工电子测量基础知识、电工技术实验、电子技术实验、仿真实验和 PLC 控制实验等部分。在内容安排上，本教程由浅入深、循序渐进，通过增加综合性实验、设置思考题以及强化对实验报告的要求等措施，全面提升学生发现问题、分析问题和解决问题的能力。在加强基础的同时，侧重实践应用，提高学生的学习兴趣和能力，以满足不同专业、不同层次的需要。

本书可作为普通高等院校机械类、计算机类、化工类及工商、信息管理类等专业电工学课程的实验教程，也可供工程技术人员参考。

图书在版编目（CIP）数据

电工学实验教程/朱莉主编. —北京：化学工业出版社，2013.8（2023.8重印）

“十二五”普通高等教育电气信息类实验规划教材

ISBN 978-7-122-18005-6

Ⅰ.①电… Ⅱ.①朱… Ⅲ.①电工实验-高等学校-教材 Ⅳ.①TM-33

中国版本图书馆 CIP 数据核字（2013）第 165050 号

责任编辑：郝英华　　文字编辑：吴开亮

责任校对：边　涛　　装帧设计：刘丽华

出版发行：化学工业出版社（北京市东城区青年湖南街 13 号　邮政编码 100011）

印　　装：三河市延风印装有限公司

787mm×1092mm　1/16　印张 12½　字数 308 千字　2023 年 8 月北京第 1 版第 12 次印刷

购书咨询：010-64518888　　售后服务：010-64518899

网　　址：http://www.cip.com.cn

凡购买本书，如有缺损质量问题，本社销售中心负责调换。

定　　价：27.00 元

前言

电工学实验是工科院校电工技术与电子技术及相关课程的实践性环节，是整个教学环节中的重要组成部分。

本书作为电工学的配套教材，包含电工技术实验和电子技术实验两部分。在内容安排上，本教程由浅入深、循序渐进，在加强基础的同时，侧重实践应用，提高学生的学习兴趣和能力，满足不同专业、不同层次的需要。

编者通过增加综合性实验、设置思考题以及强化对实验报告的要求等措施，全面提升学生发现问题、分析问题和解决问题的能力。对一些理论课上学过的内容叙述从略，通过设置思考题促使学生主动思考；对一些延伸和扩展的内容，如 Multisim 技术和 PLC 控制技术，则作了较为详细的分析说明。书中部分实验内容可采用 Multisim 等电路仿真软件进行实验。

本书是在江苏大学电工电子实验室全体教师多年的实验教学经验基础上编写的，由江苏大学朱莉担任主编，高平担任副主编，参加编写的还有谭斐。全书由朱莉统稿，谭延良副教授审阅了书稿，并对初稿提出了很多宝贵的修改意见，在此表示衷心的感谢。

由于编者水平有限，书中难免存在不足之处，恳请广大读者批评指正。

编者

2013 年 7 月

目录

第3章 电子技术实验

第4章 仿真实验

第5章 PLC控制操作实验

绪 论

0.1 电工学实验须知

0.1.1 实验目的

① 进行实验基本技能训练。

② 巩固、加深和扩大所学到的理论知识，培养能运用基本理论来分析、处理实际问题的能力。

③ 培养实事求是、严肃认真、细致踏实的科学作风和良好的实验习惯，为今后的专业实践与科学研究打下坚实的基础。

0.1.2 实验课程的要求

通过本实验课，学生在实验技能方面应达到下列要求。

① 正确使用万用表、电流表、电压表、晶体管毫伏表、功率表及常用的一些电工实验仪表；初步掌握实验中用到的函数发生器、示波器、稳压电源、调压器等实验仪器和实验系统的使用方法。

② 根据各个实验的要求，正确地设计电路，选择实验设备及器材；学会按电路图连接实验电路，要求做到连线正确、布局合理、测试方便。

③ 能够认真观察和分析实验现象，运用正确的实验手段，采集实验数据，绘制图表、曲线，科学地分析实验结果，正确书写实验报告。

④ 正确地运用实验手段来验证一些定理和理论。

⑤ 对设计型实验，要根据实验任务，在实验前确定实验方案，设计实验电路，正确选

择仪器、仪表、元器件，并具有独立完成实验要求的能力。

⑥ 实验技能是一项基本功，应注意积累，逐步提高水平，练好这项基本功。

⑦ 了解计算机仿真软件 Multisim 10，利用该软件提供的元件来搭建模拟电路；通过其提供的测量仪器、仪表，来观察电路现象，更有利于学生学习和进行综合性的设计、实验，由此提高综合分析能力、开发创新和研究的能力。

0.2 实验步骤

实验课一般分为课前预习、进行实验和课后书写实验报告 3 个阶段。

0.2.1 实验预习

实验能否顺利进行和收到预期效果，很大程度上取决于预习准备是否充分。因此，在预习过程中应仔细阅读实验教程和其他参考资料。明确实验目的、内容，了解实验的基本原理以及实验的方法、步骤。搞清楚实验中哪些现象要观察，哪些数据要记录以及哪些事项应注意。

学生必须认真预习，做好预习报告后方可进入实验室。不预习者，不得进入实验室进行实验。

0.2.2 实验操作

良好的工作方法和操作程序，是实验顺利进行的有力保证。实验一般按照下列程序进行。

① 由指导教师在实验前集中讲授本实验课程的要求及注意事项，介绍实验中使用的仪器仪表、实验装置的使用方法。

② 学生在选定的实验座位上进行实验。在实验过程中应注意以下事项。

a. 选择本次实验使用的设备和装置，注意仪器设备类型、规格，同时了解设备的使用方法及注意事项。

b. 做好实验桌面的整洁工作，暂不用的设备整齐地放在一边。

c. 做好实验数据记录的准备工作。

③ 连接电路。实验设备应安放在便于操作和读数的位置。接线时，按照电路图先连接主要串联电路（由电源的一端开始，顺次而行，再回到电源的另一端），然后再连接分支电路。应尽量避免同一端上连接很多导线。连线完毕后，不要急于通电，应仔细检查无误后，方能开始通电实验。

④ 设备操作与数据记录。按照实验教程中的实验步骤进行操作。操作时要注意：手合电源，眼观全局；先看现象，再读数据。读数前要弄清仪表量程及刻度。读数时要注意姿势正确，要求“眼、针、影成一线”。记录要完整清晰，一目了然。数据记录在事先准备好的统一的实验原始数据记录纸上，要尊重原始记录，实验后不得涂改。实验过程中如果发生事故应立即切断电源，保持现场，并报告指导教师。

当需要把读数绘成曲线时，实验读数的多少应以足够能描绘出一条光滑而完整的曲线来确定。读取数据后，可先把曲线粗略地描绘一下，发现不足之处，应及时弥补。

⑤ 结束工作。完成全部规定的实验内容后，不要先急于拆除线路，应先自行核查实验

数据，有无遗漏或不合理的情况。实验完毕，原始记录应交指导教师审阅后再提交，而后将仪器装置整理复原，可进行下列结尾工作。

a. 拆除实验线路（注意：一定要先断电、后拆线，以防发生事故）。

b. 做好实验设备、桌面、环境清洁的管理工作。

c. 经教师检查、记分、认可后，方可离开实验室。

d. 做完实验后应及时整理实验数据，一般情况下，可以直接对实验记录的数据进行计算。

0.2.3 撰写实验报告

书写实验报告是对实验工作的全面总结，是实验课程的重要环节，其目的是为了培养学生严谨的科学态度。实验报告要求用简明的形式，将实验结果完全和认真地表达出来。报告纸采用规定的格式，除填好报告纸上各栏外，实验报告一般应包括以下内容。

① 实验目的。

② 实验设备：包括实验所需的仪器与仪表的名称、型号、规格和数量等。

③ 实验原理：包括实验原理说明、电路原理图和公式等。

④ 实验内容及步骤：包括具体实验内容与要求，实验电路图与实验接线图，主要步骤和数据记录表格。实验者可按实验指导书上的步骤编写，也可根据实验原理由实验者自行编写，但一定要按实际操作步骤详细如实地写出来。

⑤ 注意事项：实验中应注意的问题。

⑥ 实验数据及处理：根据实验原始记录和实验数据处理要求，画出数据表格，整理实验数据。表中各项数据如果是直接测得，要注意有效数字表示，如果是计算所得，必须列出所用公式。

⑦ 实验结论与分析：根据实验数据分析实验现象，对产生的误差，分析其原因，得出结论；并将原始数据或经过计算的数据整理为数据表，用坐标纸描绘波形或画出曲线。对实验中出现的问题进行讨论、总结，得出体会、建议和意见。

⑧ 回答提出的思考题。

学生在实验后，应及时写好实验报告。按实验教材要求完成总结、问题讨论和本次实验的心得体会以及对改进实验的建议。记录产生故障的情况，说明故障排除的方法。每次实验报告与实验原始数据记录纸装订在一起，按指定时间准时交给指导教师。

0.3 实验中需要注意的事项

（1）合理布局

将仪器、仪表合理布置，使之便于操作、读数和接线。合理布局的原则是：安全、方便、整齐、防止相互影响。

（2）正确连线

接线前先弄清电路上的节点与实验电路中各元件接头的对应关系，把元件参数调到应有的数值，调压设备及电源设备应放在输出电压最小的位置上，然后按电路图接线。

实验线路连接应力求简便、清楚、便于检查；布线要合理，导线的长度、粗细选择适当，防止连线短路。接线端头不要过于集中于某一点，电表接头上非不得已不接 2 根导线。接线松紧要适当，不允许在线路中出现没有固定端钮的裸露接头。

0.4 实验规则

开放实验室是为学生结合课程自行研究设计的实验而提供的锻炼场所。学生在实验前应仔细阅读以下开放实验室学生守则，并严格执行。

① 进入开放实验室的学生必须严格遵守开放实验室的各项规章制度和规定，严格遵守仪器设备的操作规程。接受安全教育，自觉服从管理。对违规者指导教师有权停止其实验。

② 进入开放实验室前必须认真预习，明确实验目的、原理和步骤，写出合格的预习报告，并正确回答指导教师提出的有关该实验的相关问题。无预习报告者或回答问题不正确者不得参加实验。

③ 由于特殊情况不能按预约时间参加实验的学生，必须在预约时间 2 小时前取消预约，有特殊情况不能取消预约的，必须在事后持班主任签字的证明，到实验中心办理撤销手续。

④ 学生必须持本人校园卡按规定的操作规程进行登录，按照选定的位置进行实验。

⑤ 学生不得擅自改变实验的基本要求。在完成规定的实验内容的基础上，鼓励学生增加实验内容，或自行设计实验，有创意者可按规定加分。

⑥ 在实验过程中随时注意安全。如发现仪器设备有损坏、出现故障等异常情况，应立即切断电源，保持现场，并报告值班指导教师处理。

⑦ 实验过程中出现问题，应尽量自行寻求解决办法，也可请值班指导教师答疑。

⑧ 爱护国家财产，实验中学生不得随意调换或拆卸实验仪器设备，严禁私自拆卸仪器设备。因违反操作规程而造成仪器设备损坏者，应按规定酌情赔偿，并作违规处理。

⑨ 实验中必须如实记录实验数据，按时完成实验报告，不得抄袭他人的实验结果。

⑩ 学生实验完毕，必须切断自己实验座位上所有仪器设备的电源。并整理好实验桌面上的仪器设备及配件，将个人物品和废纸杂物等带离实验室。

⑪ 实验室内应保持安静和整洁。

⑫ 严禁修改、删除、复制计算机的系统软件与应用软件。一经发现将作违规处理。

0.5 安全用电

在电工学实践教学过程中，需要使用工频交流电源。为了确保人身和仪器设备安全，防止触电事故发生，要求学生在熟悉安全用电常识的前提下，必须严格遵守以下安全操作规程。

① 不能随意合电闸，尤其是总电闸，未经允许绝对不能私自合闸。

② 严禁带电接线、拆线或改线，遵守“先接线后通电源，先断电源后拆线”的操作程序。

③ 接线完毕，要认真复查，确信无误后再接通电源进行实验。

④ 在实验中，特别是闭合或断开闸刀开关时，要随时监测仪表和机电设备有无异常现象，如指针反转、异响、异味、温度过高等现象，一旦发现应立即断电检查，如情况严重可请指导老师协助检查。

⑤ 实验时要严肃认真，同组之间密切配合。不得用手触及电路中的裸露部分，特别是强电实验，以防触电。

⑥ 电源接通后要尽量培养单手操作的习惯，以防止两相触电事故。

⑦ 接通电源的电路不能有空甩线头的现象，即线路连接好以后，多余和暂时不用的导线都要拿开，否则易出现电源短路、烧坏仪器或人员触电等情况。

⑧ 万一遇到异常情况或触电事故，应立即切断电源，或用绝缘工具迅速将电源线断开并查找原因。

⑨ 在测量电路时，若被测值难以估计，仪表量程应置最大，然后根据其指示情况逐渐减小量程，防止因过电压、过电流而烧坏仪表。

第1章

电工电子测量基础知识

1.1 基本电量的测量

1.1.1 电流的测量

测量电流必须将电流表串联在被测电路中。如图 1-1-1 所示。

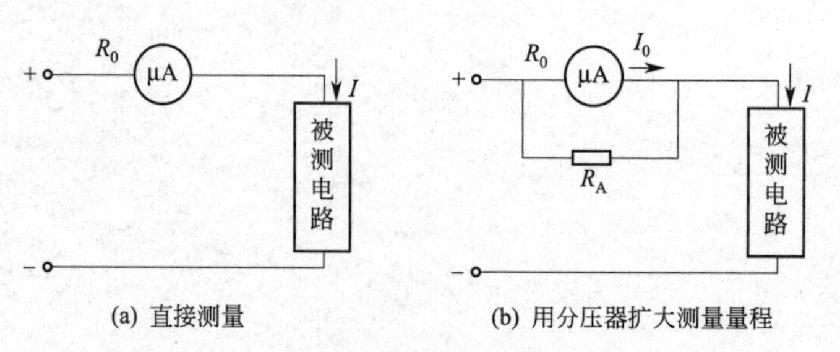

图 1-1-1 电流表与分流器

(1) 直流电流表

测量直流电流一般使用磁电系仪表。这种仪表的测量机构只能通过几十微安到几十毫安的电流。若被测电流小于允许值，可将表头直接与负载串联，如图 1-1-1(a) 所示；若被测电流大于允许值，就需要在表头上并联一个称为分流器的低值电阻 R_A，如图 1-1-1(b) 所示。图中 R_0 为表头的内阻。并联分流器后，通过测量机构的电流 I_0 只是被测电流 I 的一小部分，大部分电流通过分流器。根据并联电路中的电流分配关系，I_0 与 I 成正比，因此可以按比例直接标出被测电流 I 的数值。同一个磁电式测量机构并联不同数值的分流器，可以制成不同量程的电流表。

(2) 交流电流表

测量交流电流一般使用电磁系仪表，进行精密测量时可使用电动系仪表。

在低压电路测量时，若被测电流不超过电流表的量程，可将电流表直接串联在被测电路中；当测量高压电路的电流或者被测电流超过电流表的量程时，必须经过电流互感器进行测量。通过电流互感器可以将大电流成比例地变为小电流，从而扩大电流表量程，同时，经过电流互感器能使仪表和工作人员与高电压隔离，以确保安全（此时电流互感器的变流比应与电流表的变流比一致）。在不断电情况下对电流测量时，可采用钳形电流表进行测量，它由单匝穿心式电流互感器和磁电式电流表（内有整流器）组成，通过电流的导线相当于电流互感器的一次绕组，其二次绕组和电流表相连。

1.1.2 电压的测量

测量电路中某两点之间的电压时，应该把电压表并联在被测电路两端。为了使电压表并入后不影响电路原来的工作状态，要求电压表的内阻远大于被测负载的电阻。由于测量机构本身的电阻是不大的，所以在电压表内都串有阻值很大的附加电阻 R_0，如图 1-1-2(a) 所示；有时为了扩大电压表的量程，可以利用串联电路的分压原理，与电压表串联一个电阻 R_V，如图 1-1-2(b) 所示，使表的读数与实际电压成一定比例关系，从而可以用较小的电压表量程来测量较高的电压。

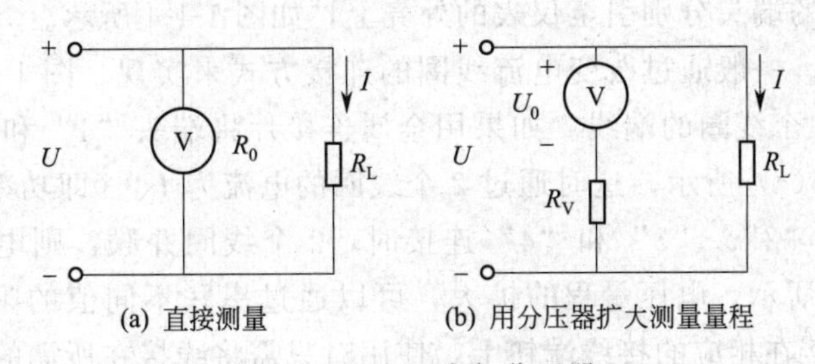

图 1-1-2　电压表与分压器

(1) 直流电压表

测量直流电压采用磁电系仪表。图 1-1-2(a) 为直流电压表的接线图。当电压表接入后，由于磁电系仪表只能测量直流，所以接线时，一定要注意正、负极性，并应合理选择量程。

由于磁电系仪表不能测量交流，所以当需要用磁电系仪表测量交流电压时，必须与二极管配合起来，用二极管将交流电整流成直流电才能进行测量，这种仪表称为整流系仪表。

(2) 交流电压表

测量交流电压应采用电磁系仪表。对低电压的测量，其接线同图 1-1-2(a)；当测量交流高电压时，必须通过电压互感器，这样还能使仪表和工作人员与高电压隔离，以保证安全。电压互感器的二次电压通常为 100V。当电压表和电压互感器配套使用时，电压表的刻度按一次侧电压标度，这样就可以直接读出被测电压值。

1.1.3 功率的测量

1.1.3.1 功率表

(1) 功率表的工作原理

功率表又称为瓦特计，通常用电动系仪表制成，主要用于电路中功率的测量。功率表有两组线圈，电流线圈用粗导线绕成，匝数少，与被测电路串联，用来反映负载电流。电压线圈用细导线绕成，匝数多，串联一个倍压器，测量时与负载并联，用来反映负载电压，如图1-1-3(a) 所示。功率表接线应特别注意电压线圈和电流线圈的极性。电流线圈的电源端有“*”号，应接在电源端，另一端接在负载端；电压线圈标有“*”号的一端可与电流线圈的任一端连接，而另一端跨接到被测负载的另一端。功率表使用时，电流、电压都不允许超过各自线圈的量程。

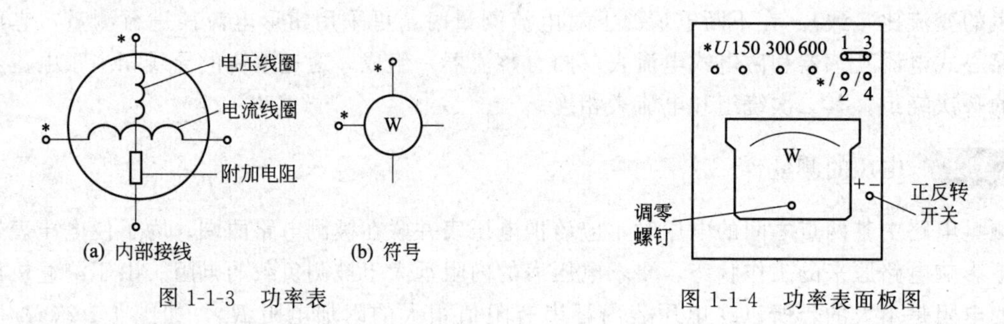

图 1-1-3 功率表

图 1-1-4 功率表面板图

(2) 功率表的选择及正确使用

① 功率表的量程及其扩大 功率表包括电流、电压和功率三个量程。功率表的量程是由电压和电流量程决定的。功率表一般有 2 个电流挡位和 3 个电压挡位，表内有 2 个完全相同的电流线圈，它们的端头分别引至仪表的外壳上，如图 1-1-4 所示。

电流量程的扩大，一般通过改变电流线圈的连接方式来实现。图 1-1-4 中“1”和“4”、“2”和“3”分别是 2 个线圈的端线。如果用金属连接片将端头“1”和“3”连接，则 2 个线圈串联，如图 1-1-5(a) 所示，这时通过 2 个线圈的电流为 I_N（即功率表面板上表示的小电流值）；当“1”和“2”、“3”和“4”连接时，2 个线圈并联，则电流量程扩大 1 倍为 $2I_N$，如图 1-1-5(b) 所示。电压量程的扩大，可以通过串联不同值的附加电阻来实现。由于附加电阻在表内已接在相应的接线端钮上，使用时只需将线接在所需的端钮上，如图 1-1-6 所示，电压线路有 4 个端钮（带“*”号者为公共端），这样，电压量程就有 3 个挡位。

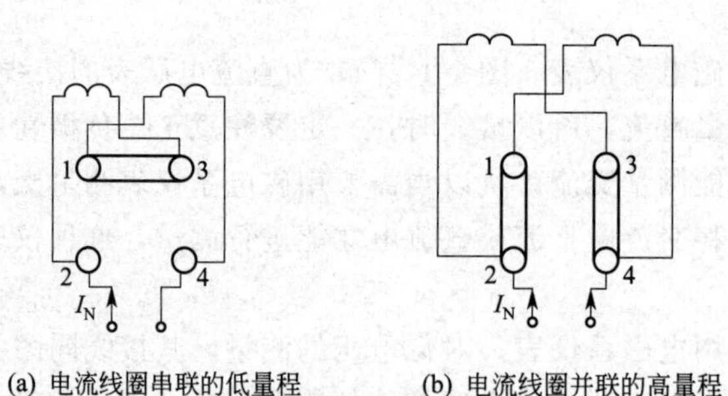

图 1-1-5 用连接片改变电流量程

② 功率表的接线 功率表在接线时，应使电流线圈和电压线圈的始端（带“*”号者为始端）接在电源同极性的端子上，以保证 2 个线圈的电流都从始端流进，将电流线圈串联于被测线路中，电压线圈并联于被测负载两端，如图 1-1-7 所示（此时电压量程为 600V）。

(3) 功率表的读数方法

要读取正确的瓦（W）数，必须经过换算，计算公式如下。

$$P=C\alpha$$

式中　P——被测功率，瓦（W）；

α——功率表指针的读数，格（div）；

C——功率的分格常数，瓦/格（W/div），C 的表达式为

$$C=\frac{U_N I_N}{\alpha_m}$$

式中　α_m——功率表满刻度的读数，div；

U_N——所使用的电压线圈的额定值（此值标注在功率表电压线圈的接线端钮旁）；

I_N——所使用的电流线圈的额定值（此值标注在功率表盒盖内）。

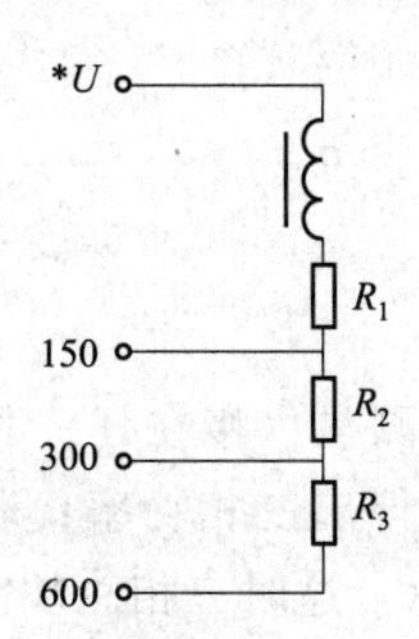

图 1-1-6　多量程功率表电压电路

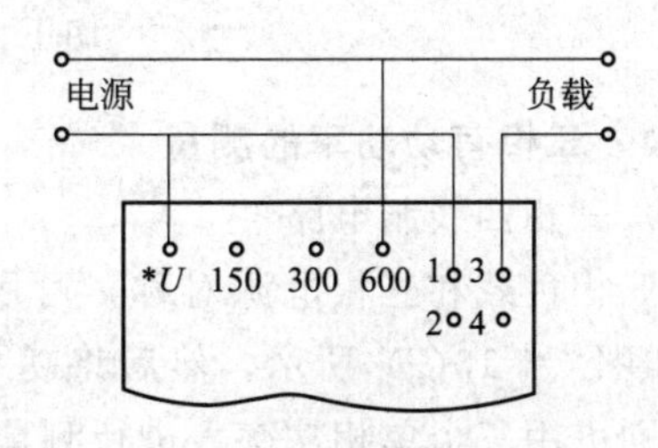

图 1-1-7　功率表在被测电路中的接线图

1.1.3.2　直流功率的测量

直流功率可以用电压表和电流表间接测量求得，也可用功率表直接测得。功率表的接线如图 1-1-8 所示。同时还要注意电流线圈和电压线圈的始端标记“*”，应把这两个始端接于电源的同一端，使通过这两个接线端电流的参考方向同为流进或同为流出，否则指针将要反转。

由于电动系仪表的偏转角 α 与 2 个线圈的电流乘积成正比，而通过电流线圈的电流即为负载电流 I，通过电压线圈的电流与负载电压成正比，因此电动系功率表的偏转角 α 与 IU 的乘积成正比，即与负载的电功率成正比。只要读出指针的偏转格数，就可算出被测量的电功率数值。

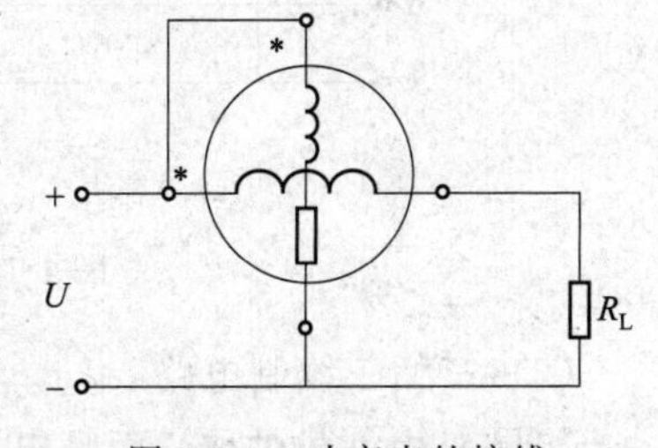

图 1-1-8　功率表的接线

【例】　某功率表的满标值为 1250，现选用电压为 250V、电流为 10A 的量程，读得指针偏转的刻度值为 400，求被测功率为多少？

【解】　功率表的分格系数（这里指每一刻度值所代表的瓦数）为

$$C=\frac{I_N U_N}{\alpha_m}=\frac{10\times 250}{1250}=2\ (\text{W/div})$$

所以被测功率为

$$P=C\alpha=2\times 400=800\ (\text{W})$$

1.1.3.3　单相有功功率的测量

（1）前接法

将电压线圈有“*”号的一端与电流线圈有“*”号的一端连接。如果负载电阻比功率表电流线圈电阻大得多，则采用前接法，如图 1-1-9(a) 所示。

（2）后接法

将电压线圈有“*”号的一端与电流线圈无“*”号的一端连接。如果负载电阻比功率表电流线圈电阻小得多，则采用后接法，如图 1-1-9(b) 所示。

在实际测量中，接线方法正确，但指针反向，这表明功率输送的方向与预期的相反，此时只要将电流线圈端钮换接即可。

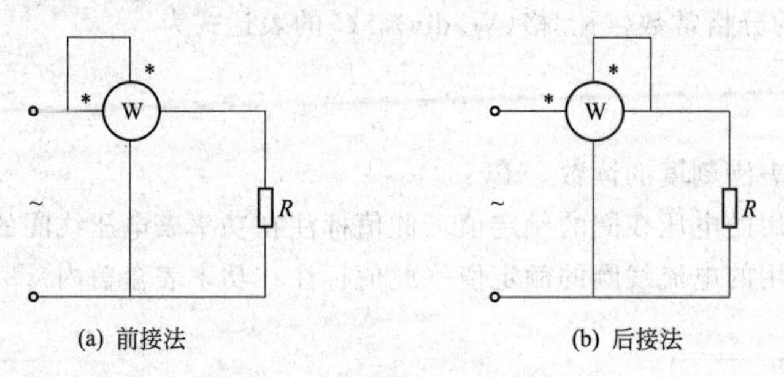

图 1-1-9 单相功率表的接法

1.1.3.4 三相有功功率的测量

（1）三相四线制电路

若三相负载和三相电源对称，可用一个单相功率表进行测量（接在任一相线回路上均可），如图 1-1-10(a) 所示，然后将功率表的读数乘以 3，即得出三相功率；若三相负载不对称，则可用三个单相功率表进行测量，如图 1-1-10(b) 所示，这时三相总功率为三表读数之和。

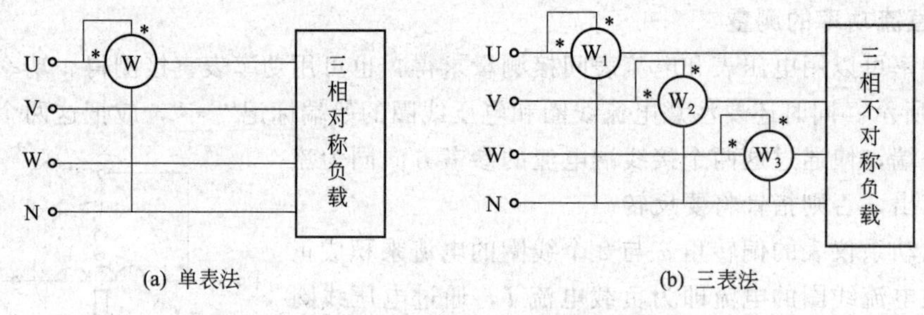

图 1-1-10 三相四线制功率测量线路的连接

（2）三相三线制电路

如果三相负载对称，而且电路采用三相三线制，此时测量电路的有功功率，通常采用两功率表法，其接线如图 1-1-11 所示。图中，每只功率表的电流线圈通过的都是线电流，而电压线圈则接入线电压。两个功率表读数的代数和即为该电路的有功功率。

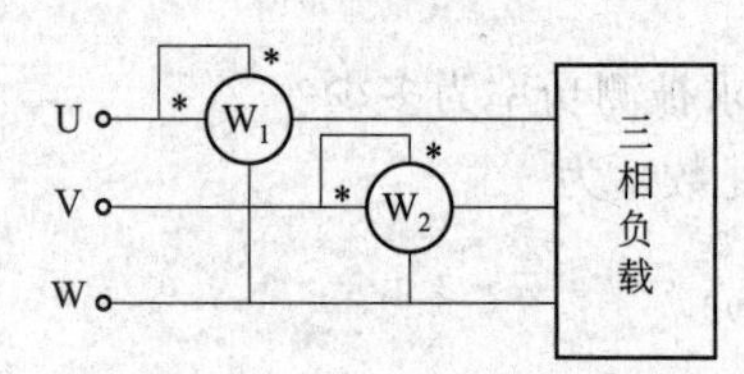

图 1-1-11 两功率表法测量三相功率

为了使用方便，制造厂生产了两元件的三相功率表，即把两只功率表的测量机构放在一个外壳内，两个电压线圈固定在一个转轴上。由于偏转角是由两个线圈转矩的代数和决定的，所以指针所指示的读数就是三相功率。两元件三相功率表的背面共有 7 个接线柱，其中 4 个属于 2 个电流线圈，另外 3 个接线柱属于 2 个电压线圈（其中一个为共用），其接线方法如图 1-1-12 所示。

1.1.3.5 三相无功功率的测量

（1）用单相功率表测量

测量电路如图 1-1-13(a) 所示。其实质是将单相功率表中电压 U 与电流 I 之间的相位差接成 $90°-\varphi$，这时该功率表的读数即为无功功率。功率表电压线圈接线电压 U_{VW}，与相电

压 U_U 之间有 90°的相位差，其读数乘以$\sqrt{3}$，即为三相电路无功功率的数值。

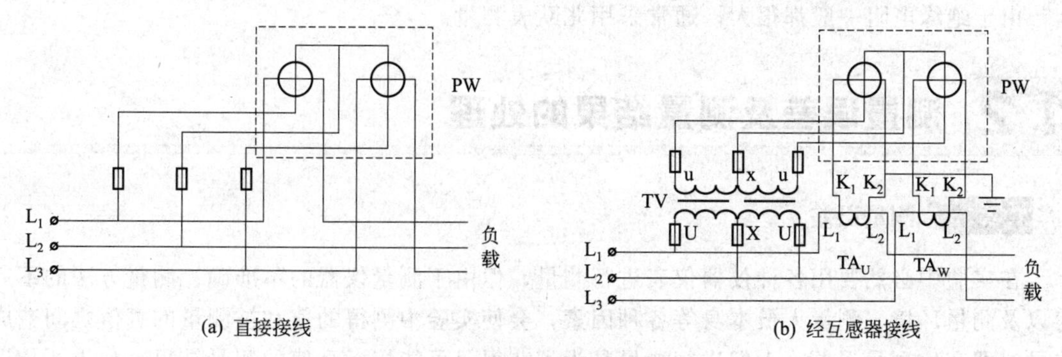

(a) 直接接线　　(b) 经互感器接线

图 1-1-12　两元件三相功率表的接线

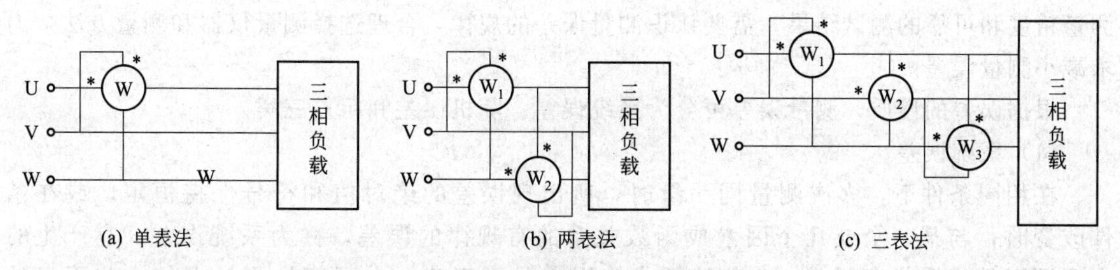

(a) 单表法　　(b) 两表法　　(c) 三表法

图 1-1-13　用单相功率表测量三相无功功率的接线图

（2）用两个单相功率表测量

测量原理同（1），其电路接线如图 1-1-13(b) 所示。用两表读数差（W_1-W_2）的绝对值乘以$\sqrt{3}$，即为三相电路无功功率的数值。

（3）用三个单相功率表测量

接线图如图 1-1-13(c) 所示。将三个功率表的读数之和除以$\sqrt{3}$，即为三相电路无功功率的数值。

1.1.3.6 功率因数的测量

三相交流功率因数表又称相位表，它用来测量交流电路中电压与电流间的相位差角或者电路的功率因数。

电动式功率因数表的特点是没有产生反作用力矩的游丝，它的反作用力矩和转矩是由两个转动线圈、一个固定线圈通电后相互作用产生的。这两个电磁力矩方向相反，当它们的大小相等时，指针就静止在力矩平衡的位置上。图 1-1-14 为电动式三相功率因数表的内部接线图。

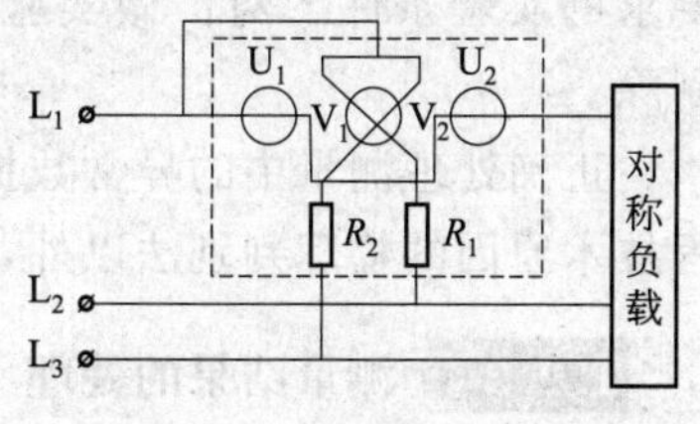

图 1-1-14　电动式三相功率因数表接线图

U_1、U_2—电流线圈；

V_1、V_2—电压线圈；

R_1、R_2—附加电阻

在三相功率因数表接线时，除了应按说明书的规定接线外，还应当注意三相交流电的相序关系。

1.1.4 电阻的测量

（1）导体电阻的测量

导体电阻可用万用表的欧姆挡进行测量，要求精密测量时也可采用电桥进行测量，还可以用电压表、电流表进行测量。

(2) 绝缘电阻的测量

由于绝缘电阻一般都很大，通常采用兆欧表测量。

1.2 测量误差及测量结果的处理

1.2.1 测量误差

在实验中必然要用各种仪器仪表进行测量，但由于测量仪器的不准确、测量方法的不完善以及测量环境、测量人员本身等各种因素，会使实验中测得的值和被测量的真值之间造成差异，即产生测量误差。人们进行测量是为了获得尽可能接近真值的测量结果，如果测量误差超过一定限度，测量工作及由测量结果所得出的结论就失去了意义，因此为了得到要求的测量精度和可靠的测试结果，需要认识测量误差的规律，合理选择测量仪器和测量方法，力求减小测量误差。

根据误差的性质，测量误差可分为系统误差、随机误差和粗差三类。

(1) 系统误差

在相同条件下，多次测量同一量时，所出现误差的绝对值和符号保持恒定，或在条件改变时，与某一个或几个因素成函数关系的有规律的误差，称为系统误差。它产生的主要原因是仪器仪表制造、安装问题或使用方法不正确，也可能是测量人员一些不良的读数习惯等。

(2) 随机误差

相同条件下，重复测量某一量时，每次测量的数据或大或小、或正或负、不能预知的误差，称为随机误差。它是由很多复杂因素，如电磁场的微变，空气扰动，气压及温度、湿度的变化等对测量值的综合影响所造成的。

单次测量的随机误差没有规律，但多次测量的随机误差总体服从统计规律，通过对测量数据的统计处理，可以在理论上估计随机误差对测量结果的影响。

(3) 粗差

粗差是一种明显地歪曲了测量结果的误差，如测错、读错、记错以及在未达到预定要求的实验条件下匆忙做实验，都会引起粗差。含有粗差的测量值称为异常值，应予以剔除。

正确处理测量中的异常数据是测量实践中经常碰到的问题，除了采用能分析出物理或工程技术原因的物理判别法以外，通常用统计学的异常数据处理法则来判别。

1.2.2 测量结果的处理

测量结果通常用数字或曲线图形表示。测量结果的处理就是对测量数据进行计算、分析、整理和归纳，以得出正确的科学结论。

(1) 测量结果的数字处理

由于在实验过程中不可避免地存在误差，所以测量结果一定是近似值，这就涉及如何用近似值恰当地表达测量结果的问题，即有效数字的问题。

读数时，若指针所指示的位置在两条分度线之间，可估计一位数字。例如用电流表测电流时，电流表指针停留在2.1A和2.2A刻度线之间，这时的读数就要凭眼睛来估计一位数字，比如估计为2.16A，那么最后一位“6”不是准确的读数，称为欠准数字，而前面的“2.1”是准确的，称为准确数字。能够正确而有效地表示测量和实验结果的数字称为有效数字，它由准确数字和一位欠准数字组成。如上面提到的“2.16A”就是被测电流的有效数字。有效数字的位数取决于测量仪表的精度。有效数字是指从左边第一位非0数字算起，直到右边最后一位数字为止的所有位数字。例如375kΩ、2.50mA、7.09V、0.0436MHz等都是三位有效数字，0.0436MHz，可以写成43.6kHz，但不能写成43.600 kHz，后者为五位有效数字，两者的意义不同，所以有效数字不能因选用的单位变化而改变。若用“10”的方幂来表示数据，则“10”的方幂前面的数字都是有效数字。如30.40×10^3Hz，它的有效数字是四位。测量中有效数字取几位，要视具体情况而定，但可以根据舍入规则保留有效数字的位数。

(2) 测量结果的列表处理

列表处理就是将一组测量数据中的自变量、因变量的各个数值按一定的形式和顺序一一对应列出来。一个完整的表格应包括表的序号、名称、项目（应用单位）、说明及数据。这种方法的优点是同一表格内可以同时表示出几个变量的关系，数据便于比较，形式紧凑，而且简单易行。

(3) 测量结果的曲线处理

测量结果除了用数字表示外，还常用各种曲线表示。在分析两个（或多个）物理量之间的关系时，用曲线表示比用数字或公式表示更形象和直观，通过对曲线的形状、特性和变化趋势的分析研究，可以给我们许多启示，从而有利于得出正确的结论。要做出一条符合客观规律、反映真实情况的曲线，应注意以下几点。

① 合理选择坐标，最常用的是直角坐标，横坐标表示自变量，纵坐标表示因变量。

② 合理选择坐标分度，标明坐标所代表的物理量和单位。

③ 合理选择测量点，并准确标记各测量点。

④ 修正曲线。

1.3 仪表的正确选择与使用

1.3.1 电压表、电流表、功率表的选择与使用

在实验中常用的仪表有电压表、电流表和功率表，选用这些仪表时要注意仪表容量、参数的选择，仪表的种类、量程、准确度等级要合适。

1.3.2 调压器的选择与使用

交流实验中的电源经常采用调压器，调压器的输出电压是可调的。实验时，在将调压器接入电路前，应先将调压器的调节手轮（或旋钮）逆时针旋转到“0”位。调节调压器手轮（或旋钮）的丝杆，将电压表接在调压器的副边通电检查，使电压表指示为0V，以确保在实验时调压器的输出电压从0V开始。当顺时针旋转调节手轮（或旋钮）时，要使实验电压从0V缓慢上升，同时注意仪表指示是否正确，有无声响、冒烟、焦味及设备发烫等异常现象。一旦发生上述现象，应立即切断电源或把调压器手轮（或旋钮）退到“0”位，再切断电源，然后根据现象分析原因，排除故障。

1.3.3 电子仪器使用的一般规则

(1) 预热

实验中常用的电子仪器有示波器、函数发生器、毫伏表、直流稳压电源等，这些仪器都需要交流电源供电。为了保证仪器运行的稳定性和测量精度，一般需预热 3～5min 后才能使用。

(2) 接地

实验中，信号电压或电流在传递和测量时易受到干扰，因此各仪器和实验装置应共地连接，即把各仪器和实验装置的接地端可靠地接在一起。各仪器和实验装置之间的连线尽可能短。

1.3.4 操作、观察、读数和记录

操作时要注意：手合电源，眼观全局；先看现象，再读数据。数据测量和实验观察是实验的核心部分，读数前一定要先弄清仪表的量程和表盘上每一刻度（div，即格）所代表的实际数值。仪表的实际读数值为

$$实际读数=(使用量程/刻度极限值)\times 指针指数=K\times 指针指数$$

式中，K 为仪表在某量程时每一刻度（div）代表的数值。

对于普通功率表，其读数值为

$$实际读数=(电压量程\times 电流量程/刻度极限值)\times 指针指数=K\times 指针指数$$

对于低功率因数功率表，其读数值为

$$实际读数=(电压量程\times 电流量程\times 0.2/刻度极限值)\times 指针指数=K\times 指针指数$$

读数时应注意姿势要正确，要求"眼、针、影成一线"，即读数时应使自己的视线同仪表的刻度标尺相垂直；当刻度标尺下有弧形玻璃片时，应当在看到指针和镜片中的指针影子完全重合时，才开始读数。要随时观察和分析数据。测量时既要忠实于仪表读数，又要观察和分析数据的变化。

数据记录要求完整，力求表格化，一目了然。数据须记录在规定的实验原始数据记录纸上；要尊重原始记录，实验后不得随意涂改。交报告时须将原始记录一起附上。

波形、曲线一律要画在坐标纸上，坐标值的大小要适当。在坐标轴上应注明量的符号和单位的符号，标明比例和波形、曲线的名称。

1.4 常见故障的分析与检查

在电工电子实验过程中常常会遇到因断线、接错线等原因造成的故障，使电路工作不正常，严重时可能损坏设备，甚至危及人身安全。为避免事故的发生，实验前一定要预习。实验过程中，按电路图有顺序地接线，接线完毕后应对电路认真检查，不要急于通电。

在实验课上出现一些故障是难免的，关键是在出现故障时应能通过分析和检查找出故障原因，并及时排除，使实验顺利地进行下去，从而提高分析问题和解决问题的能力。

1.4.1 常见故障

(1) 测试设备故障

测试设备可能出现功能不正常，测试棒及探头损坏等情况。

（2）电路元器件故障

如晶体管、集成器件、电容、电阻等特性不良或损坏，使电路有输入无输出或输出异常。

（3）接触不良故障

如插接点接触不可靠，电位器滑动接点接触不良等，这种故障一般是间隙性的，或突然停止工作。

（4）人为故障

如操作者接线错误、元器件参数选错、二极管或电解电容极性接反、示波器旋钮挡位选择错误，造成波形异常甚至无波形显示等。

（5）各种干扰引起的故障

所谓干扰是指来自设备或系统外部的破坏信号。干扰源种类很多，常见的有：直流电源滤波不佳，纹波电压幅度过大；感应干扰，空间的各种电磁波通过分布电容或电感等各种途径窜扰到电路或电子仪表中；接地不当引起的干扰等。

1.4.2 产生故障的原因

产生故障的原因很多，一般可归纳如下。

① 电路连接不正确或接触不良，导线或元器件引脚短路或断路。

② 元器件、导线裸露部分相碰造成短路。

③ 测试条件错误。

④ 元器件参数不合适或引脚错误。

⑤ 仪器使用、操作不当。

⑥ 仪器或元器件本身质量差或损坏。

例如，在做 RLC 串联谐振实验时，起初电流值随频率升高而增加，后来迅速下降到很低，重新做实验再也得不到谐振现象。

这是一种非破坏性故障，没有发现烟、味、声、热等现象。重做时，电路中有电流但不出现谐振现象，说明 R、L、C 不是开路而可能是短路。用万用表检查各元件是否短路，最后检查出电容器 C 短路。分析产生故障的原因：根据现象判断电容器 C 原来是好的，短路是在实验过程中造成的。原因是当信号源电压较高时，串联谐振时电容器上的电压可达信号源电压有效值的 Q 倍，超过电容器的耐压值使电容器被击穿短路。

从这个例子也告诉我们，在实验前对电路中的电压、电流要有一个初步的估计，选用元器件时要考虑元器件的额定值。确定测试条件时，应考虑到是否会引起不良的后果。比如用万用表的电流挡去测量电路的电压时，会造成故障或损坏仪表。

总之，在实验过程中遇到故障时，要耐心细致地去分析查找，或请教师帮助检查，切不可遇难而退，只有动脑分析查找故障，才能提高自己分析问题和解决问题的能力，才能在实验过程中培养严肃认真的科学态度和细致踏实的实验作风。只有掌握了良好的实验基本技能，才能为今后的专业实验、生产实践与科学研究打下坚实的基础。

1.4.3 检查故障的基本方法

（1）直接观察法

利用人的视觉、听觉、嗅觉以及直接碰摸元器件作为手段来寻找和分析故障。此法较简单，可作为对电路初步检查之用。

(2) 电阻测量法

在电路不带电的情况下，用万用表电阻挡测量电路的阻值、导线或元件的通断等。

(3) 电压测量法

在电路带电的情况下，用电压表测量电路中有关的各点电位或两点之间的电压，据此分析和寻找故障。

(4) 信号跟踪法

把一个幅度与频率适当的信号送入被测电路的输入端，利用示波器，按信号的流向，逐级观察各点的信号波形，如哪一级异常，则故障就在该级。这种方法对电子电路尤为适用。

(5) 对比或部件替换法

将被怀疑有故障的电路参数和工作状态与相同的正常电路进行对比；或用与故障电路同类型的元器件、插件板等来替换故障电路中被怀疑的部分，从中发现和判断故障。

以上列举的几种方法，在使用时可根据实际情况灵活掌握，对简单故障一般用一种方法即可查出故障点，但对于复杂故障，则需采用多种方法互相配合，才能找到故障点。一般情况下，寻找故障的常规做法是：首先用直接观察法，排除明显的故障；然后用万用表或示波器检查静态参数；最后用信号跟踪法对电路做动态检查。

1.4.4 处理故障的一般步骤

处理故障的一般步骤如下。

① 若电路出现短路现象或其他损坏设备的故障时，应立即切断电源，关闭仪器设备，查找故障。一般首先检查接线是否正确。

② 根据出现的故障现象和电路的具体结构，判断故障的原因，确定可能发生故障的范围。

③ 逐步缩小故障范围，直到找出故障点为止。

在电工及电子电路中，不可避免地会出现各种各样的故障，在处理故障之前，应保持现场，切勿随意拆除或改动电路。一般在发现故障之后，应从故障现场出发，进行分析、判断，通过反复检查调试，逐步找出产生故障的原因、性质，最后找出故障所在具体位置，以便及时排除。

1.4.5 电子电路中的共地

由于电子电路周围存在电磁场，通过电磁感应产生干扰，窜入电子电路及交流电子仪表线路中，影响正常工作。为防止这种干扰，一般采用电磁屏蔽和妥善接地的办法。

虽然交流信号可以不分正负，但交流电子仪器仪表的输入或输出的两个端子却有红（信号线）、黑（地线）两色之分，说明它们不能交换使用，而且一般黑色端子与其外壳相连。在测量中要将各种电子仪器仪表的黑色端子连接在一起，则其外壳将连在一起，即都处于某公共电位点，这个公共电位点虽不一定是电网接地点，但称为“共地端”，用“⊥”符号表示。当出现电磁干扰时，将被各仪表外壳短路到“共地端”同样起到屏蔽的作用。

(1)“不共地”或“共地”不良造成的干扰

图 1-4-1 所示为用示波器测信号源的输出电压，由于“不共地”或“共地”不良引入干

扰的示意图。图中 C_1、C_2 分别为信号源和示波器机壳对大地（用⏚符号表示）的分布电容，由于图中信号源和示波器的地线没有相连，因此实际到达示波器输入端的电压，除被测电压外，还有分布电容 C_1、C_2 所引入的干扰电压，图 1-4-2 所示是叠加了高频干扰的信号，也有叠加了 50Hz 工频干扰的信号。

测量中如果将信号源的地线和示波器的地线相连，干扰就可以消除。

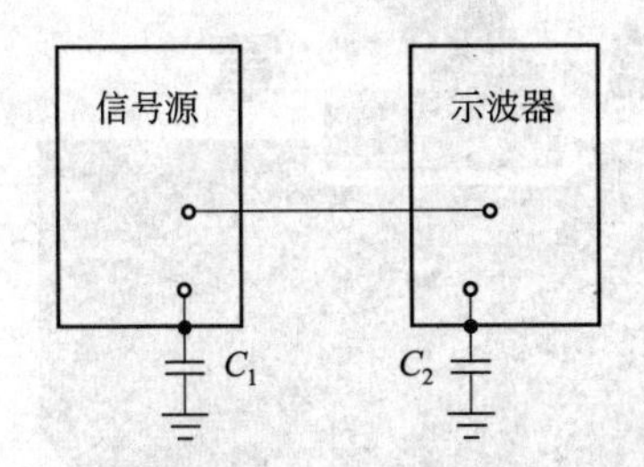

图 1-4-1 "不共地"或"共地"不良示意图

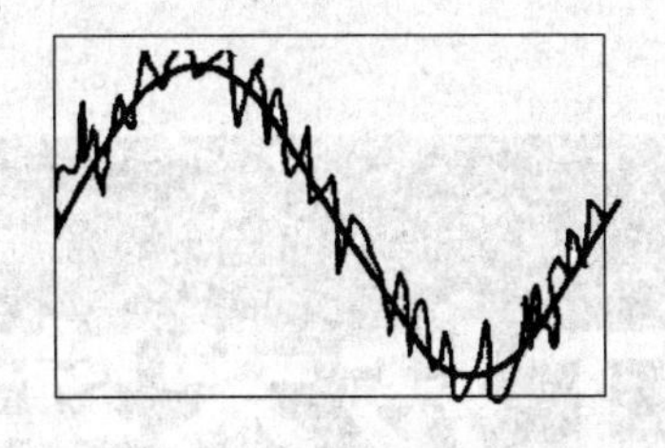

图 1-4-2 叠加了高频干扰的信号

(2) 接地不当将信号源短路

许多电子仪器采用三端电源插头，其外壳和黑色端子已与电网相连，如果实验中不注意，如图 1-4-3 所示，将示波器的黑色端子（地端）错接到实验板的非接地端，则造成信号源输出短路，以致烧毁信号源。

(3) 接地不当将被测电路短

在使用双踪示波器时，由于其两路输入端的地线（黑色端子）在内部已经连通，它们都是与机壳相连的。图 1-4-4 中示波器通道 CH1 观察被测电路的输入信号，其连线是正确的，而示波器另一通道 CH2 观察电路的输出信号，其连线是错误的，导致了被测电路输出端短路。

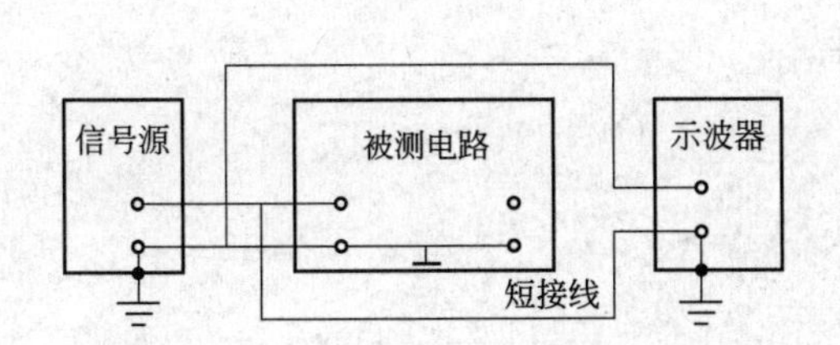

图 1-4-3 接地不当将信号源短路示意图

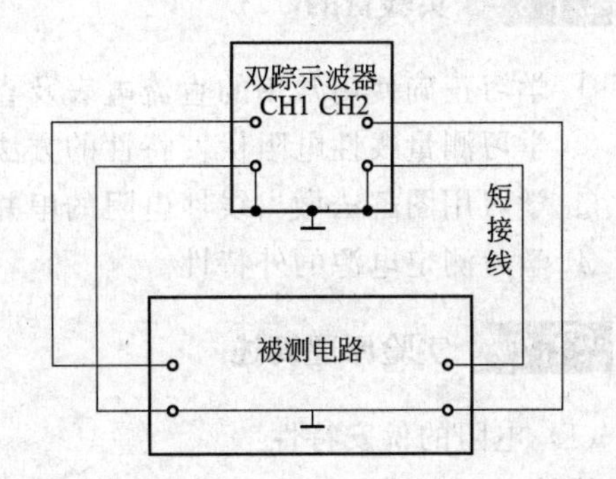

图 1-4-4 接地不当将被测电路短路示意图

第2章 电工技术实验

2.1 实验一 元件特性的伏安测量法

2.1.1 实验目的

① 学习正确使用常用的直流电表及直流稳压电源。
② 学习测量线性电阻伏安特性的方法。
③ 学习用图解法做出线性电阻的串并联特性。
④ 学习测定电源的外特性。

2.1.2 实验原理简述

（1）电阻的伏安特性

线性电阻两端的电压与通过电阻的电流符合欧姆定律 $U=RI$，即线性电阻元件两端的电压与流过的电流成正比，比例常数就是这个电阻的阻值，其伏安特性如图 2-1-1(a) 所示。

非线性电阻可分双向型（对称原点）和单向型（不对称原点）两类。如图 2-1-1(b)～(f) 所示分别为钨丝电阻（灯泡）、稳压管、充气二极管、隧道二极管和普通二极管的 u-i 特性曲线。非线性电阻种类很多，它们的特性各异，被广泛应用在工程检测（传感器）、保护和控制电路中。

（2）电阻伏安特性的测量

电阻的伏安特性可以通过在电阻上施加电压，测量电阻中的电流而获得，如图 2-1-2 所示。在测量过程中，只使用电压表（伏特表）、电流表（安培表），此方法称为伏安法。伏安法的最大优点是不仅能测量线性电阻的伏安特性，而且能测量非线性电阻的伏安特性。在工

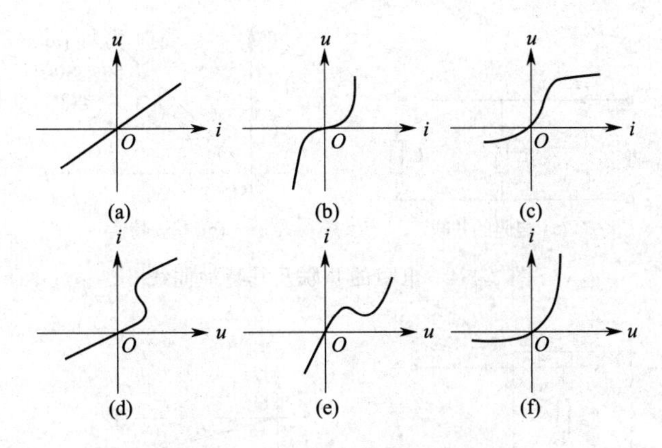

图 2-1-1 电阻的伏安特性曲线

程实践中，由于电压表的内阻不是无限大，电流表的内阻也不为零，因此，图 2-1-2(a) 或图 2-1-2(b) 的接线方式都会给测量带来一定的误差。比较而言，图 2-1-2(a) 适合于测量阻值较大的电阻，而图 2-1-2(b) 适用于测量阻值较小的电阻。

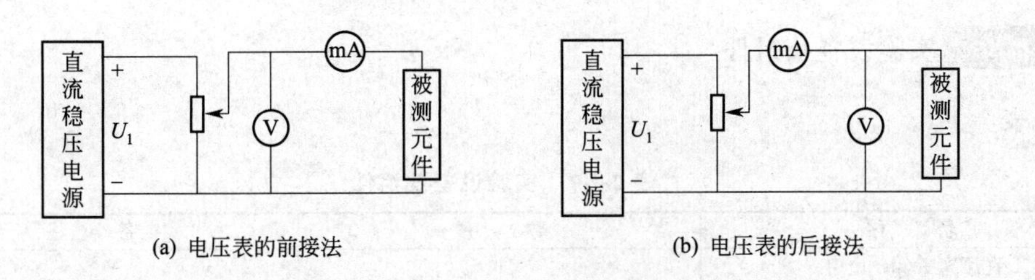

图 2-1-2 测量电阻伏安特性的电路

(3) 电阻的串联和并联

线性电阻的端电压 $u(t)$ 是其电流 $i(t)$ 的单值函数，反之亦然。两个线性电阻串联后的 u-i 特性曲线可由 u_1-i 和 u_2-i 对应的 i 叠加而得到，如图 2-1-3(b) 中的 $u=f(i)$ 特性曲线。同样两个线性电阻并联后的 i-u 特性曲线可由 i_1-u 和 i_2-u 中的 u 叠加而得到，如图 2-1-4(b) 中的 $i=g(u)$ 特性曲线。

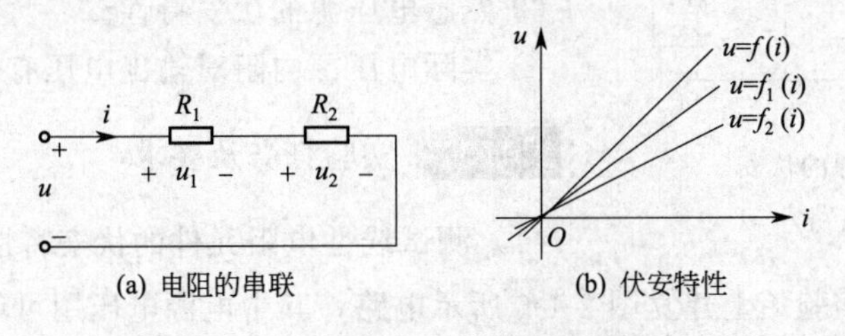

图 2-1-3 电阻的串联及其特性曲线

(4) 电压源的伏安特性

实际电压源可以用一个理想电压源 U_s 和电阻 R_s 相串联的电路模型来表示 [图 2-1-5(a) 所示]，其伏安特性如图 2-1-5(b) 中曲线②所示。理想电压源的输出电压始终保持恒定，输出电流则取决于外电路，其伏安特性如图 2-1-5(b) 中曲线①所示。显然，R_s 越大，图 2-1-5 中的角 θ 也越大，其正切的绝对值就是实际电压源的内阻 R_s。

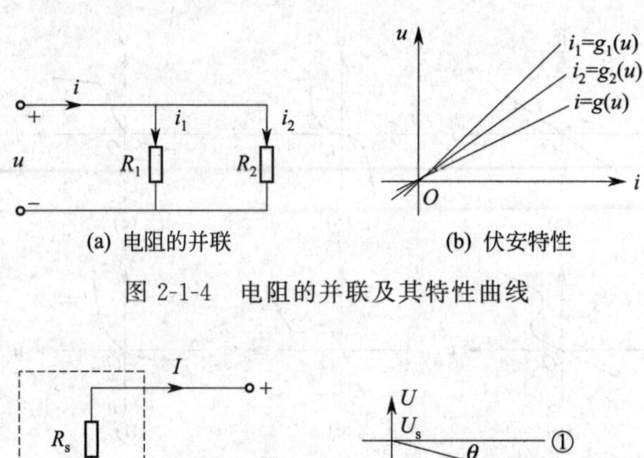

(a) 电阻的并联　　(b) 伏安特性

图 2-1-4　电阻的并联及其特性曲线

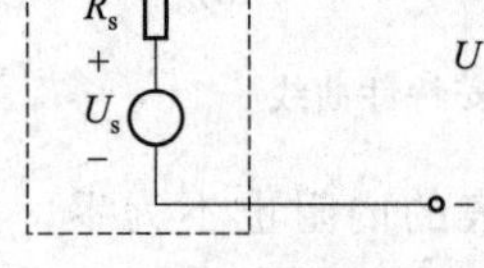

(a) 电压源的电路模型　　(b) 电压源的伏安特性

图 2-1-5　电压源的伏安特性及电路模型

2.1.3 实验设备及组件

见表 2-1-1。

表 2-1-1　实验设备及组件

名　称	数　量	备　注
电工直流实验箱	1	
数字式万用表	1	
模拟万用表	1	
电阻	若干	选取不同阻值
表笔、导线	若干	

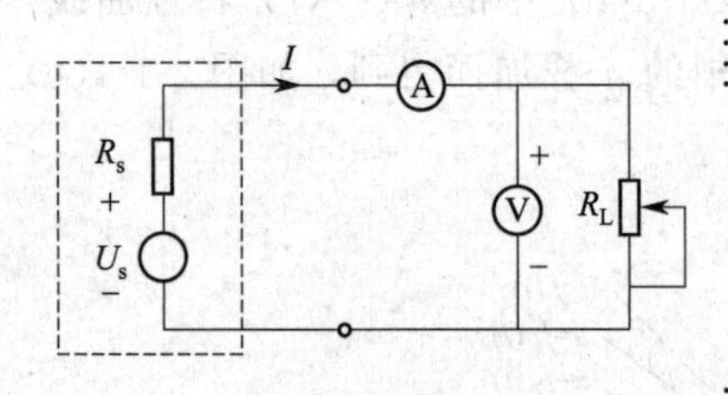

图 2-1-6　电压源的伏安特性测量电路

2.1.4 实验预习与思考

① 熟悉电阻元件的伏安特性及连接方法。

② 熟悉电压源的伏安特性。

③ 实际电压源内阻对输出电压有何影响？

2.1.5 实验任务及要求

（1）测试线性电阻元件的伏安特性曲线

① 在电工直流实验箱上建立图 2-1-6 所示电路，其中电源电压用可调直流稳压电源，电阻选用 $R_s=51\Omega$，R_L 分别为 $R_1=680\Omega$、$R_2=100\Omega$。

② 将电压表、电流表、电阻等按图 2-1-6 进行连接，电压表与电阻 R_L 并联，电流表串接在电路中，注意检查表的极性连接是否正确。电路连接好后，接通电源，调整可调直流稳压电源的输出，使电压表的读数分别为 2～8V，从测量仪表上读出直流电压值、电流值，将测量数据填入表 2-1-2 中，即可分别测定出电阻 R_1 和 R_2 的伏安特性曲线。

③ 用同一电路测定两个电阻 R_1 和 R_2 串联后的总伏安特性曲线。

④ 用同一电路测定两个电阻 R_1 和 R_2 并联后的总伏安特性曲线。

以上三项任务的测试数据记录在表 2-1-2 中。

表 2-1-2 实验任务测量数据 1

	U_s/V	2	3	4	5	6	7	8
1	通过电阻 R_1 的电流/mA							
	通过电阻 R_2 的电流/mA							
2	R_1 和 R_2 串联时的总电流/mA							
3	R_1 和 R_2 并联时的总电流/mA							

(2) 测定实际电压源的伏安特性曲线

① 按图 2-1-7 连接电路，在实验中实际电压源是采用一台直流稳压电源 U_s 串联一个电阻 R_s 来模拟，图中 R_0 为限流保护电阻。电源电压 U_s 用可调直流稳压电源，将 U_s 调到给定的数值（$U_s=6V$），选用电阻 $R_s=200\Omega$、$R_0=51\Omega$，R_L 选用电阻箱上的电阻。

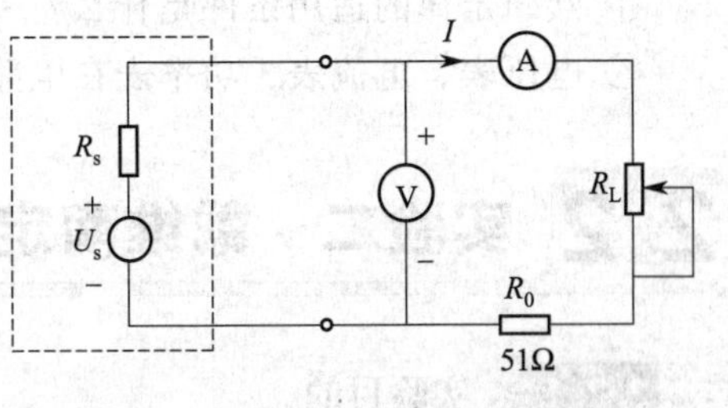

图 2-1-7 测量实际电压源伏安特性的电路

② 检查电压表、电流表连线和极性是否正确，调节 R_L 分别测量对应的电流、电压值，将测量数据记录在表 2-1-3 中（注意，调节 R_L 时，不要使电流表过载）。

③ 增大电阻 R_s，重复实验步骤②，将测量数据记录在表 2-1-4 中。

表 2-1-3 实验任务测量数据 2（$R_s=200\Omega$）

给定值	R_L/Ω	50	100	150	200	250	300	350	400
测量值	I/mA								
	U/V								

表 2-1-4 实验任务测量数据 3（$R_s=300\Omega$）

给定值	R_L/Ω	50	100	150	200	250	300	350	400
测量值	I/mA								
	U/V								

实验结束，把实验箱或仪器放好，导线、电阻等器件按规定放置，并将实验桌整理干净。

2.1.6 注意事项

① 直流稳压电源的输出电压必须用电压表或万用表的电压挡校对后方可接入电路。

② 实验过程中，直流稳压电源的输出端不能短路，以免损坏电源设备。

③ 万用表的电流挡及欧姆挡不能用来测量电压。

④ 使用电压表、电流表时，电压表必须并接在被测电路的两端，电流表必须串接在被测电路中。

⑤ 各种仪表使用时，必须注意仪表量程的选择。量程过大会增大测量误差，过小则可能损坏电表。在无法估计实际数值时，仪表量程根据从大到小的原则，先用最高量程，然后根据测量结果，适当调整至合适量程进行测量。

⑥ 直流电压表和电流表使用时，应注意它们的极性，不能接反，否则易损坏指针及

电表。

⑦ 记录所用仪表的内阻，必要时考虑它们对实验结果带来的影响。

2.1.7 实验报告要求及思考题

① 根据表 2-1-2 的实验数据，在方格纸上画出它们的伏安特性曲线。

② 用作图法画出 R_1 与 R_2 串联及并联的伏安特性曲线，并与实验测得的伏安特性曲线相比较。

③ 根据测量数据画出三种不同内阻 R_s 下实际电压源的伏安特性曲线。

④ 欧姆定律的适用条件是什么？

⑤ 电压表、电流表、功率表在电路中分别应怎样连接？画出连接图。

2.2 实验二 戴维南定理

2.2.1 实验目的

① 掌握直流电路参数的测量方法。

② 验证基尔霍夫电压定律。

③ 学习线性有源单端口网络等效电路参数的测量方法。

④ 验证戴维南定理，加深对该定理的理解。

2.2.2 实验原理简述

任何一个线性有源网络，如果仅研究其中一条支路的电压和电流，则可将电路的其余部分看作一个有源二端网络。

戴维南定理指出：任何一个线性有源二端网络对外电路的作用，都可以用一个实际电压源来等效替代，该含源支路的电压源电压等于有源二端网络的开路电压 U_{OC}，其内阻等于有源二端网络化成无源二端网络后的入端电阻 R_i。如图 2-2-1 所示。

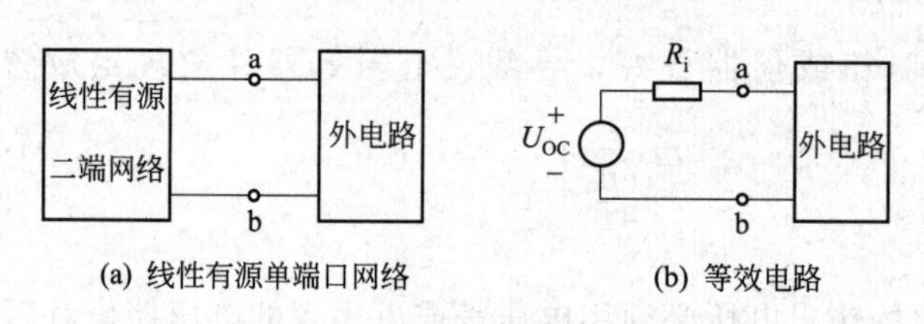

图 2-2-1 戴维南定理等效电路

定理中所谓的等效，是指外部特性的等效，即等效前后负载两端的电压和通过负载的电流不变。

可以用实验方法测定该有源单端口网络的开路电压 U_{OC} 和入端电阻 R_i。正确测量 U_{OC} 和 R_i 的数值是获得等效电路参数的关键，但实际电压表和电流表都有一定的内阻，在测量时，由于改变了被测电路的工作状态，因而会给测量结果带来一定的误差。

(1) 开路电压 U_{OC} 的测量

在线性有源单端口输出开路时，用电压表直接测量输出端的开路电压 U_{OC}。

（2）入端电阻 R_i 的测量方法

测量有源二端网络入端电阻 R_i 的方法有多种。如果测量出线性有源二端网络的开路电压 U_{OC} 和短路电流 I_{SC}，则可计算出该网络的等效内阻 $R_i=U_{OC}/I_{SC}$。这种方法最简便，但是对于不允许将外部电路直接短路的网络（例如有可能因短路电流过大而损坏网络内部的器件时），不能采用此方法。通常采用以下两种方法。

① 半电压法　测量电路如图 2-2-2 所示，调节负载电阻 R_L，当电压表的读数为开路电压 U_{OC} 的一半时，此时负载电阻 R_L 即为所求网络的入端电阻 R_i。

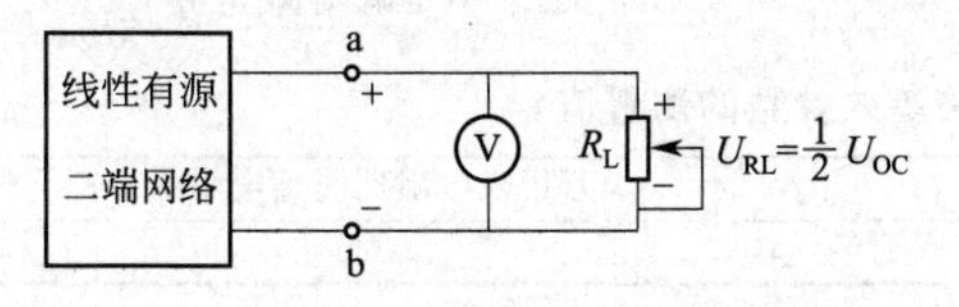

图 2-2-2　半电压法测量 R_i 电路

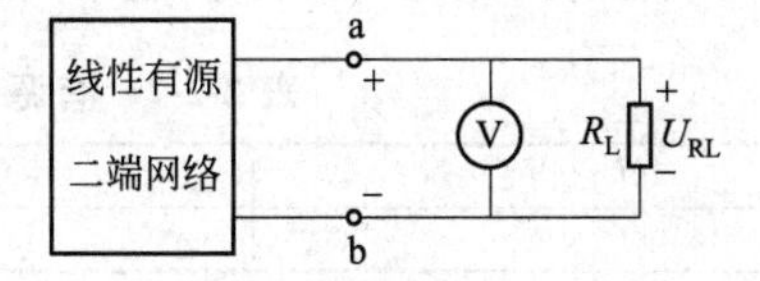

图 2-2-3　二次电压测量法测量 R_L 上电压 U_{RL} 的电路

② 二次电压测量法　测量电路如图 2-2-3 所示，在 a、b 端口处接一个已知阻值的负载电阻 R_L，然后测量负载电阻两端的电压 U_{RL}。因为

$$U_{RL}=\frac{U_{OC}}{R_i+R_L}R_L$$

所以入端电阻 R_i 为

$$R_i=\left(\frac{U_{OC}}{U_{RL}}-1\right)R_L$$

2.2.3　实验设备及所用组件箱

见表 2-2-1。

表 2-2-1　实验设备及所用组件箱

名　称	数　量	备　注
电工直流实验箱	1	
数字式万用表	1	
模拟万用表	1	
直流电流表	1	
直流电压表	1	
表笔、导线	若干	

2.2.4　预习与思考

① 计算图 2-2-4 电路中的开路电压 U_{OC}，以便测量时准确地选取电压表的量程。

② 说明测量有源二端网络等效内阻的几种方法，并比较其优缺点。

2.2.5　实验任务

验证戴维南定理。

① 开路电压的测量。在电工直流实验箱上搭建如图 2-2-4 所示电路，电源用实验箱上 12V 直流电源，电阻在基本元件采集区选择，将电路图中 a、b 两点连线到信号采集区，注意电路的极性，用直流电压表测量，表笔插入到 a、b 两端的大插孔，观察并将测得的电压

数据（a、b 两点的开路电压）U_{OC} 填入表 2-2-2 中。

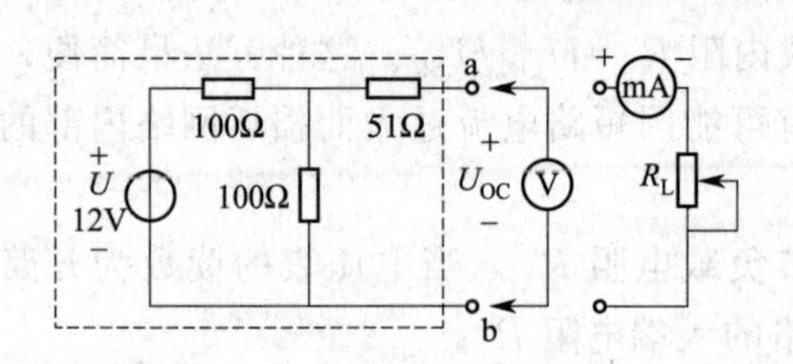

图 2-2-4 有源线性单端口网络

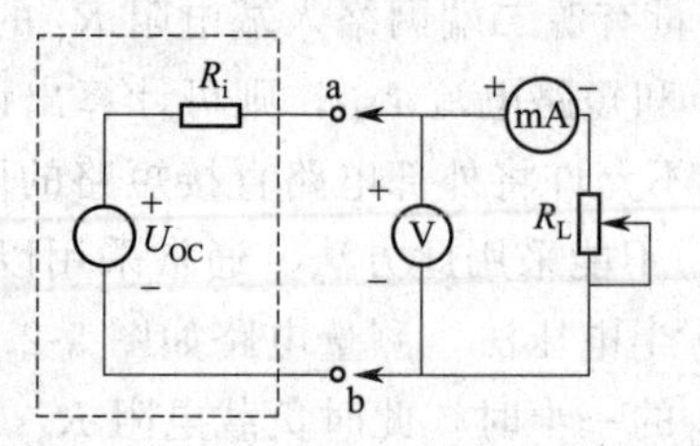

图 2-2-5 戴维南定理等效电路

表 2-2-2 有源线性二端网络等效参数的测量值

U_{OC}/V	半电压法测量 R_i/Ω	万用表电阻挡测量电阻 R_{ab}/Ω

② 半电压法测量 R_i。在图 2-2-4 电路的 a、b 两端连接精密可调电阻箱 R_L，电阻箱的量程在 0～9999Ω之间（注意，接入电路时电阻箱的阻值不能为零），调节负载电阻 R_L，当电压表的读数为开路电压 U_{OC} 的一半时，此时负载电阻 R_L 即为所求网络的入端电阻 R_i，将测量数值填入表 2-2-2 中。

③ 将电压源 U 去掉，即用一根导线代替它（短路），直接用万用表电阻挡测量 a、b 两点间的电阻 R_{ab}，该电阻即为网络的入端电阻，将测量数值填入表 2-2-2 中。可与半电压法测量出的等效电阻 R_i 进行比较。

④ 将直流电流表和电阻箱 R_L 串联后连接在图 2-2-4 的 a、b 两点，将直流电压表并接在 a、b 两点，注意表的极性，按表 2-2-2 中的要求逐渐改变 R_L 的值，将测量得到的电压、电流值填入表 2-2-3 的前两行中。

⑤ 在电工直流实验箱搭建如图 2-2-5 所示电路。图 2-2-5 是电路 2-2-4 根据戴维南定理的等效电路图，U_{OC} 由可调直流稳压电源调出，R_i 取 100Ω（图 2-2-4 网络等效内阻接近 100Ω）。按表 2-2-3 中的要求，逐渐改变 R_L 的值，将测量的电压、电流值填入表 2-2-3 的后两行中，并与步骤④所测得的数值进行比较，应是一一对应的关系，从而验证戴维南定理。

表 2-2-3 戴维南定理等效电路实验数据记录表

测量项目		测量值									
负载电阻 R_L/Ω		30	60	100	130	160	200	250	300	350	400
有源线性单端口网络	U_{ab}/V										
	I_L/mA										
戴维南等效电路	U_{ab}/V										
	I_L/mA										

2.2.6 注意事项

① 万用表电流挡、欧姆挡不能测量电压。

② 直流稳压电源输出端不能短路，其输出电压须用万用表电压挡或电压表相应量程校对。

③ 利用实验箱上的信号采集区将直流电压表、直流电流表固定在实验电路中，方便参数的测定与读数。

④ 注意测量时仪表量程应及时更换，以免损坏仪表。

⑤ 万用表使用完毕后，将转换开关旋至交流 500V 位置。

⑥ 改接线路时，需关闭电源。

2.2.7 实验报告要求及思考题

① 记录开路电压的测量数据，并与公式计算值相比较。

② 记录半电法测量 R_i 的测量数据，验证戴维南定理的正确性。

③ 计算本实验任务中负载 R_L 为何值时，R_L 上才能从网络得到最大功率，为什么？

④ 解释图 2-2-2、图 2-2-3 中用半电压法、二次电压测量法求 R_i 的原理。

2.3 实验三　RC 一阶电路的响应

2.3.1 实验目的

① 测定一阶 RC 电路的零输入响应、零状态响应及全响应的规律和特点。

② 了解 RC 积分电路和微分电路的基本概念、特点和功能。

③ 了解电路参数变化对时间常数和电路功能的影响。

④ 学会示波器的使用。

2.3.2 实验原理

（1）一阶 RC 电路

含有电感、电容等储能元件（动态元件）的电路，其响应可以由微分方程求解。凡是可用一阶微分方程描述的电路，称为一阶电路。一阶电路通常由一个或可以等效为一个储能元件的电路组成。

（2）一阶 RC 电路的零状态响应

储能元件初始值为零的电路对外加激励的响应称为零状态响应。一阶 RC 电路如图 2-3-1 所示，设开关 S 在位置“1”时电路处于稳态，电容 C 无初始储能，电路处于零状态。若在 $t=0$ 时刻，开关 S 由位置“1”切换到位置“2”，则电源 U_s 通过电阻 R 向电容 C 充电，此时电容电压 u_C 的表达式为

$$u_C(t)=U_S(1-e^{-t/\tau})\quad(t\geqslant 0)$$

通过电容的电流随时间变化的规律为

$$i_C(t)=\frac{U_S}{R}e^{-t/\tau}\quad(t\geqslant 0)$$

式中，$\tau=RC$，称为电路的时间常数，它是反映电路过渡过程快慢的物理量。τ 越大，则过渡过程的时间越长；反之，τ 越小，过渡过程的时间越短。$u_C(t)$ 的波形如图 2-3-2(a) 所示。当 $t=\tau$ 时，$u_C=0.632U_s$，即 u_C 上升到稳态值的 63.2%。

（3）一阶 RC 电路的零输入响应

电路在无激励情况下，由储能元件的初始储能引起的响应称为零输入响应。在图 2-3-1 所示电路中，若开关 S 原来在位置“2”，且电路处于稳定状态，则电容电压为 U_s。若在 $t=0$ 时刻，开关 S 由位置“2”切换到位置“1”，则电容 C 通过电阻 R 放电，此时电容电压 u_C 随时间变化的规律称为零输入响应，其表达式为

$$u_C(t)=U_Se^{-t/\tau}\quad(t\geqslant 0)$$

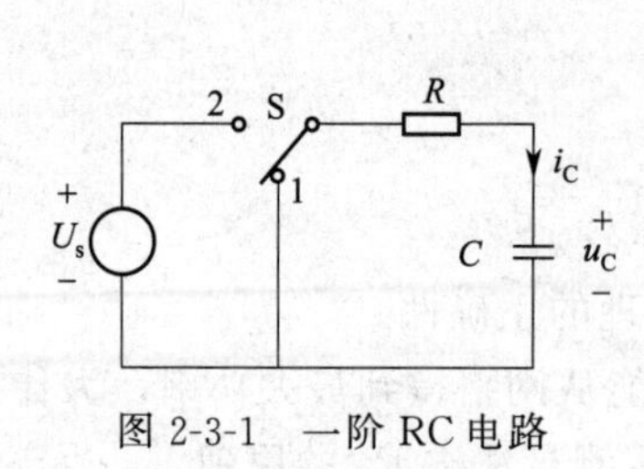

图 2-3-1　一阶 RC 电路

(a) RC电路的零状态响应　　(b) RC电路的零输入响应

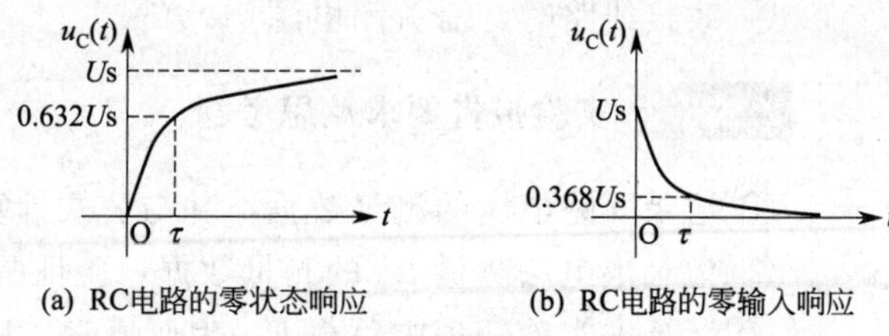

图 2-3-2　RC 零状态和零输入响应的波形图

电容上的电流随时间变化的规律为

$$i_C(t)=-\frac{U_s}{R}e^{-t/\tau}\quad(t\geqslant 0)$$

$u_C(t)$ 的波形如图 2-3-2(b) 所示。当 $t=\tau$ 时，$u_C=0.368U_s$，即 u_C 从初始值 U_s 下降了 63.2%。

(4) 一阶 RC 电路的全响应

电路在输入激励和初始状态共同作用下引起的响应称为全响应。

$$\begin{aligned}u_C(t)&=u_{C(0+)}e^{-t/\tau}+u_{C(\infty)}(1-e^{-t/\tau})\\&=u_{C(\infty)}+(u_{C(0+)}-u_{C(\infty)})e^{-t/\tau}\end{aligned}$$

上式表明，一阶 RC 电路的全响应就是零状态响应和零输入响应的叠加。

图 2-3-3　一阶 RC 电路的方波响应

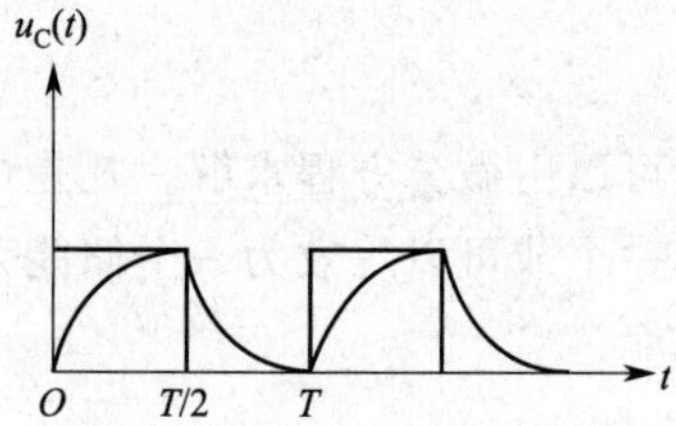

(5) 响应波形的观察

对于上述零状态响应、零输入响应和全响应的一次过程，$u_C(t)$ 和 $i(t)$ 的波形可以用长余辉示波器直接显示出来，此时使示波器工作在慢扫描状态。

(6) 一阶电路的方波响应

由于方波是周期信号，可以用普通示波器显示出稳定的图形（图 2-3-3），以便于定量分析。

(7) RC 积分电路

图 2-3-4 所示为积分电路，其输出电压 u_C 的表达式为：

$$u_C=\frac{1}{C}\int i\,dt\approx\frac{1}{RC}\int u_s\,dt$$

积分电路的输出波形为锯齿波，当电路处于稳态时，其输入、输出电压波形对应关系如图 2-3-5 所示。

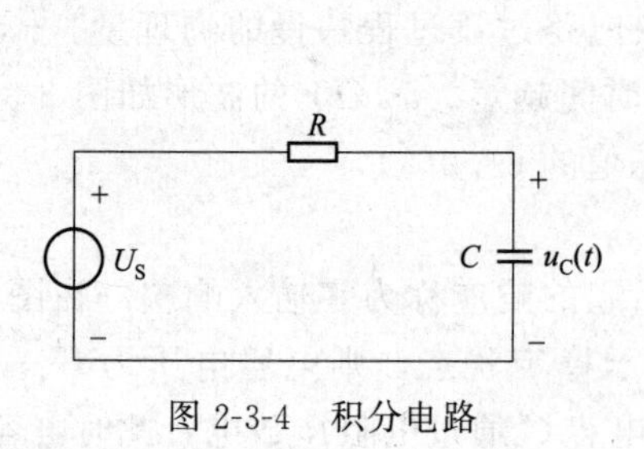

图 2-3-4　积分电路

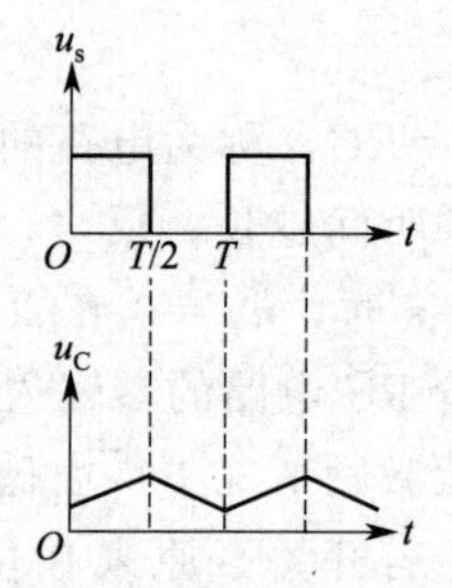

图 2-3-5　积分电路的输入 u_s 及输出 u_C 波形

(8) RC 微分电路

图 2-3-6 所示为微分电路，其输出电压 u_R 的表达式为

$$u_R = Ri = RC\frac{\mathrm{d}u_C}{\mathrm{d}t} \approx RC\frac{\mathrm{d}u_s}{\mathrm{d}t}$$

微分电路的输出电压波形为正负相同的尖脉冲，其输入、输出电压波形对应关系如图 2-3-7 所示。在数字电路中，经常用微分电路将方波波形变换成尖脉冲作为触发信号。

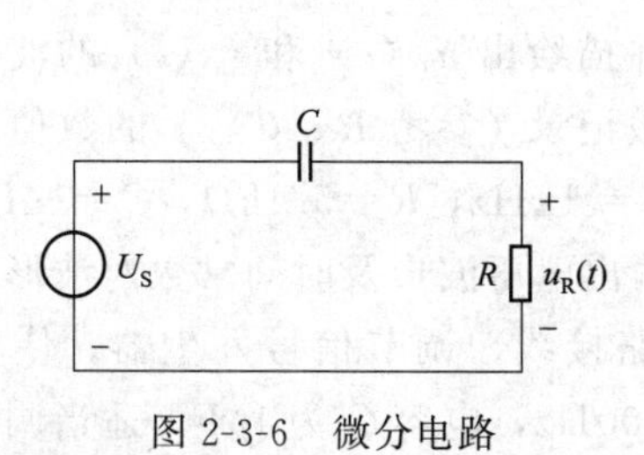

图 2-3-6 微分电路

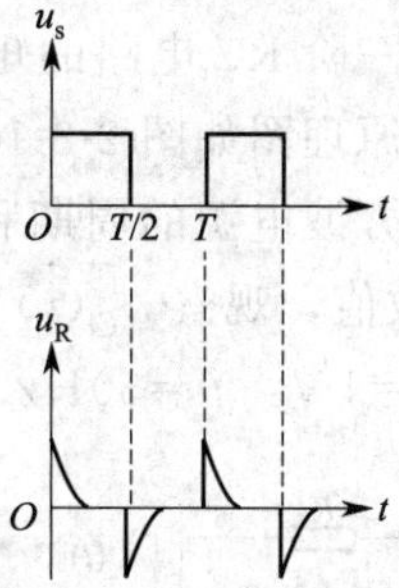

图 2-3-7 微分电路输入 u_s 及输出 u_R 波

2.3.3 实验设备及所用组件箱

见表 2-3-1。

表 2-3-1 实验设备及所用组件箱

名 称	数 量	备 注
电工直流实验箱	1	
双踪电子示波器	1	
示波器探头	1	
导线	若干	

2.3.4 实验预习与思考

① RC 电路构成积分电路和微分电路的条件分别是什么？

② 时间常数对积分电路和微分电路的输出波形有无影响？

2.3.5 实验任务

（1）研究一阶 RC 电路的零输入响应与零状态响应

实验电路如图 2-3-8 所示。U_s 为直流电压源，r_0 为电流取样电阻。开关首先置于位置“1”，当电容两端电压为零后，开关由位置“1”拨到位置“2”，即可用示波器观察到零状态响应的波形。当电容电压达到 5V 后，开关再由位置“2”拨到位置“1”，即可观察到零输入响应的波形。观察并描绘出零输入响应和零状态响应时 $u_C(t)$ 和 $i_C(t)$ 的波形。

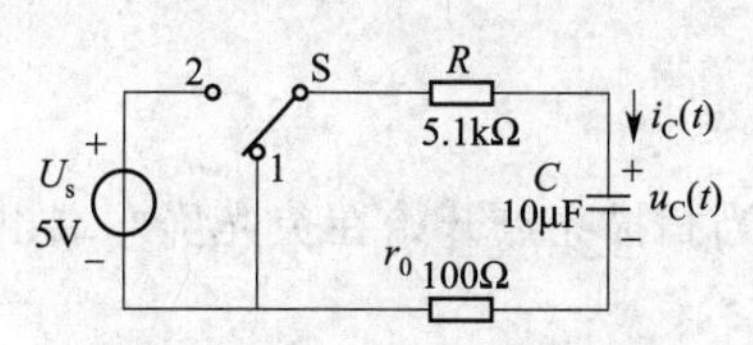

图 2-3-8 一阶 RC 零状态响应和零输入响应实验电路

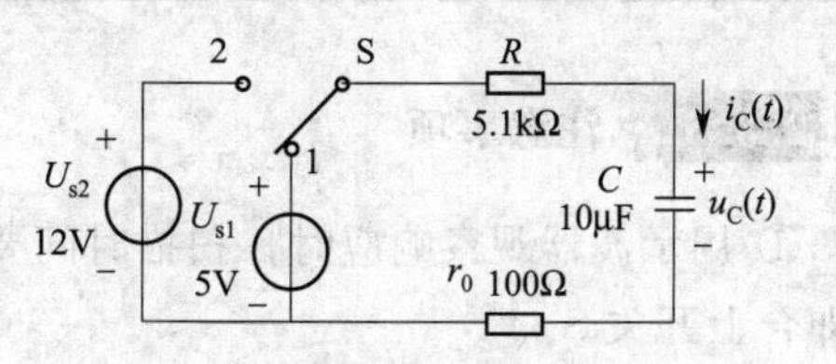

图 2-3-9 一阶 RC 全响应实验电路

（2）研究一阶 RC 电路的全响应

在图 2-3-9 电路中，开关 S 置于位置“1”，电容具有初始值 $u_C(0-)=5V$ 后，快速改变开关位置使其置于位置“2”，用示波器可以观察到 u_C 再次充电的波形。

提示：以上实验内容用示波器观察波形时，示波器放在慢扫描位置，当光点在示波器屏幕左边出现时，改变开关 S 的位置，以便观察光点漂移的轨迹。

（3）研究一阶 RC 电路的矩形波响应

实验电路原理图如图 2-3-10 所示，$u_s(t)$ 为方波信号发生器产生的周期为 T 的信号电压。适当选取方波电源的周期和 R、C 的数值，观察并描绘出 $u_C(t)$ 和 $i_C(t)$ 的波形。改变 R 或 C 的数值，观察 $u_C(t)$ 和 $i_C(t)$ 的变化，并做记录（参考 R、C、f 的数值，可取方波信号 $U_{PP}=5V$：$f=50Hz$，$R=1k\Omega$，$C=1\mu F$；$f=1kHz$，$R=5.1k\Omega$，$C=1\mu F$）。

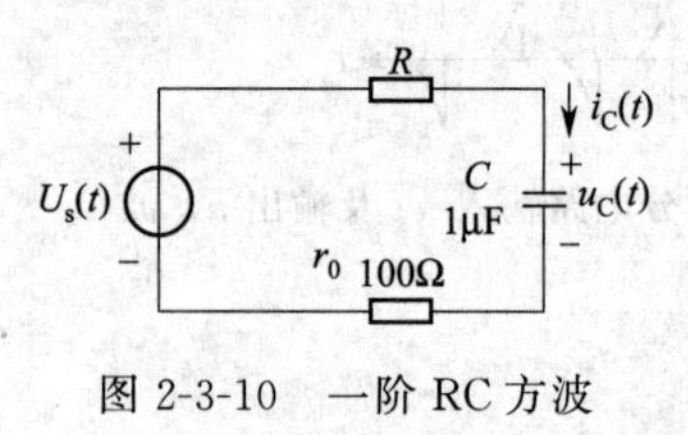

图 2-3-10　一阶 RC 方波响应实验电路

（4）观察微分电路输出电压波形及时间常数对波形的影响

按图 2-3-11 所示电路接线，调节信号发生器，使其方波信号为 $U_{PP}=5V$、$f=100Hz$，电容 C 为 $1\mu F$，适当调节示波器，使屏幕上出现 3～5 个稳定波形，将电阻箱分别调至 200Ω、500Ω、1kΩ、2kΩ、5kΩ，分别观察和描绘波形，记入表 2-3-2。

（5）观察积分电路输出电压波形及时间常数对波形的影响

按图 2-3-12 接线，电容 C 为 $1\mu F$，调节步骤同实验任务（4）。将电阻箱分别调至 200Ω、500Ω、1kΩ、2kΩ、5kΩ，观察并描绘波形，记入表 2-3-3。

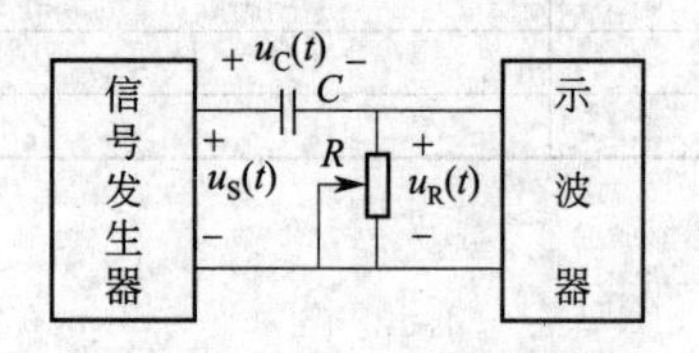

图 2-3-11　微分电路实验用图

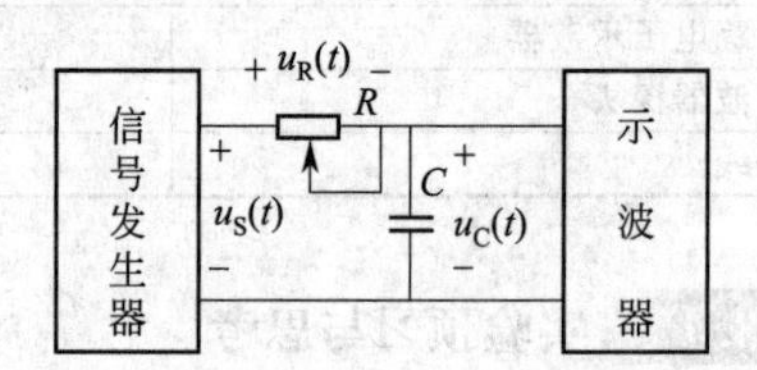

图 2-3-12　积分电路实验用图

表 2-3-2　微分电路实验记录

R/Ω	200	500	1k	2k	5k
τ/s					
微分电路的输出波形 u_R					

表 2-3-3　积分电路实验记录

R/Ω	200	500	1k	2k	5k
τ/s					
积分电路的输出波形 u_C					

2.3.6 注意事项

① 用示波器观察响应时，扫描时间要选取适当，当扫描亮点开始在荧光屏左端出现时，立即合上开关 S。

② 观察 $u_C(t)$ 和 $i_C(t)$ 的波形时，由于其幅度相关较大，因此要注意调节 Y 轴的灵敏度。

③ 由于示波器和方波函数发生器的公共地线必须接在一起，在观察和描绘电流响应波形时，注意分析波形的实际方向。

④ 预习时，要阅读示波器和函数发生器有关内容。

2.3.7 实验报告要求

① 把观察描绘出的各响应的波形分别画在坐标纸上，并做出必要的说明。

② 从方波响应 $u_C(t)$ 的波形中估算出时间常数 τ，并与计算值相比较。

③ 总结电路参数的变化对电路响应的影响。

④ 改变激励电压的幅值是否会改变过渡过程的快慢？为什么？

2.4 实验四　日光灯电路及功率因素的提高

2.4.1 实验目的

① 观察并研究电容与电感性支路并联时电路中的谐振现象。

② 掌握功率表的使用方法，理解提高功率因数的意义。

2.4.2 实验原理简述

（1）提高功率因数的方法

由于供电系统功率因数低的原因是由感性负载造成的，其电流在相位上滞后于电压。因此，通常在感性负载的两端并联一个适当容量的电容（或采用同步补偿器），用电容元件上的无功功率来补偿原感性负载中无功功率，从而使总的无功功率减小，线路电流减小。其电路原理图和相量图如图 2-4-1 所示。

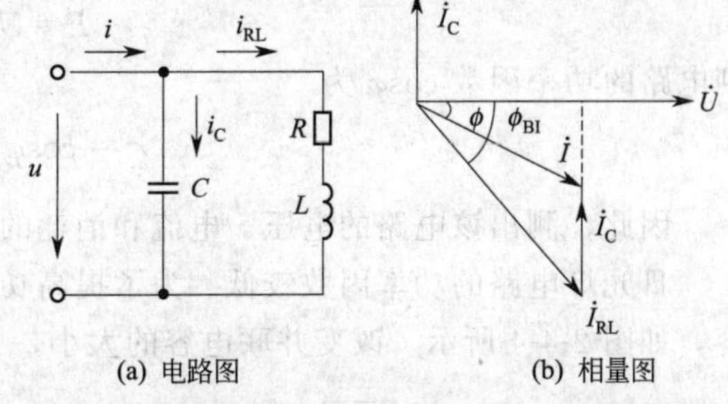

图 2-4-1　感性负载并联电容以提高功率因数

由图 2-4-1 可知，并联电容以前，线路上的电流 $\dot{I}$ 为

$$\dot{I}=\dot{I}_{RL}=I_{RL}\angle-\varphi_{RL}\qquad (设\dot{U}=U\angle 0°)$$

并联电容以后，由于 $\dot{U}$ 不变，因此 $\dot{I}_{RL}$ 不变，此时线路上的电流 $\dot{I}$ 变为

$$\dot{I}=\dot{I}_{RL}+\dot{I}_{C}=I\angle-\varphi$$

与此相对应的电路负载端的功率因数为 $\cos\varphi$（$\varphi>0$），显然 $\varphi<\varphi_{RL}$，则 $\cos\varphi>\cos\varphi_{RL}$，即负载端的功率因数提高了。

（2）日光灯电路

本实验利用日光灯电路作为感性负载，如图 2-4-2 所示。日光灯灯管是一根气体放电管，管内充有一定量的惰性气体和少量的水银蒸气，内壁涂有一层荧光粉，灯管两端各有一个由钨丝绕成的灯丝作为电极。当管端电极间加以高电压后，电极发射的电子能使水银蒸气电离产生辉光，辉光中的紫外线射到管壁的荧光粉上使其受到激励而发光。

日光灯在高电压下才能发生辉光放电。在低电压下（如 220V）使用时，必须有启动装置来产生瞬时的高电压。启动装置包括启动器（又称启辉器）和镇流器。启动器是一个充有氖气的小玻璃泡，泡内有两个距离很近的金属触头，触头之一是由两片热膨胀系数相差很大的金属黏合而成的双金属片。两个金属触头之间并联了一个小电容。镇流器是绕在硅钢片铁芯上的电感线圈，其结构有单线圈式和双线圈式两种（本实验使用单线圈式）。

当接通电源时，启动器玻璃泡内气体发生辉光放电而产生高温，双金属片受热膨胀而弯曲，与另一触头碰接，辉光放电立即停止。双金属片由于冷却复位而与另一触头分开，电路的突然断开使镇流器线圈两端在瞬间产生感应高电压，它与电源电压叠加后加到日光灯管的两个电极上，使管内气体发生辉光放电，从而点亮日光灯。日光灯点亮后，灯管两端的工作电压很低，20W 的日光灯管工作电压约为 60V，40W 的日光灯管工作电压约为 100V。在此低压下，启动器不再起作用，电源电压大部分加在镇流器线圈上，此时镇流器起到降低灯管端电压并限制电流的作用。

灯管点亮后，可以认为是由电阻性负载和镇流器（是一个铁芯线圈，是一个电感量较大的感性负载）二者串联构成一个感性电路，如图 2-4-3 所示。

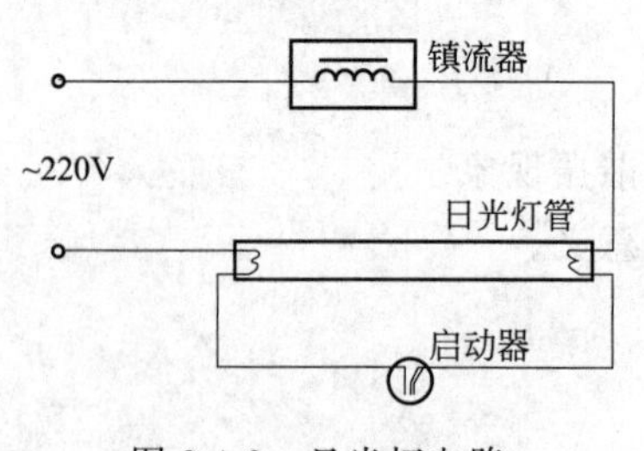

图 2-4-2　日光灯电路

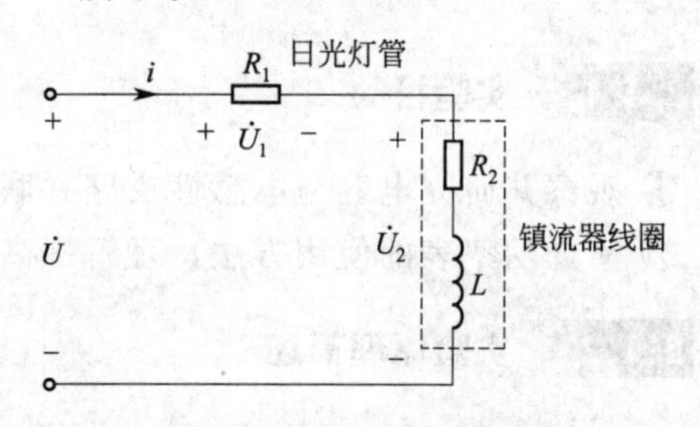

图 2-4-3　日光灯点亮后的等效电路

该电路所消耗的功率 P 为

$$P=UI\cos\varphi$$

则电路的功率因数 $\cos\varphi$ 为

$$\cos\varphi=\frac{P}{UI}$$

因此，测出该电路的电压、电流和消耗的功率后，即可根据上式求得功率因数。

日光灯电路的功率因数较低。为了提高功率因数，可在电路两端并联一个适当大小的电容，如图 2-4-4 所示。改变并联电容的大小，当电路总电流最小时，电路的功率因数最高。

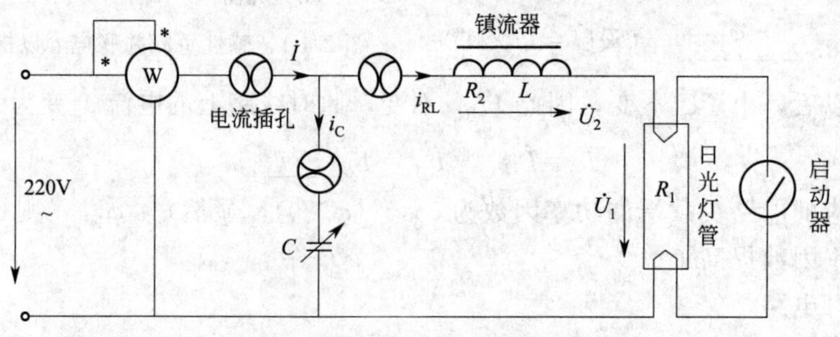

图 2-4-4　日光灯实验接线电路

在日光灯电路两端并联一个可变电容器，当电容器的容量逐渐增加时，电容支路电流 $\dot{I}_C$ 也随之增大，因 $\dot{I}_C$ 超前电压 90°，可以抵消电流 $\dot{I}_{RL}$ 产生的一部分无功分量，结果总电流 $\dot{I}$ 逐渐减小，但如果电容器 C 增加过多（过补偿）时，I_C 大于 I_{RL} 产生的一部分无功分量，则总电流又将增大。

2.4.3 实验设备及所用组件箱

见表 2-4-1。

表 2-4-1 实验设备及所用组件箱

名　称	数　量	备　注
电工实验台	1	
交流电路实验箱	1	
功率(瓦特)表	1	
电流表	1	
电压表	1	
导线	若干	

2.4.4 实验预习与思考

① 熟悉日光灯电路及其工作原理。

② 了解功率表的工作原理及使用方法。

2.4.5 实验任务

(1) 测量仪表的使用

在电工实验台选择功率表，其电压量程选择 500V、电流量程选择 0.4A；电压表量程选择 250V；电流表量程选择 1A。三块表的读数在不锁存位置。

用导线和电流插笔将电流表、功率表按图 2-4-5 连接，电压表引出二根导线 X、Y。

将实验调压器手柄逆时针旋到零位，按下启动按钮，顺时针旋调压器手柄，将电压从 0 调到 220V，然后用实验台上三相交流电源的三块电压表进行估读。电压调整好后，按下停止按钮。

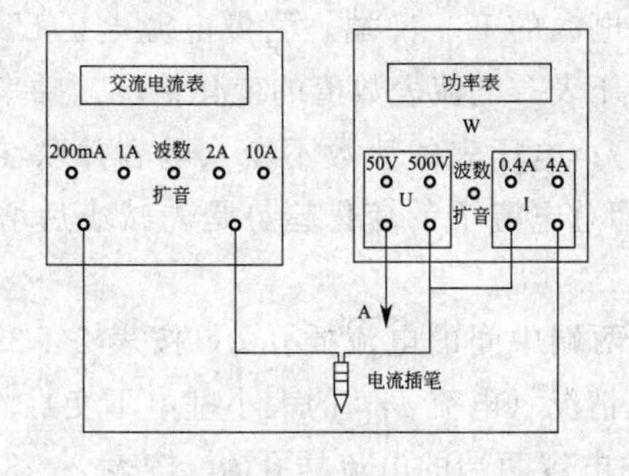

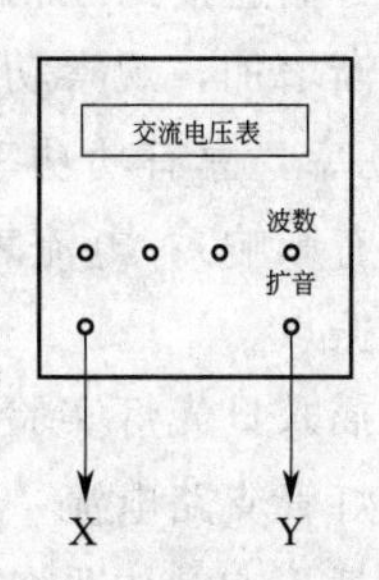

图 2-4-5 电压表、功率表、电流表和电流插笔连接图

(2) 实验电路的连接

在电工实验台上有日光灯实验单元，如图 2-4-6 所示。首先将日光灯实验单元右下方的开关拨向“实验”，将交流电路实验箱中的电容开关全部打到左边断开位置（$C=0$），将电工实验台上的三相可调交流电源的 U 相与日光灯实验单元中 1 端连接，2 端-8 端、3 端-5 端、4 端-6 端相连，将实验台三相交流可调电源的 N 端与日光灯实验单元的 9 端连接，将电

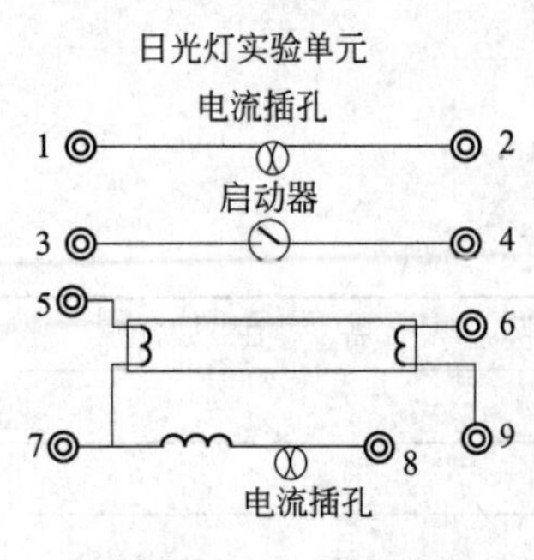

图 2-4-6 日光灯实验单元接线图

容箱并接在日光灯实验单元的 8-9 两端。

(3) 日光灯电路参数的测量

检查电路连线正确后，按下启动按钮接通电源，灯管发光，观察日光灯的启动情况。将图 2-4-5 中功率表的引线 A 端与三相交流电源的 N 端（中性点）连接，把电流插笔插入日光灯实验单元 1-2 两端中间的电流插孔ⓧ，此时实验台上的电流表和功率表都有读数。电流表的读数是电路流过的总电流；功率表的读数是电路消耗的总功率 P。把电压表的 X、Y 端分别连接到日光灯实验单元的 5-6、7-8 两端，即可测量出灯管两端电压 U_1、镇流器两端电压 U_2，把电压表的 X、Y 端连接到实验台三相交流可调电源的 U、N 端，测量电源电压 U_{UN}，把测量的数据填入表 2-4-2 中，并计算表 2-4-2 中的各项计算值。

表 2-4-2 测量数据 1

测量值					计算值			
P/W	I/A	U_{UN}/V	U_1/V	U_2/V	$\cos\varphi$	R_1/Ω	R_2/Ω	X_L/Ω

(4) 功率因数的提高

把交流电路实验箱中的电容开关打向右方，可改变可变电容箱的电容值。逐渐增加电容 C 的数值，测量各支路的电流和总电流。将电容按 0.47μF 、1.0μF、1.47μF、2.0μF、2.47μF 、3.0μF、3.47μF、4.0μF、2.47μF、5.0μF、5.47μF、6.0μF 的规律逐渐增加，观察总功率 P、电源电压 U_{UN}、总电流 I、灯管支路电流 I_{RL} 及电容支路电流 I_C 的变化情况，记录 P、U_{UN}、I、I_{RL}、I_C 的数据，填入表 2-4-3 中。方法如下。

把电流插笔插入日光灯实验单元 1-2 两端中的电流插孔ⓧ，此时实验台上的电流表和功率表都有读数。电流表的读数是电路流过的总电流；功率表的读数是电路消耗的总功率 P。把电压表的 X、Y 端连接到三相可调交流电源的 U、N 端，测量电源电压 U_{UN}，按表 2-4-3 中电容的数值逐渐增加，观察功率表、电压表、电流表数值的变化情况。功率表的读数不变（电容消耗无功功率，总有功功率 P 不变）；电压表的读数不变（电容并联在 U_{UN} 的两端，对电路总电压没有影响）；电流表的读数即总电流 I 的变化趋势是先减小后增大，电流最小的点是电路的谐振点。

把电流插笔插入日光灯实验单元 7-8 两端中间的电流插孔ⓧ，按表 2-4-3 中电容的数值逐渐增加，观察灯管支路电流 I_{RL} 的变化情况（电流 I_{RL} 的大小基本不变）。

把电流插笔插入交流电路实验箱中的电容两端的电流插孔ⓧ，按表 2-4-3 中电容的数值逐渐增加，观察电容支路电流 I_C 的变化情况（电流 I_C 的变化趋势是：随着电容容量的增加逐渐增加）。

实验过程中千万不能按下电容箱的放电按钮。

测量结束，将调压器手柄左旋至 0 位，使输出电压为 0V。按下电源的停止按钮，切断电源后，再进行拆线整理。

实验结束，把实验箱放入实验桌的下方，导线放入中间抽屉，实验桌整理干净。

表 2-4-3　测量数据 2

$C/\mu F$	测量结果					计算结果
	P/W	U_{UN}/V	I/A	I_{RL}/A	I_C/A	$\cos\varphi$
0.47						
1.0						
1.47						
2.0						
2.47						
3.0						
3.47						
4.0						
2.47						
5.0						
5.47						
6.0						

2.4.6　注意事项

① 强电实验需注意人身安全和设备仪器安全。

② 日光灯管功率（本实验中日光灯标称功率20W）及镇流器所消耗功率都随温度而变，在不同环境温度下及接通电路后不同时间中，功率会有所变化。

③ 日光灯启动电压随环境温度会有所改变，一般在180V左右可启动，日光灯启动时电流较大（约0.6A），工作时电流约0.37A，注意仪表量程选择。

④ 灯管两端电压及镇流器两端电压可在板上接线插口处测量。

⑤ 功率表的同名端按标准接法连接在一起，否则功率表的指针反向偏转，数字表则无显示。使用功率表测量时，必须按下相应电压、电流量限开关。

⑥ 本实验中使用的电压表、电流表、功率表采用开机延时工作方式，仪表通电后约10s自动进入同步显示。

2.4.7　实验报告

① 由 $C=0$ 时的实验数据计算感性支路的参数 R_L、L。

② 根据表2-4-3的数据计算相应的功率因数 $\cos\varphi$ 的值。

③ 根据测出的数据，找出谐振点。比较谐振时（或谐振点附近）的总电流和各支路中电流的大小，做出曲线 $\cos\varphi$-C 及 I-C，并加以讨论。

④ 当与日光灯并联的电容值由小逐渐增大时，$I=f(C)$、$\cos\varphi=f(C)$ 曲线是怎样变化的？为什么？总电流 I 的变化规律又是什么？

⑤ 日光灯电路并联电容进行补偿后，功率表的读数及日光灯支路电流是否改变，为什么？

⑥ 观察分析当并联电容不断增大时，总电流 I 的变化趋势是先减小后增大，灯管支路电流 I_{RL} 不变，电容支路电流 I_C 随着电容增加而增加是为什么？试分析其原因。

2.5 实验五　三相电路的测量

2.5.1 实验目的

① 熟悉三相负载的星形接法以及三相四线制供电系统中线的作用。

② 掌握三相电路中对称与非对称负载功率的几种测量方法。

③ 验证对称三相负载星形连接时线电压与相电压、线电流与相电流之间的关系。

2.5.2 实验原理

（1）三相负载的连接

三相负载的基本连接方法有 Y 连接和△连接。对于 Y 连接，按其有无中线，又可分为三相四线制和三相三线制。根据三相电路的负载的不同，三相电路又分为对称三相电路和不对称三相电路。一般情况下，在实际三相电路中的三相电源是对称的，三条端线阻抗也是对称的，但负载不一定对称。在对称三相电路中，对于三角形连接，其线电流 I_L 是相电流 I_P 的$\sqrt{3}$倍；对于星形连接的三相负载，线电压 U_L 是相电压 U_P 的$\sqrt{3}$倍。

（2）三相电路中功率的测量

工业生产中经常要测量对称三相电路和不对称三相电路的有功功率。在对称三相四线制电路中，因各相负载所吸收的功率相等，只要用一只功率表测量出任一相负载的功率，其 3 倍就是三相负载吸收的总功率，$P=3P_{相}$。在不对称三相四线制电路中，各相负载吸收的功率不相等，可用三只功率表测量出各相负载吸收的功率 P_U、P_V 及 P_W，或用一只功率表分别测量出各相负载吸收的功率，然后再相加即得三相负载的总功率，$P=P_U+P_V+P_W$。这种测量方法称为三表法，其接线如图 2-5-1 所示。

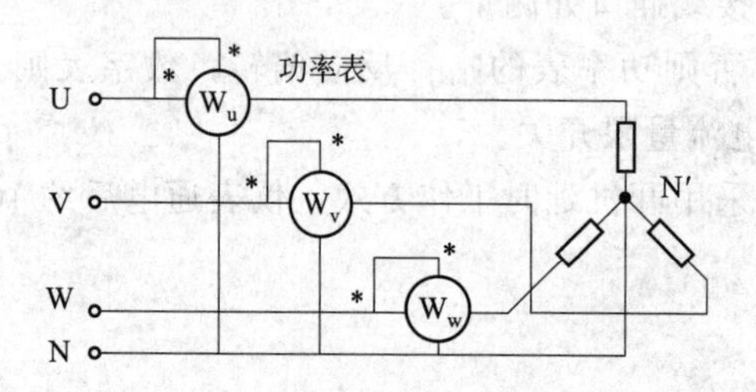

图 2-5-1　三表法测量三相功率示意图

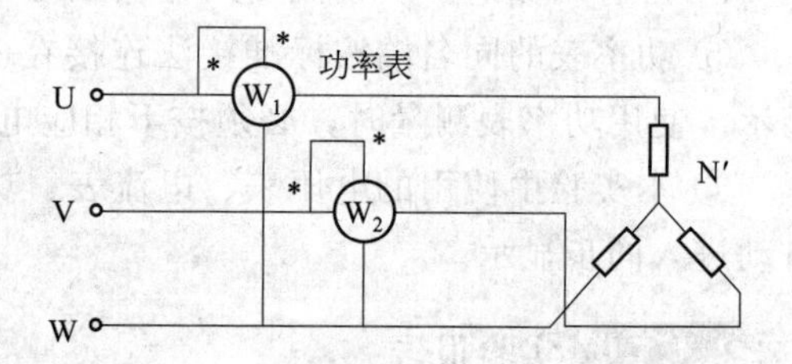

图 2-5-2　两表法测量三相功率示意图

在三相三线制电路中，不论电路是否对称，常采用两表法来测量三相功率。如图 2-5-2 所示，两个功率表读数的代数和即为三相负载的总功率。在三相四线制电路中，一般不采用两表法。

（3）中线的作用

对于 Y 连接的三相负载，当负载不对称时，若没有中线，则负载的相电压将不再对称，使负载不能正常工作。因此，对于不对称的三相负载做 Y 连接时，应该连接中线，即采用三相四线制。

接中线后，负载中性点与电源中性点被强制为等电位，各相负载的相电压与相应的电源相电压相等。因为电源电压对称，所以负载的相电压也是对称，从而可以保证各相负载能够正常工作。

2.5.3 实验设备及所用组件箱

见表 2-5-1。

表 2-5-1 实验设备及所用组件箱

名 称	数 量	备 注
电工实验台	1	
交流电路实验箱	1	
导线	若干	

2.5.4 实验预习与思考

① 什么是三相四线制供电系统？三相四线制供电系统可以提供几种电压？

② 三相负载的连接方式有哪些？各有什么特征？

③ 负载Y连接的三相电路中，中线起什么作用？

2.5.5 实验任务

（1）测量仪表的使用

在电工实验台选择功率表，电压量程选择500V、电流量程选择0.4A；电压表量程选择500V；电流表量程选择0.2A。三块表的读数在不锁存位置。用导线和电流插笔将电流表、功率表按图 2-5-3 连接，电压表引出两根导线。

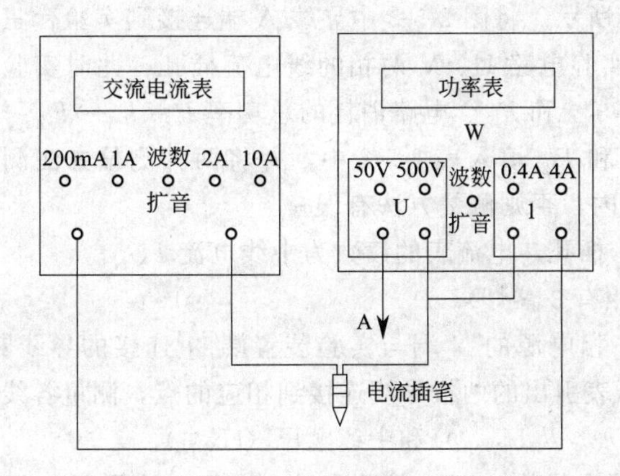

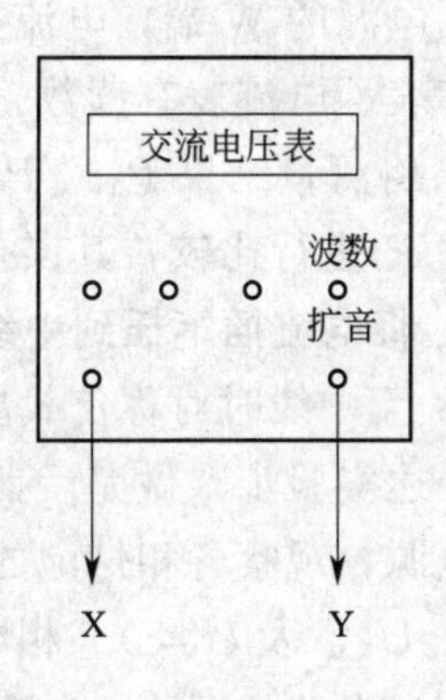

图 2-5-3 电压表、功率表、电流表和电流插笔连接图

（2）实验电路的连接

将实验调压器手柄旋至零位，按下启动按钮，右旋调压器手柄，将电压从0调到220V，用实验台上三相交流可调电源的三块电压表进行估读。电压调整好后，按下停止按钮。

在交流电路实验箱上，三相负载连接如图 2-5-4 所示，每只灯泡的控制开关分别为 K_1、K_2、K_3，电路中有线电流、相电流和中线电流的测量孔。三相负载星形连接，首先将电工实验台上三相交流电源的U、V、W端分别与实验箱上的三相电路U、V、W端连接，每相的 N_1、N_2、N_3 端连接在一起为 N' 点，电路连接完毕后，必须认真检查，确认无误后才能通电。

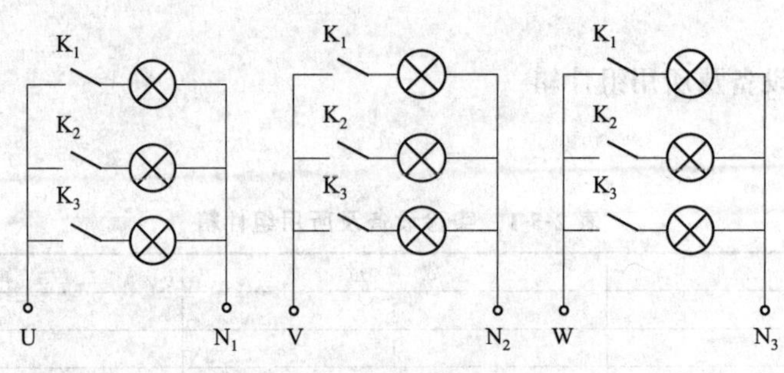

图 2-5-4 三相电路负载接线图

(3) 电路参数的测量

根据表 2-5-2 的要求进行测量。用实验台上的电压表、电流表和功率表分别读出功率 P、电流 I、电压 U，将测量数据填入表 2-5-2 中。

实验步骤如下。

① 有中线时对称负载星形连接（各相有 3 盏灯）。

接通电源，观察各相灯泡的亮度。将电压表引出的两根导线连接到相应的点，分别测出各线电压（U_{UV}、U_{VW} 及 U_{WU}）、相电压（$U_{UN'}$、$U_{VN'}$ 及 $U_{WN'}$）、中线电压（$U_{N'N}$）。

a. 三表法测量。测量电路如图 2-5-1 所示。将图 2-5-3 中导线 A 端连接到实验台三相交流可调电源的 N 端，电流插笔分别插到实验电路 U、V、W 三相的线电流插孔，此时实验台上的电流表、功率表都有读数，电流表的读数分别是线电流 I_U、I_V 及 I_W，功率表的读数分别是各相负载消耗的功率 P_U、P_V、P_W。电路消耗的总功率 $P=P_U+P_V+P_W$。

b. 两表法测量。测量电路如图 2-5-2 所示。将图 2-5-3 中导线 A 端连接到实验台三相交流可调电源的 W 端，电流插笔分别插到实验电路 U、V 两相的线电流插孔，此时实验台上的功率表、电流表有读数，可测量出功率 P_1 和 P_2。电路消耗的总功率 $P=P_1+P_2$。

c. 将测量结果 P_U、P_V、P_W 及 P_1 和 P_2 填入表 2-5-2 中，并将两种测量方法测出的总功率 P 进行比较，其误差应在 10W 以内，否则测量方法有误。

d. 将电流插笔插到中线电流（$I_{N'N}$）插孔，电流表的读数为中线电流 $I_{N'N}$。

② 无中线时对称负载星形连接（各相有 3 盏灯）。

上述实验步骤做完后，把实验台上三相电源的 N 端与实验装置端 N′连接的导线断开，接通电源，观察各相灯泡的亮度，将电压表引出的两根导线连接到相应的点，测量各线电压（U_{UV}、U_{VW} 及 U_{WU}）、相电压（$U_{UN'}$、$U_{VN'}$ 及 $U_{WN'}$）和中线电压（$U_{N'N}$）。

测量电路如图 2-5-2 所示。将图 2-5-3 中导线 A 端连接到实验台三相交流可调电源的 W 端，电流插笔分别插到实验电路 U、V 两相的线电流插孔，此时实验台上的电流表、功率表都有读数，电流表的读数分别是线电流 I_U、I_V，功率表的读数分别是 P_1 和 P_2。电路消耗的总功率 $P=P_1+P_2$。把电流插笔插入实验电路 W 相的线电流插孔，测量线电流 I_W。注意观察各相灯泡亮度与有中线时相比有无变化。

③ 有中线时不对称负载星形连接。

利用开关 K_1、K_2、K_3 控制灯，使每相灯的盏数符合表 2-5-2 的要求。U 相接三盏灯、V 相接两盏灯、W 相接一盏灯（各相灯的数量选择可自行定义，只要三相灯的数量不等即可）。

用导线把实验台上三相电源的 N 端与实验装置的 N′端连接，接通电源，观察各相灯的亮度。将电压表引出的两根导线连接到相应的点，测量各线电压（U_{UV}、U_{VW}及U_{WU}）、相电压（$U_{UN'}$、$U_{VN'}$及$U_{WN'}$）和中线电压（$U_{N'N}$）。

测量电路如图 2-5-1 所示。将图 2-5-3 中导线 A 端连接到实验台三相交流可调电源的 N 端，电流插笔分别插到实验电路 U、V、W 三相的线电流插孔，此时实验台上的电流表、功率表都有读数，电流表的读数分别是线电流 I_U、I_V 及 I_W，功率表的读数分别是各相负载消耗的功率 P_U、P_V、P_W。电路消耗的总功率 $P=P_U+P_V+P_W$。注意观察各相灯泡亮度。

将电流插笔插到中线电流插孔，电流表的读数为中线电流 $I_{N'N}$。

④ 无中线时不对称负载星形连接。

把实验台上三相可调电源的 N 端与实验装置 N′端连接的导线断开，接通电源，将电压表引出的两根导线连接到相应的点，测量各线电压（U_{UV}、U_{VW} 及 U_{WU}）、相电压（$U_{UN'}$、$U_{VN'}$及$U_{WN'}$）和中线电压（$U_{N'N}$）。注意中线电压$U_{N'N}$ 的测量，方法是将电压表引出的两根导线分别连接到实验台上三相电源的 N 端和实验装置 N′端。

测量电路如图 2-5-2 所示。将图 2-5-3 中导线 A 端连接到实验台三相交流电源的 W 端，电流插笔分别插到实验电路 U、V 二相的线电流插孔，此时实验台上的电流表、功率表都有读数，电流表的读数分别是线电流 I_U、I_V，功率表的读数分别是各相负载消耗的功率 P_1 和 P_2。电路消耗的总功率 $P=P_1+P_2$。把电流插笔插入实验电路 W 相的线电流插孔，测量线电流 I_W。注意观察各相灯泡亮度与有中线时相比有无变化。

表 2-5-2 实验数据

负载情况	灯泡只数			线电压/V			相电压/V			线电流/mA			中线电流/mA	中线电压/V	功率/W（三表法）				功率/W（两表法）		
	U	V	W	U_{UV}	U_{VW}	U_{WU}	U_{UN}	U_{VN}	$U_{WN'}$	I_U	I_V	I_W	$I_{N'N}$	$U_{N'N}$	P_U	P_V	P_W	P	P_1	P_2	P
对称 Y 有中线	3	3	3																		
对称 Y 无中线	3	3	3																		
不对称 Y 有中线	3	2	1																		
不对称 Y 无中线	3	2	1																		

测量结束，将调压器手柄左旋至 0 位，使输出电压为 0V。按下电源的停止按钮，切断电源后，再进行拆线整理。

实验结束后，应将实验桌整理干净。

2.5.6 注意事项

① 本实验中电源电压高达 380V，一定要注意人身安全。

② 接线、拆线或检查线路必须先切断电源。严禁带电接线、拆线和带电检查线路。

③ 功率表的同名端按标准接法连接在一起，否则功率表中模拟指针会反向偏转，数字表则无显示。使用功率表测量必须按下相应电压、电流量程开关，否则可能会有不适当的显示。

2.5.7 实验报告

① 总结对称三相电路、不对称三相电路的特点。根据测量结果，计算相应的三相总功率 P，并比较各种情况下相、线各量之间的关系。

② 总结在三相电路中负载对称与否对中线电流的影响。中线在什么情况下起作用？起什么作用？

③ 总结三表法与两表法各自的适用范围和使用中应注意的问题。

2.6 实验六 三相异步电动机的使用和单向直接启动实验

2.6.1 实验目的

① 理解异步电动机铭牌数据的意义。

② 熟悉三相笼式异步电动机的结构和技术参数。

③ 掌握电动机绝缘电阻和转速的测量方法。

2.6.2 实验原理

三相笼式异步电动机是目前应用最为广泛的传动机械。它是基于定子与转子之间的电磁作用，把三相交流电能转换为机械能的旋转机械。三相笼式异步电动机的基本构造有定子和转子两大部分。

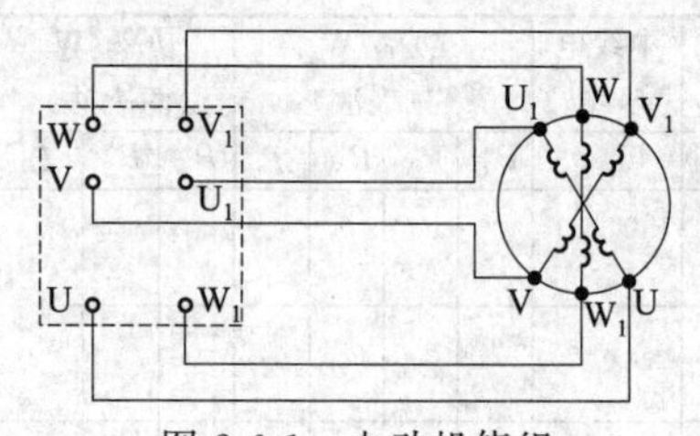

图 2-6-1 电动机绕组

定子主要由定子铁芯、三相对称定子绕组和机座等组成，是电动机的静止部分。三相定子绕组一般有六根引出线，出线端装在机座外面的接线盒内，如图 2-6-1 所示。三相定子绕组根据电源电压的不同，可接成星形或三角形接法，然后与三相电源相连。电动机的旋转方向与三相电流的相序一致。

转子主要由转子铁芯、转轴、笼式转子绕组等组成，是电动机的旋转部分。小容量笼式异步电动机的转子绕组大都采用铝浇铸而成，冷却方式一般都采用扇冷式。在旋转磁场的作用下，转子导体产生感应电动势和电流，从而产生一旋转力矩，驱动机械负载旋转。

电动机铭牌上的数据是正确使用电动机的主要依据。电动机在使用之前（特别是长期不用的电动机），应做一些必要的检查，包括定子绕组绝缘性能的好坏、电动机装配质量的优劣、接线端子是否牢固等。

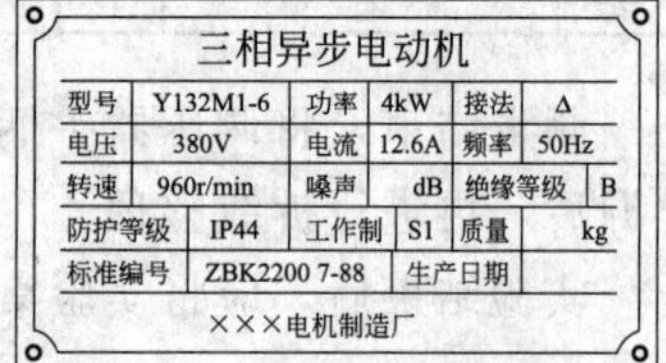
三相异步电动机

型号	Y132M1-6	功率	4kW	接法	Δ
电压	380V	电流	12.6A	频率	50Hz
转速	960r/min	噪声	dB	绝缘等级	B
防护等级	IP44	工作制	S1	质量	kg
标准编号	ZBK2200 7-88	生产日期			

×××电机制造厂

图 2-6-2 三相异步电动机铭牌

三相笼式异步电动机的额定值标记在电动机铭牌上，图 2-6-2 所示为三相异步电动机的铭牌。

① 型号 用以表明电动机的中心高、机座与铁芯的长短、磁极数量等。

② 功率 额定运行情况下，电动机轴上输出的额定机械功率。

③ 电压 额定运行情况下，定子三相绕组应施加的电源线电压。

④ 电流 在额定运行情况下，通入定子绕组的线电流。

⑤ 转速 在额定运行条件下，转子的旋转速度。

任何电气设备必须安全可靠使用，这和它导线之间及导电部分与地（机壳）之间的绝缘情况有关，所以在安装与使用电动机之前，一定要检查绝缘情况，在使用期间也应做定期的检查。国家标准规定，额定电压为 500V 以下的低压电动机，采用 500V 规格的兆欧表来测量绝缘电阻，对家用电器的绝缘质量要求更高。

电动机的绝缘电阻可用兆欧表进行测量。一般应对绕组的相间绝缘电阻及绕组与铁芯（机壳）之间的绝缘电阻进行测量，其测量值应符合相关规定。

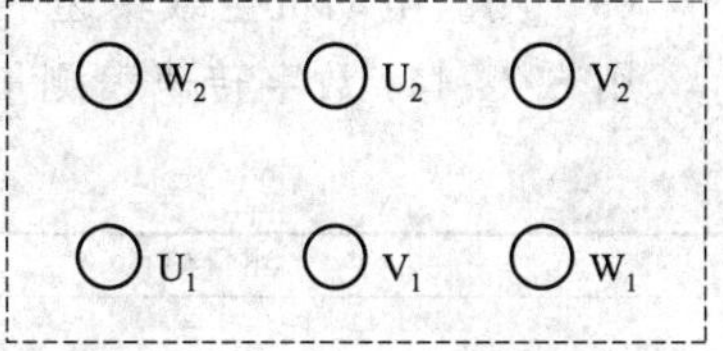

图 2-6-3 三相定子绕组的 6 个线端

异步电动机三相定子绕组的 6 个出线端有 3 个首（始）端和 3 个末（尾）端，首端标以 U_1、V_1 和 W_1，末端标以 U_2、V_2 和 W_2，如图 2-6-3 所示。在本实验中，为便于电动机引出线与外部设备连接起见，已将接线端连接至底板上 6 个接线插口，接线如果没有按照首、末端的标记正确连接，则电动机可能启动不了，或引起绕组发热、振动、噪声，甚至电动机因过热而烧毁。

2.6.3 实验设备及所用组件箱

见表 2-6-1。

表 2-6-1 实验设备及所用组件箱

名 称	数 量	备 注
电工实验台	1	
电动机继电控制箱	1	
三相异步电动机	1	
万用表	1	
数字转速表	1	
兆欧表	1	
导线	若干	

2.6.4 实验预习与思考

① 熟悉兆欧表的使用方法。

② 熟悉三相异步电动机定子绕组的连接方法。

2.6.5 实验任务

（1）熟悉电动机铭牌

记录笼式异步电动机的铭牌数据，注明各数据的意义。

型号________ 电压________（V） 频率________（Hz）

功率________（W） 电流________（A） 转速________（r/min）

（2）电动机绝缘性能的检查

① 先用万用表的电阻挡判断三相定子绕组，找出 6 个出线端子中哪 2 个是一相绕组。测量每相绕组的电阻值，填入表 2-6-2 中，以判别各相绕组的电阻是否平衡。

② 用兆欧表分别测量三相定子绕组间及各绕组对地的绝缘电阻值，检查是否满足绝缘要求，测量数据填入表 2-6-2 中。

表 2-6-2 实验数据 1

各相绕组电阻/Ω			各相绕组对机壳(地)的绝缘电阻/MΩ			相间绝缘电阻/MΩ		
U相	V相	W相	U相	V相	W相	U、V相	V、W相	W、U相

(3) 测量电动机空载转速

用 SZG-441 数字转速表测量，将测得的转速填入表 2-6-3 中。

表 2-6-3 实验数据 2

测量值	空载转速/(r/min)

测量结束，将调压器手柄左旋至 0 位，使输出电压为 0V。按下电源的停止按钮，切断电源后，再进行拆线整理。

实验结束，把实验箱放入实验桌的下方，导线放入中间抽屉，实验桌整理干净。

2.6.6 注意事项

实验注意事项如下。

① 在用兆欧表测量电动机的绝缘电阻时，电动机必须切断电源，并切断该电动机与其他电气设备及其他仪表在电路上的联系。

② 由于兆欧表内手摇发电机的电压较高，使用时必须将电动机的待测部分与兆欧表的接线柱用导线牢固地连接在一起。

③ 测量时，应边摇手柄（120r/min）边读数，不能停摇后再读数。

④ 兆欧表在被摇转时，其两个测试端之间的电压可达 500V，所以测试时手不能触及电动机、兆欧表的测试端和测量导线，也不能让两根测量导线短路。

2.6.7 实验报告

① 解释电动机铭牌数据的含义

② 整理测量数据。

③ 能否用万用表的欧姆挡测量电动机的绝缘电阻？为什么？

④ 电动机的额定功率是指输出功率还是输入功率？一台效率为 0.85、功率为 15kW 的三相异步电动机的输入功率为多少？

2.7 实验七 三相异步电动机的正反转

2.7.1 实验目的

① 了解交流接触器、热继电器、按钮、熔断器以及断路器等控制器件的结构和作用。

② 掌握自锁、互锁、短路保护、过载保护和失压保护的意义及实现方法。

③ 掌握电动机电流的测量方法。

2.7.2 实验原理

一般电动机的启动电流约为额定电流的 4 ~7 倍，空载电流约为额定电流的 25%～60%

(低速小容量电动机所占百分比较大)；三相空载电流中任一相与三相空载电流平均值的偏差程度，应不大于 10%（三相电源应基本平衡）。

继电器、接触器控制大量应用于对电动机的启动、停止、正反转、调速、制动等，从而使生产机械按既定的要求动作；同时，也能对电动机和生产机械进行保护。交流接触器、热继电器和按钮的结构和作用请阅读相关资料。

电气原理图中所有电器的触点都处于静态位置，即电器没有任何动作的位置。对于继电器和接触器，是指其线圈没有电流时的原始位置；按钮、刀开关，是指没有受到外力作用时的原始位置。

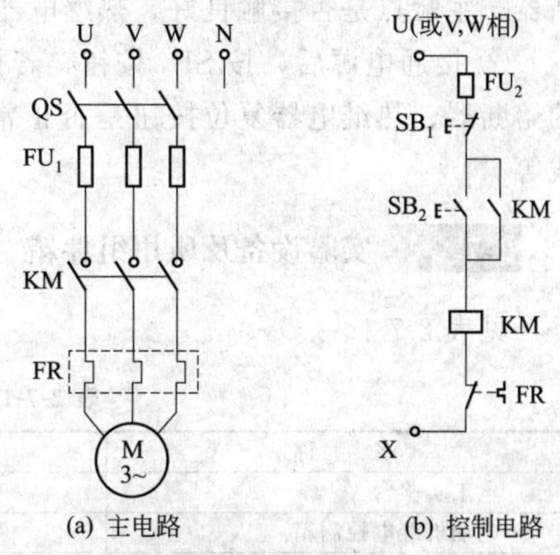

图 2-7-1　电动机单向直接启动接触器控制电路

2.7.2.1　线路原理分析

（1）启动控制

图 2-7-1 所示电路是三相异步电动机单向直接启动接触器控制电路。其中图 2-7-1(a) 为主电路，图 2-7-1(b) 是控制电路。电动机启动时，先合上电源开关 QS，为电动机启动做好准备。当按下控制电路中的启动按钮 SB_2 时，交流接触器 KM 的线圈通电吸合，其主触点闭合，电动机 M 得电启动；同时，接触器常开辅助触点闭合，以保证松开按钮 SB_2 时，使 KM 线圈绕过 SB_2 触点经 KM 自身常开辅助触点保持通电，从而使电动机继续运转。这种依靠接触器自身辅助触点保持线圈通电的电路，称为自锁电路，与 SB_2 并联的交流接触器常开辅助触点称为自锁触点。

（2）停止控制

需电动机停转时，可按下停止按钮 SB_1，接触器 KM 线圈断电释放，KM 常开主触点及常开辅助触点均断开，电动机 M 失电停转。当松开 SB_1 时，由于 KM 自锁触点已断开，故接触器线圈失电，电动机断电停机。

2.7.2.2　线路的保护设置

（1）短路保护

由熔断器 FU_1、FU_2 分别实现主电路与控制电路的短路保护。

（2）过载保护

由热继电器 FR 实现电动机的长期过载保护。当电动机出现长期过载时，热继电器动作，串接在控制电路中的常闭触点断开，切断 KM 线圈电路，使电动机脱离电源，实现过载保护。

（3）欠压和失压保护

由接触器本身的电磁机构来实现。当电源电压严重过低或失压时，接触器的衔铁自行释放，电动机失电而停机。当电源电压恢复正常时，接触器线圈不能自动得电，只有再次按下启动按钮 SB_2 后电动机才会启动，防止突然断电后的来电，造成人身及设备损害，此种保护又叫失压保护（零压保护）。

设置欠压、失压（零压）保护的控制线路具有两个优点：第一，防止电源电压严重下降时电动机欠压运行；第二，防止电源电压突然恢复时，电动机自行启动造成设备和人身事故。

此种电路不仅能实现电动机频繁启动控制，而且可实现远距离的自动控制，故是最常用的简单控制线路。

2.7.2.3 故障分析方法

① 在图 2-7-1 所示中，接通电源后，按下启动按钮 SB_2，若接触器动作，而电动机不转，说明主电路有故障；如果电动机伴有嗡嗡声，则可能有一相电源断开。检查主电路的熔断器、主触点是否接触良好，热继电器 FR 是否正常，连接导线有无断线等。

② 接通电源后，按 SB_2 按钮，若接触器不动作，说明控制电路有故障。检查控制电路的熔断器、热继电器复位按钮是否正常，停止按钮 SB_1 接触是否良好，线圈及导线是否断线等。

2.7.3 实验设备及所用组件箱

见表 2-7-1。

表 2-7-1 实验设备及所用组件箱

名 称	数 量	备 注
电工实验台	1	
电动机继电控制箱	1	
三相异步电动机	1	
导线	若干	

2.7.4 实验预习与思考

① 熟悉电动机正反转控制电路的工作原理。

② 熟悉如图 2-7-2 所示的实验电路图。

2.7.5 实验任务

(1) 连接实验电路

① 仔细观察按钮、交流接触器、热继电器的结构，分清线圈、热元件各触点的位置。

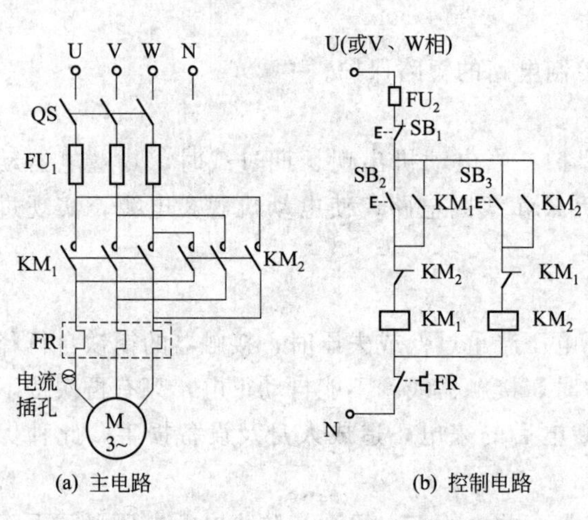

图 2-7-2 三相异步电动机正反转控制接线图

② 按图 2-7-2 接线。接线的规则是：先主后控，先上后下，先左后右，先串联后并联。

a. 主电路的连接。按照电动机铭牌要求将电动机三相绕组接成星形连接。图 2-7-2(a) 中的熔断器 FU_1、刀开关 QS 已在实验台安装，从电工实验台上三相交流可调电源的 U、V、W 端引线分别与交流接触器 KM_1 的 3 个主触点连接；从交流接触器 KM_1 的主触点的三个进线端分别引线到 KM_2 的三个进线端，KM_2 的出线端要将 1、3 换相后连接到 KM_1 接触器相应端，即 KM_2 的 U 相出线端连接到 KM_1 出线端的 W 相，KM_2 的 W 相出线端连接到 KM_1 出线端的 U 相；然后 KM_1 的三相出线端与热继电器 FR 的热元件连接；U 相出线端与电动机 U 相的中间串接电流插孔，电流插笔的两个接线端与电流表连接，电流表量程选择200mA；热继电器FR其余两相V、W引出线与电动机绕组的首端V、W连接（本实验室使用的电动机首端标为A、B、C），最后将电动机三个绕组的尾端（黑色点）用导线连接即可。

b. 控制电路的连接。接触器线圈工作电压为220V，按照接线规则连线。图2-7-2(b)控制电路中的保险丝FU_2实验台已安装，从三根相线的任意一根引线连接到停止按钮SB_1常闭触点，按钮SB_1常闭触点出线端连接到按钮SB_2常开触点进线端，SB_2的出线端再连接到交流接触器KM_2辅助触点的常闭触点，最后连接到交流接触器KM_1的线圈上；线圈KM_1引出线连接热继电器FR的辅助触点；辅助触点另一端将引出线连接到实验台上三相交流电源的N端；在按钮SB_2常开触点两端并接交流接触器KM_1辅助触点的常开触点KM_1。按照同样的方法连接按钮SB_3、交流接触器KM_1辅助触点的常闭触点KM_1、交流接触器KM_2的线圈，然后再在按钮SB_3两端并接交流接触器KM_2辅助触点的常开触点KM_2。

电路连接好后，应仔细检查。其方法是：在断开电源的情况下，按下按钮SB_2，用万用表的欧姆挡检查控制电路两点间的阻值，若测得的阻值接近接触器线圈的阻值，则说明控制电路无短路或断路现象，可以准备通电（注意：严禁带电检查）；否则说明电路存在问题。

（2）实验电路的运行

检查电路接线无误后，按下实验台的启动按钮，实验桌的右下方是调压器手柄，将电压从0调到相电压为220V，通过实验台上三相交流可调电源的三块电压表进行估读。把电压表上接出的两根导线连接到电工实验台上的三相交流电源的U、N两端，测量相电压U_{UN}数值。

（3）测量电动机的空载电流

将电流表量程选择200mA挡，把电流插笔的两个接线端与实验台上的电流表连接。待电动机达稳定运行后，将电流插笔插入电流插孔⑫，电流表的读数即为电动机U相的空载电流，用同样方法测量电动机V、W相的空载电流，填入表2-7-2中。

表2-7-2 电动机的空载电流

	空载电流/A		
测量值	I_{0V}	I_{0U}	I_{0W}

（4）自锁触点的作用

在断电的情况下除去自锁触点。重新通电，按下启动按钮SB_2，然后松开启动按钮SB_2，观察电动机的点动工作情况。

测量结束，将调压器手柄左旋至0位，使输出电压为0。按下电源的停止按钮，切断电源后再进行拆线整理。

实验结束，把实验箱放入实验桌的下方，导线放入抽屉，实验桌整理干净。

2.7.6 注意事项

① 必须注意人身和设备安全。由于电源电压为380V，因此实验中接线、拆线和改接线路时，必须断开电源。

② 注意三相异步电动机定子绕组的连接形式和额定电压。

③ 注意区分交流接触器主触点和辅助触点。

④ 严禁电动机缺相运行。

⑤ 按规定选择熔断器 FU 的熔体电流。

2.7.7 实验报告要求

① 说明三相异步电动机正、反转控制线路中各电器的动作顺序，叙述实验电路的工作原理。

② 整理测量数据，计算空载电流的偏差值 I_{0U}/I_0（I_0 是三相空载电流的平均值），看其是否在规定的10%的范围内。

③ 如何检查控制电路？控制电路具有哪些保护环节？

④ 主电路的短路、过载和失压三种保护功能是如何实现的，在实际运行中这三种保护功能有什么意义？

2.8 实验八 具有自动往返的继电接触器控制系统设计实验

2.8.1 实验目的

① 掌握行程开关、时间继电器的作用和使用方法。

② 掌握行程控制的原则。

2.8.2 实验原理

自动往返的可逆运行通常是利用行程开关来检测往返运动的相对位置，进而控制电动机的正反转来实现生产机械的往复运动。

图 2-8-1(a) 所示为小车自动往返运动示意图。行程开关 SQ_1、SQ_2 分别安装在 A、B

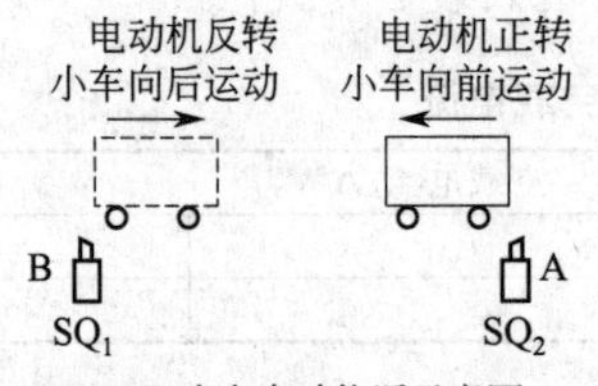

(a) 小车自动往返示意图

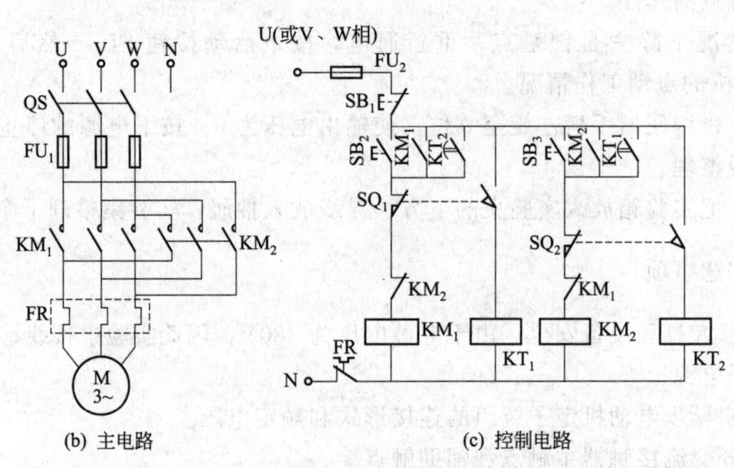

(b) 主电路　　(c) 控制电路

图 2-8-1 小车自动往返运动控制电路

两地，表明运动的始点与终点。图 2-8-1(b) 所示为主电路，图 2-8-1(c) 所示为控制电路。

工作原理分析如下：

启动控制：合上 QS→按下 SB_2→KM_1 线圈得电 ①→

①→ KM_1 常闭辅助触点断开→实现与 KM_2 的互锁
→ KM_1 常开辅助触点闭合→实现自锁
→ KM_1 主触点闭合→电动机 M_1 得电→电动机正转 ②→

②→小车向前运动→小车压下 SQ_1→
→ SQ_1 常闭触点断开→KM_1 线圈断电→KM_1 主触点断开→电动机 M 断电→电动机停机，小车停止运动
→ SQ_1 常开触点闭合→KT_1 线圈得电→KT_1 常开触点闭合 ③→

③→KM_2 线圈得电→
→ KM_2 常闭辅助触点断开→实现与 KM_1 互锁
→ KM_2 常开辅助触点闭合→实现自锁
→ KM_2 主触点闭合→电动机 M 得电→电动机反转，小车向后运动 ④→

④→小车压下 SQ_2→
→ SO_2 常闭触点断开→KM_2 线圈断电→KM_2 主触点断开→电动机 M 断电→电动机停机，小车停止运动
→ SO_2 常开触点闭合→KT_2 线圈得电→KT_2 常开触点闭合 ⑤→

⑤→KM_1 线圈得电→KM_1 主触点闭合→电动机正转→如此周而复始实现小车的自动往返运动

停机控制：按下 SB_1→KM_1、KM_2 线圈失去电源→电动机 M 断电→电动机停机，小车停止运动

实际工作中，换向可能因行程开关失灵而无法实现，故一般在 SQ_1、SQ_2 两边各加一个极限开关 SQ_3、SQ_4 实现极限保护，避免运动部件超出极限位置而发生事故。

上述用行程开关来控制小车行程位置的方法，称为行程控制原则。行程控制原则是机械设备自动化和生产过程自动化中应用最广泛的控制方法之一。

2.8.3 实验设备及所用组件箱

见表 2-8-1。

表 2-8-1 实验设备及所用组件箱

名 称	数 量	备 注
电工实验台	1	
电动机继电控制箱	1	
三相异步电动机	1	
导线	若干	

2.8.4 实验预习与思考

① 熟悉时间继电器和行程开关的工作原理。

② 熟悉图 2-8-1 所示电路的工作原理。

2.8.5 实验任务

按图 2-8-1 小车自动往返运动控制电路连线，整定时间继电器 KT_1、KT_2 的延时时间，分别为 3s、5s，检查电路接线无误后，通电实现正常运行。

测量结束，将调压器手柄左旋至 0 位，使输出电压为 0。按下电源的停止按钮，切断电源后，再进行拆线整理。

实验结束，将实验桌面清理干净，仪器设备摆放整齐。

2.8.6 注意事项

① 认真检查接线，注意安全。

② 实验中电路出现短路、过流、仪表超量程现象，系统将自动报警。

2.8.7 实验报告要求

① 画出实验电路，并简述电路中各电器的工作顺序。

② 分析讨论实验中所观察到的现象，实验中故障的检查和排除。

③ 说明图 2-8-1 控制电路中哪些是自锁？自锁的作用是什么？

④ 图 2-8-1 中哪些是互锁环节？互锁的作用是什么？

⑤ 如果某电动机要求既能单方向连续运行，又随时可以实现点动运行，应怎样连接控制电路？

第3章 电子技术实验

3.1 实验一 二极管、三极管的特性测试

3.1.1 实验目的

① 学会用模拟万用表判别二极管、三极管的极性及类别。

② 了解用晶体管特性图示仪测试晶体管特性的方法。

3.1.2 实验原理

由万用表的内部电路可知，红表笔（正端）接万用表中电池的负极，黑表笔（负端）接万用表中电池的正极，所以红表笔带负电，而黑表笔带正电。

利用万用表测试二极管、三极管时，万用表既是电源又是指示仪表。由于“$R\times10\Omega$”挡表头内阻太小，会使流过的电流太大而烧坏管子；而“$R\times100k\Omega$”挡表头内电压较高，会使PN结击穿；因此，测试时通常置万用表欧姆挡的“$R\times100\Omega$”和“$R\times1k\Omega$”挡。

（1）二极管极性的判断

通常小功率锗二极管的正向电阻为300～500Ω，硅管为1kΩ或更大些。锗管反向电阻为几十千欧，硅管为500kΩ以上，反向电阻越大越好。

如果阻值与上述阻值相差太大，二极管可能已经损坏或性能不好，如果正反向电阻均为无穷大，说明二极管内部已断路。如图3-1-1所示。

（2）三极管的判别与实验测试

① 判断基极ⓑ和三极管类型　将万用表欧姆挡置“$R\times100\Omega$”挡处，先假设三极管的某极为“基极”，并将黑表笔接在假设的基极上，再将红表笔先后接到其余两个电极上，如

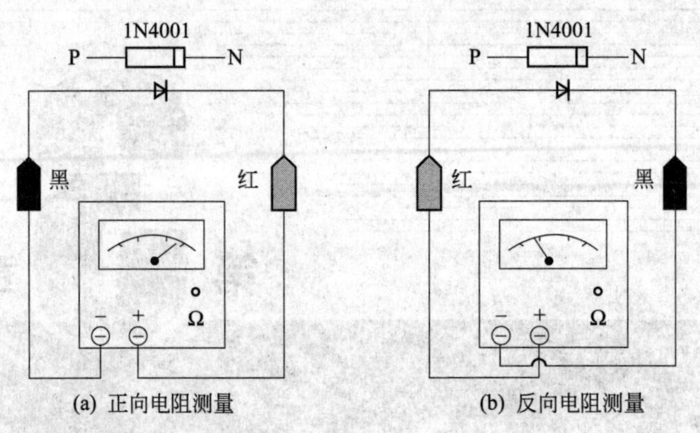

(a) 正向电阻测量　　(b) 反向电阻测量

图 3-1-1　二极管极性的测试

果两次测得的电阻值都很大（或都很小），约为几千欧至几十千欧（或约为几百欧至几千欧），而对换表笔后测得的两个电阻值都很小（或都很大），则可确定假设的基极是正确的。如果两次测得的电阻值是一大一小，则可肯定假设的基极是错误的，应换一只管脚重复上述过程。最多重复两次就可找出真正的基极。

当基极确定以后，将黑表笔接基极，红表笔分别接其他两电极。此时，如果测得的电阻值都很小，则该三极管为 NPN 型管，否则为 PNP 型管。

② 判断集电极ⓒ和发射极ⓔ　以 NPN 型管为例，如图 3-1-2 所示。把黑表笔接到假设的集电极ⓒ上，红表笔接到假设的发射极ⓔ上，在ⓑ、ⓒ之间接入偏置电阻（约 20～100kΩ），或者用人体电阻即用手捏住ⓑ、ⓒ极，读出表头所示ⓒ、ⓔ间的电阻值，然后将红、黑两表笔反接重测，若第一次测得的阻值比较小，说明原假设成立，黑表笔所接为集电极ⓒ，红表笔所接为发射极ⓔ。

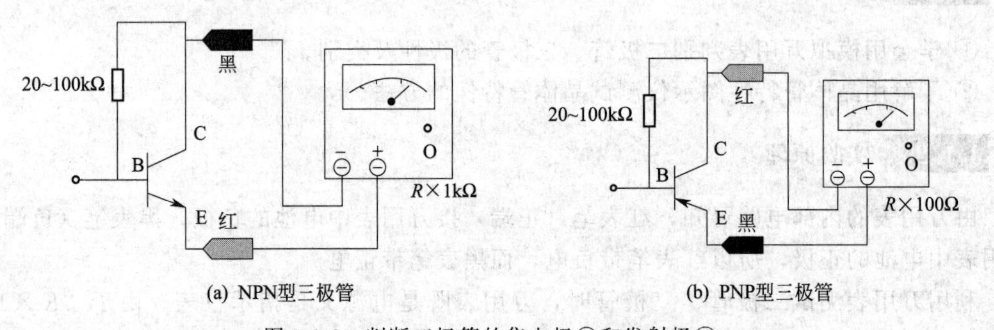

(a) NPN型三极管　　(b) PNP型三极管

图 3-1-2　判断三极管的集电极ⓒ和发射极ⓔ

如果要对晶体管做进一步精确测试，可借助晶体管特性图示仪进行，它能十分清晰地显示出三极管的输入和输出特性曲线，以及电流放大系数 β 值等。

对于 PNP 型三极管集电极ⓒ和发射极ⓔ的判断，方法同上，只要将黑表笔与红表笔互换即可。

(3) 理想情况下 PN 结 I-U 关系

理论上，PN 结上的电流和电压间关系如式(3-1-1) 所示。

$$i_{\mathrm{D}}=I_{\mathrm{s}}\left[\mathrm{e}^{\left(\frac{u_{\mathrm{D}}}{nU_{\mathrm{T}}}\right)}-1\right] \qquad (3\text{-}1\text{-}1)$$

式中，i_{D}、u_{D} 为 PN 结电流及电压；I_{s} 为反向饱和电流，对硅 PN 结，I_{s} 的典型值在

10^{-15}～10^{-13}A之间，实际值与掺杂浓度及PN结的结构有关；U_T为热力学电压，在室温条件下近似为$U_T=0.026V$；n为发射系数或理想因数，当电流较大时，可假设$n=1$。

3.1.3 实验设备及所用组件箱

见表3-1-1。

表3-1-1 实验设备及所用组件箱

名称	数量	备注
模拟(模数综合)电子技术实验箱	1	
数字式万用表	1	
二、三极管	各1	
晶体管特性图示仪	1	

3.1.4 实验预习与思考

① 什么是二极管的单向导通性?

② 如何用万用表判断三极管的管脚?

3.1.5 实验步骤

① 用万用表判别二、三极管的类型和极性

② 用晶体管特性图示仪测试二极管的伏安特性曲线，三极管的输入、输出特性曲线，并测出β值。

3.1.6 实验报告要求及思考题

① 简述半导体二极管结构、类型及参数。

② 简述三极管的类型、型号及选用原则。

③ 总结用万用表能测出二、三极管哪些性能指标。

④ 已知硅PN结二极管在$T=300K$时，$I_s=10^{-13}$A。二极管的正向偏置电流为1mA，求u_D。

3.2 实验二 单级交流放大电路

3.2.1 实验目的

① 学习放大电路静态工作点的调试方法，分析静态工作点对放大电路性能的影响。

② 学习测量放大电路电压放大倍数及最大不失真输出电压的方法。

③ 进一步熟悉各种电子仪器的使用。

3.2.2 实验原理

(1) 单级交流放大电路简介

如图3-2-1所示为电阻分压式偏置共射级电压放大电路，该电路中的晶体管能把输入回路（基极-发射极）中微小的电流信号在输出回路中（集电极-发射极）放大为一定大小的电

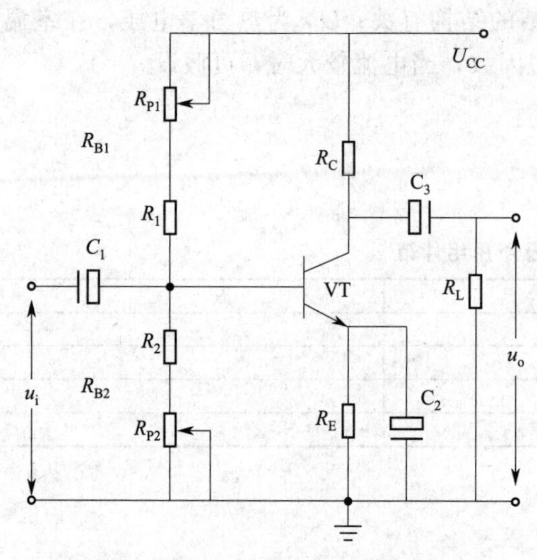

图 3-2-1　共射级单级交流放大电路原理图

流信号。晶体管在电路中实际上起着电流控制作用，它的偏置电路采用 $R_{B1}=R_{P1}+R_1$ 和 $R_{B2}=R_{P2}+R_2$ 组成的分压电路，并在发射级中接有电阻 R_E，用来稳定静态工作点。发射极电容 C_2 对集电极电流的交流分量提供了交流通路，C_1、C_3 能够隔离直流电流、通过交流电流，起到隔直流通交流的作用，它们分别把交流信号电流输入基极以及把放大后的交流信号电压送到负载，而不影响晶体管的直流工作状态。当在放大电路输入端输入信号 u_i 后，在放大电路输出端便可得到与 u_i 相位相反、被放大了的输出信号 u_o，实现了电压放大。

(2) 静态工作点的测量与调试

当外加输入信号为零时，在直流电源的作用下，基极和集电极回路的直流电流和电压分别用 I_{BQ}、U_{BEQ}、I_{CQ}、U_{CEQ} 表示，并在其输入和输出特性上各自对应一个点，称为静态工作点。此时电路的直流通路如图 3-2-2 所示。

假设 $I_1 \approx I_{BQ}$，$U_{BE}=0.7\text{V}$，则有

$$U_{BQ} \approx \frac{R_{B2}}{R_{B1}+R_{B2}} U_{CC} \tag{3-2-1}$$

$$I_{EQ}=\frac{U_B-U_{BE}}{R_E}=\frac{U_E}{R_E} \tag{3-2-2}$$

$$I_{BQ}=\frac{I_{EQ}}{1+\beta} \tag{3-2-3}$$

由于 $I_{CQ} \approx I_{EQ}$，则

$$U_{CEQ}=U_{CC}-I_{CQ}(R_C+R_E) \tag{3-2-4}$$

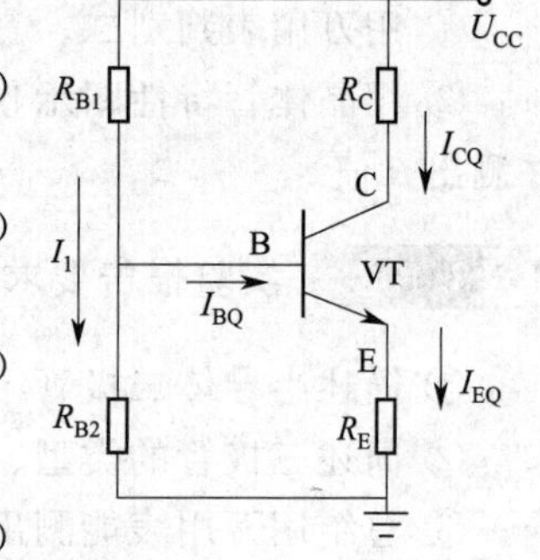

图 3-2-2　电压放大电路的直流通路

放大电路的基本任务是在不失真的前提下，对输入信号进行放大，故设置放大电路静态工作点的原则是：保证输出波形不失真并使放大电路具有较高的电压放大倍数。

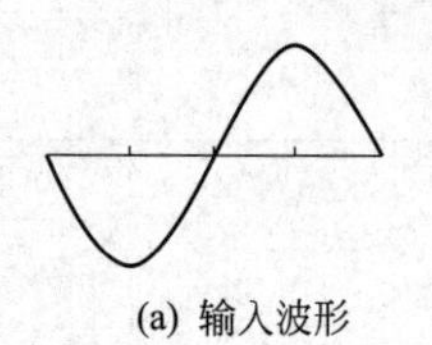

(a) 输入波形

(b) 不失真

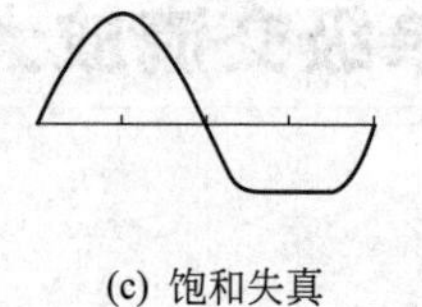

(c) 饱和失真

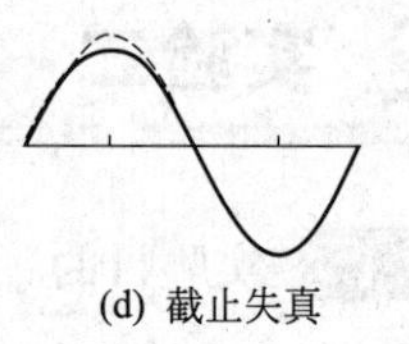

(d) 截止失真

图 3-2-3　放大电路输出波形示意图

改变电路参数 U_{CC}、R_C、R_B 都将引起静态工作点的变化，通常以调节基极上偏置电阻取得一合适的静态工作点。如图 3-2-1 中调节 R_{P1}，则 R_{B1} 减小使得 I_C 增加，使静态工作点偏高，放大电路容易产生饱和失真，如图 3-2-3(c) 所示，u_o 负半周被削顶；当 R_{B1} 增加，则 I_C 减小，使工作点偏低，放大电路容易产生截止失真，如图 3-2-3(d) 所示；u_o 正半周被缩顶。适当调节 R_{B1} 可得到合适的静态工作点。

(3) 电压放大倍数的测量

如把放大电路看作一个“黑盒子”，在输出端断开（空载）和接通负载电阻 R_L（负载）

两种情况下测定 U_i 及 U_o，求出它们的比值 A_u，该比值称为放大电路的电压放大倍数。

电压放大倍数

$$A_u=\frac{U_o}{U_i}=-\beta\frac{R_C /\!/ R_L}{r_{BE}} \tag{3-2-5}$$

其中

$$r_{BE}=300+(1+\beta)\frac{26(\text{mV})}{I_E(\text{mA})} \tag{3-2-6}$$

（4）最大不失真输出电压的测量

为了在动态时获得最大不失真输出电压，静态工作点应尽可能选在交流负载线中点，因此在上述调试静态工作点的基础上，应尽量加大 u_i，同时适当调节偏置电阻 R_{B1}（R_{P1}），若加大 u_i 先出现饱和失真，说明静态工作点太高，应将 R_{B1} 增大，降低基极电位，使 I_C 减小，即静态工作点低下来；若加大 u_i 时先出现截止失真，则说明静态工作点太低，应减小 R_{B1} 使 I_C 增大；直至当 u_i 增大时截止失真和饱和失真几乎同时出现，此时的静态工作点即为交流负载线中点，说明输入信号过大；这时应慢慢减小 u_i，当刚刚出现输出电压不失真时，此时的输出电压即为最大不失真输出。

3.2.3　实验设备及所用组件箱

见表 3-2-1。

表 3-2-1　实验设备及所用组件箱

名　　称	数　　量	备　　注
模拟(模数综合)电子技术实验箱	1	
数字式万用表	1	
函数信号发生器	1	
双踪电子示波器	1	

3.2.4　实验预习及思考

① 理解分压式放大电路的工作原理及各元件的作用。

② 了解静态工作点对波形失真的影响以及静态工作点的调试方法。

③ 了解最大不失真输出电压的测量方法。

3.2.5　实验步骤

（1）连接线路，简单测量

① 用万用表判断实验箱上三极管 VT 的极性和好坏，电解电容 C 的极性和好坏。

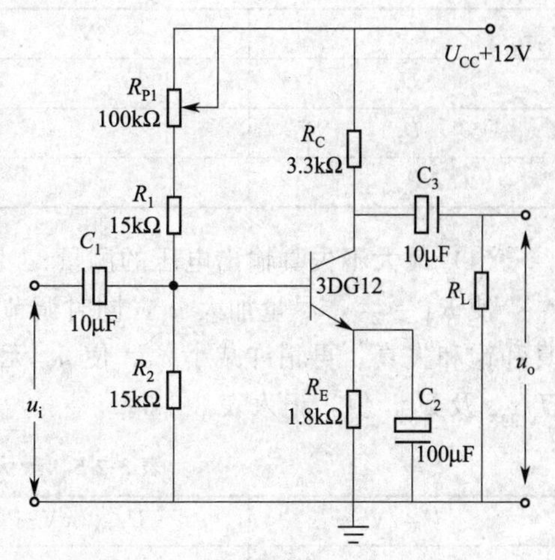

图 3-2-4　单级交流放大电路接线图

② 如图 3-2-4 所示，连接电路（注意：接线前先测量+12V 电源，关断电源后再连线），将 R_{P1} 的阻值调到最大位置。连接并检查线路无误后再接通+12V 的电源（注意：接电源时一定不要忘记接地，即 U_{CC} 接+12V、COM 接 GND）。

（2）静态工作点测试

调节 R_{P1}，使 $U_{RC}=4V$（测量 U_{RC} 即测量 R_C 两端的电压，$\beta=100$），将测量数据记录入表 3-2-2。

表 3-2-2 直流通路参数值

测量值			计算值		
U_C/V	U_B/V	U_E/V	I_C/mA	U_{CE}/V	I_B/μA

（3）电压放大倍数的测量

① 负载变化对于电压放大倍数的影响。

保持 $U_{RC}=4V$，调节函数信号发生器，使其输出电压信号为 u_i。u_i 为正弦波，频率为 $f=1kHz$，有效值为 5mV。把信号加在输入端和 GND 之间，同时用万用表测量输出信号 u_o 的值（用数字万用表交流电压"V"挡）。改变负载 R_L（R_L 应在输出端与 GND 之间）测量下述三种情况下的 u_o 值，并计算电压放大倍数 A_u，记入表 3-2-3 中。用示波器观察 u_i、u_o 间的相位关系，并描绘在数据记录纸上。

表 3-2-3 电压放大倍数测量（一）

R_L	∞	3.1kΩ	1kΩ
U_i			
U_o			
A_u			

② 静态工作点变化对于电压放大倍数的影响。

使 $R_L=3.1$ kΩ，保持输入信号不变，改变 U_{RC}，测量下述三种情况下的 u_o 值，记入表 3-2-4。用示波器观察 u_i、u_o 之间的相位关系，并描绘在数据记录纸上。

表 3-2-4 电压放大倍数测量（二）

U_{RC}	3V	4V	5V
U_i			
U_o			
A_u			

（4）最大不失真输出电压的测量

使 $R_L=\infty$，尽量加大 u_i，同时调节 R_{P1} 改变静态工作点，使 u_o 波形同时出现截止失真和饱和失真，再稍许减小 u_i，使 u_o 无明显失真（即为最大不失真），测量此时的 U_{imax} 和 U_{omax} 及 U_{RC} 值，记入表 3-2-5。

表 3-2-5 最大不失真输出电压测量数据

U_{RC}/V	U_{imax}/mV	U_{omax}/V	A_u

3.2.6 实验报告要求及思考题

① 整理实验中所测得的实验数据。

② 根据电路参数估算 A_u（取 $I_C=2mA$，$\beta=100$），将实验值与理论估算值相比较，分析差异原因。

③ 总结静态工作点对放大电路性能的影响。如何判断放大器的截止和饱和失真？当出现这些失真时应如何调整静态工作点？

④ 重设图 3-2-2 中的参数，令 $I_{CQ}=1.5mA$。设 $U_{CC}=+12V$，$U_{BE}=0.7V$，$\beta=100$。

⑤ 已知电路如图 3-2-5 所示，设 $U_{BE}=0.7V$，$\beta=200$，求 I_B、I_C、I_E、U_{CE}。

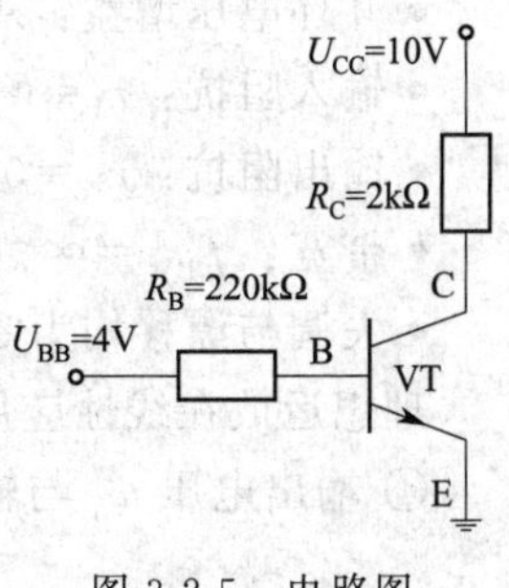

图 3-2-5 电路图

3.3 实验三 集成运算放大电路的应用

3.3.1 实验目的

① 掌握集成运算放大器作为加法器、减法器、比例器、积分器、微分器的各种原理及运算功能。

② 掌握以上各种应用电路的组成及测试方法，学会用示波器测量信号波形的方法。

3.3.2 实验原理

3.3.2.1 集成运算放大器简介

集成运算放大器（简称集成运放）是一种高增益、高输入阻抗、低输出阻抗的直流放大器。集成运放有两个信号输入端，根据输入电路的不同，有同相输入、反相输入和差动输入三种方式，在实际应用中都必须用外接负反馈网络构成闭环，用以实现各种模拟运算。本实验采用集成运放 μA741CN KBD851。集成运放的封装形式如图 3-3-1 所示。实验所用的 μA741CN KBD851 用塑料封装、双列直插式。引脚顺序确定：将引脚朝下，缺口朝向左侧，从芯片左下角起，以逆时针方向计数，依次为 1、2、3、…、8 脚。引脚排列如图 3-3-2 所示，2 脚和 3 脚为反相和同相输入端，6 脚为输出端，7 脚和 4 脚为正、负电源端，1 脚和 5 脚为失调调零端，1、5 脚之间可接入一只几十千欧的电位器，并将滑动触头接到负电源端。8 脚为空脚。

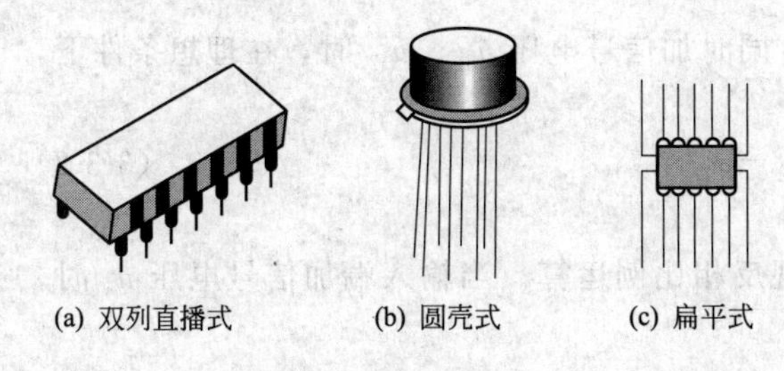

图 3-3-1 集成运算放大器的三种封装方式

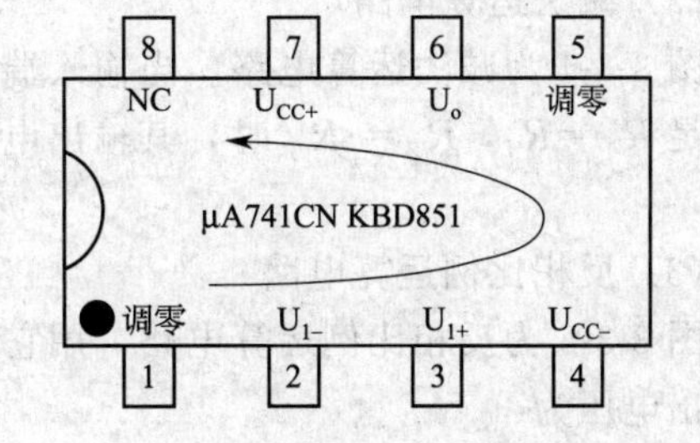

图 3-3-2 μA741CN KBD851 外引脚排列图

3.3.2.2 理想运算放大器特性

在大多数情况下，将运放视为理想运放，就是将运放的各项技术指标理想化。满足下列条件的运算放大器称为理想运放。

- 开环电压增益：$A_{ud}=\infty$。
- 输入阻抗：$r_i=\infty$。
- 输出阻抗：$r_o=0$。
- 带宽：$f_{BW}=\infty$。
- 失调与漂移均为零。

理想运放在线性应用时的两个重要特性如下。

① 输出电压 u_o 与输入电压 u_i 之间满足关系式

$$U_o=A_{ud}(U_+-U_-)$$

由于 $A_{ud}=\infty$，而 U_o 为有限值，因此，$U_+-U_-\approx 0$，即 $U_+\approx U_-$，称为“虚短”。

② 由于 $r_i=\infty$，故流入运放两个输入端的电流可视为零，称为“虚断”，这说明运放对其前级吸取电流极小，带负载能力很强。

上述两个特性是分析理想运放应用电路的基本原则，可简化运放电路的计算。

3.3.2.3 基本运算电路

（1）反相输入加法运算电路

图 3-3-3 为反相输入加法运算电路，简称加法器。它是一个反相放大器，当输入端 A、B 同时加 u_{i1}、u_{i2} 信号时，在理想条件下，其输出电压为

$$u_o=-\left(\frac{R_f}{R_1}u_{i1}+\frac{R_f}{R_2}u_{i2}\right) \tag{3-3-1}$$

图中，R_3 为平衡电阻，且 $R_3=R_1 // R_2 // R_f$。

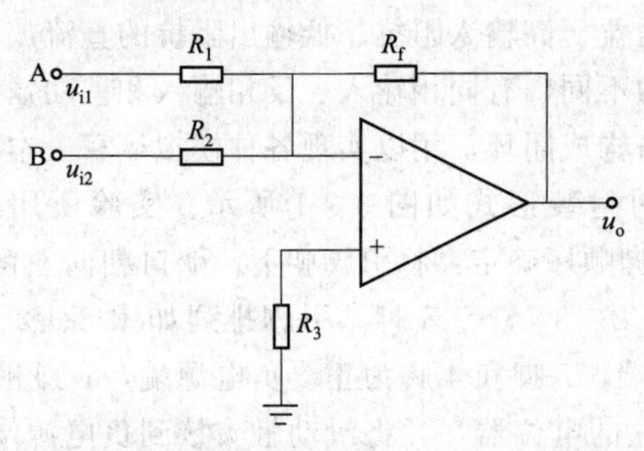

图 3-3-3 反向输入加法运算电路原理图

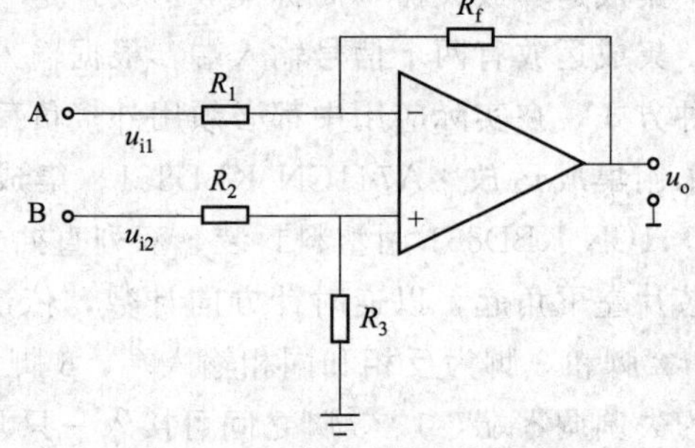

图 3-3-4 减法运算电路原理图

（2）减法运算电路

图 3-3-4 为减法运算电路。当输入端 A、B 同时加信号电压 u_{i1}、u_{i2} 时，在理想条件下，且满足 $R_1=R_f$，$R_2=R_3$ 时，其输出电压为

$$u_o=u_{i2}-u_{i1} \tag{3-3-2}$$

（3）反相比例运算电路

图 3-3-5 为反相比例运算电路，用它可实现反相比例运算。当输入端加信号电压 u_i 时，其输出电压为

$$u_o=-\frac{R_f}{R_1}u_i \tag{3-3-3}$$

（4）同相比例运算电路

图 3-3-6 为同相比例运算电路，用它可实现同相比例运算。当输入端加信号电压 u_i 时，在理想条件下，且 $R_1=R_f$，其输出电压为

$$u_o=\left(1+\frac{R_f}{R_1}\right)u_i \tag{3-3-4}$$

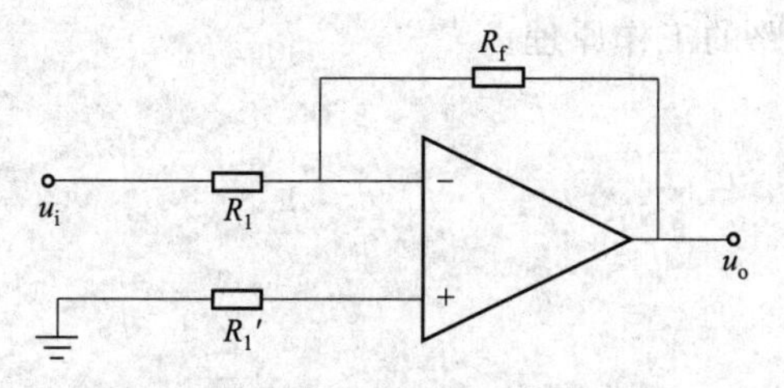

图 3-3-5 反相比例运算电路原理图

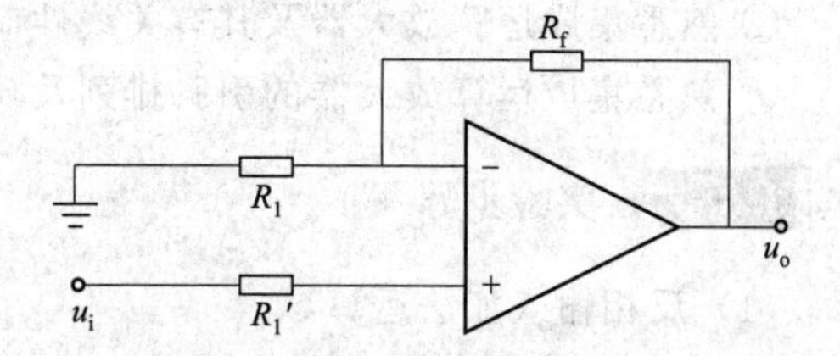

图 3-3-6 同相比例运算电路原理图

(5) 积分运算电路

图 3-3-7 为积分运算电路，在理想条件下，且电容两端的初始电压为零，若输入端加输入信号 u_i，则输出电压为

$$u_o(t)=-\frac{1}{RC}\int u_i(t)\mathrm{d}t \tag{3-3-5}$$

若 u_i 为一幅值等于 U_i 的负阶跃电压，则

$$u_o(t)=-\frac{1}{RC}\int_0^t U_i\mathrm{d}t=-\frac{U_i}{RC}t \tag{3-3-6}$$

输出电压在有效积分时间内随时间 t 线性增长。

(6) 微分运算电路

图 3-3-8 为微分运算电路，在理想条件下，若输入端加输入信号 u_i，则输出电压为

$$u_o(t)=-RC\ \frac{\mathrm{d}u_i(t)}{\mathrm{d}t} \tag{3-3-7}$$

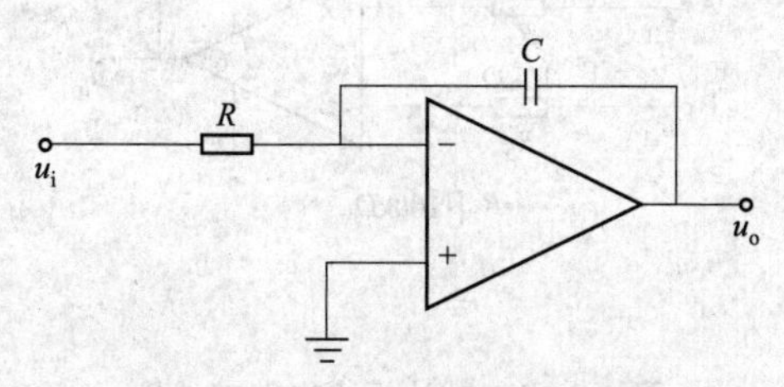

图 3-3-7 积分运算电路原理图

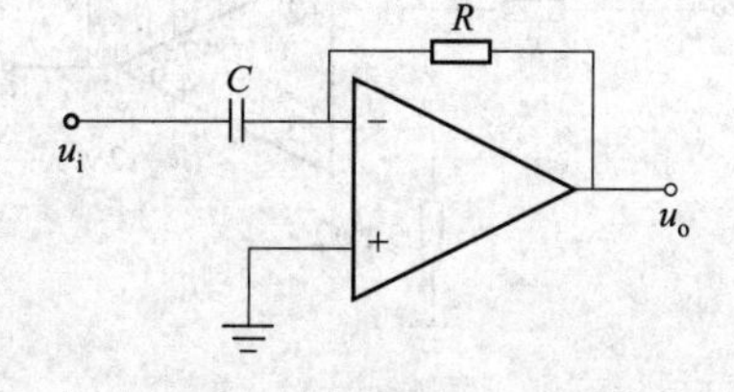

图 3-3-8 微分运算电路原理图

3.3.3 实验设备及所用组件箱

见表 3-3-1。

表 3-3-1 实验设备及所用组件箱

名　称	数 量	设备编号
模拟(模数综合)电子技术实验箱	1	
双踪示波器	1	
函数信号发生器	1	
数字万用表	1	
运算放大器 μA741	1	

3.3.4 实验预习与思考

① 熟悉集成运算放大器及其有关线性应用电路的工作原理。

② 熟悉集成运算放大器的引脚排列及功能。

3.3.5 实验步骤

(1) 反相输入加法运算

① 按图 3-3-9 连接电路，接通电源。

② u_i 为一方波信号，频率为 1kHz，幅度为 0.5V（由函数信号发生器调节得到，其幅值直接用示波器测量）。在 A、B 端同时输入该信号。

③ 用示波器观测输入、输出电压波形，分析其关系。注意，输入信号大小要适当掌握，避免进入饱和区。

(2) 减法运算

① 按图 3-3-10 连接电路，接通电源。

② 在 A 端输入 0.2V 直流信号，在 B 端输入 0.5V 直流信号（可由直流电源及适当阻值的电阻分压调得）。

③ 用万用表测量输出电压 u_o 值，分析其关系。

(3) 反相比例运算

① 按图 3-3-11 连接电路，接通电源。

② u_i 为一方波信号，频率为 1kHz，幅度为 0.5V（直接用示波器测量）。

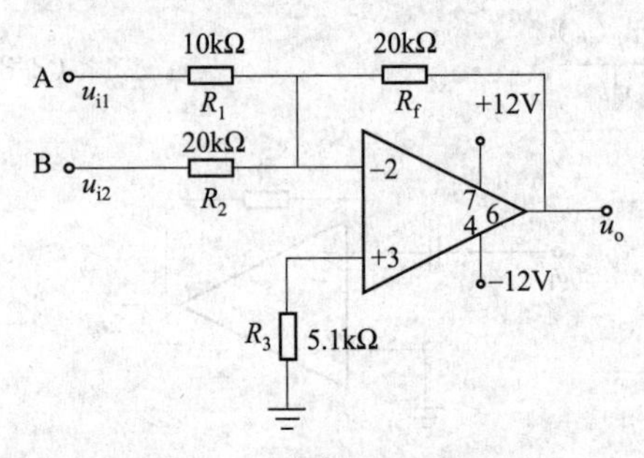

图 3-3-9 加法运算电路接线图

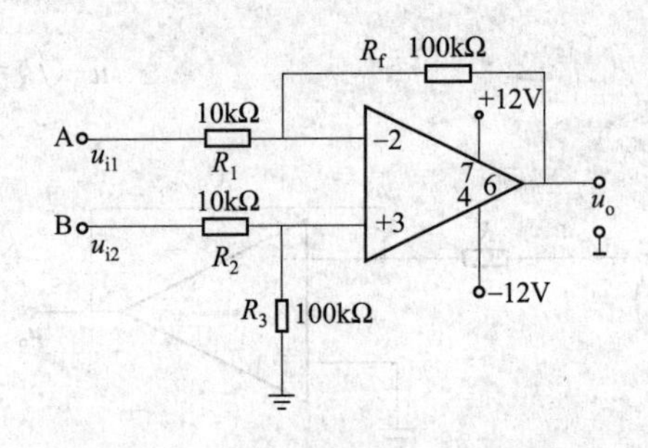

图 3-3-10 减法运算电路接线图

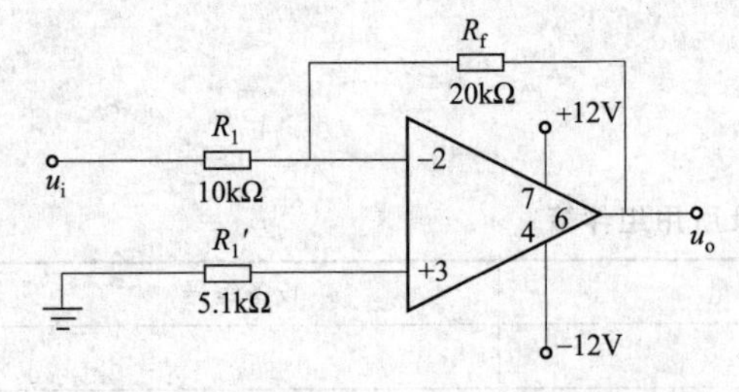

图 3-3-11 反相比例运算电路接线图

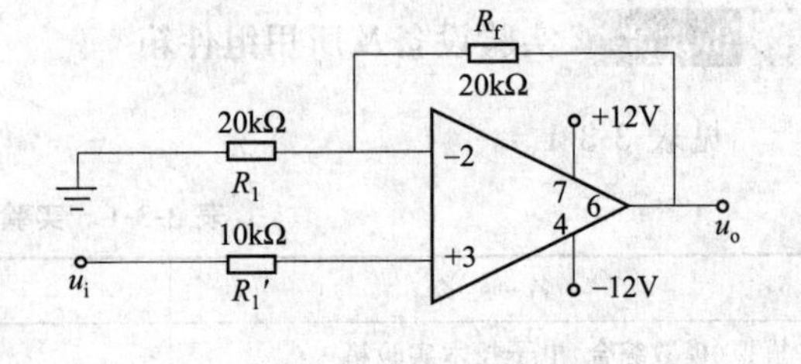

图 3-3-12 同相比例运算电路接线图

③ 用示波器观测输入、输出电压波形，分析其关系。

(4) 同相比例运算

① 按图 3-3-12 连接电路，接通电源。

② u_i 为一方波信号，频率为1kHz，幅度为0.5V（直接用示波器测量）。

③ 用示波器观测输入、输出电压波形，分析其关系。

（5）积分运算

① 按图3-3-13连接电路，接通电源。

② u_i 为一方波信号，频率为1kHz，幅度为0.5V（直接用示波器测量）。

③ 用示波器观察输入、输出波形，并绘出波形图，分析其关系。

④ 测量并记录 u_o 的频率与幅度值，填入自拟表格中。

⑤ 改变积分时间常数 τ，重复上述步骤，观察时间常数的大小对积分器输出波形的影响。

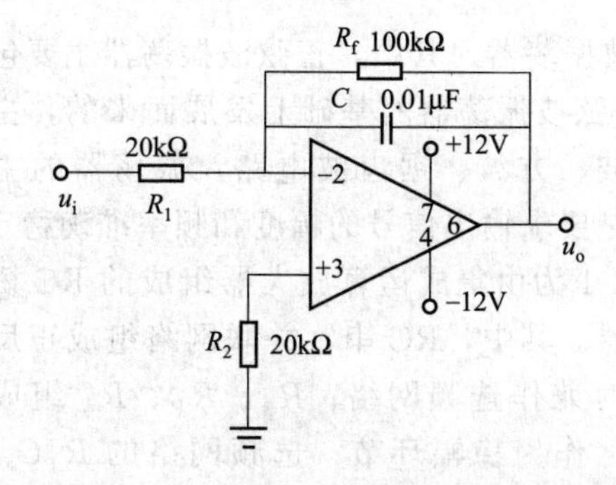

图3-3-13　积分运算电路接线图

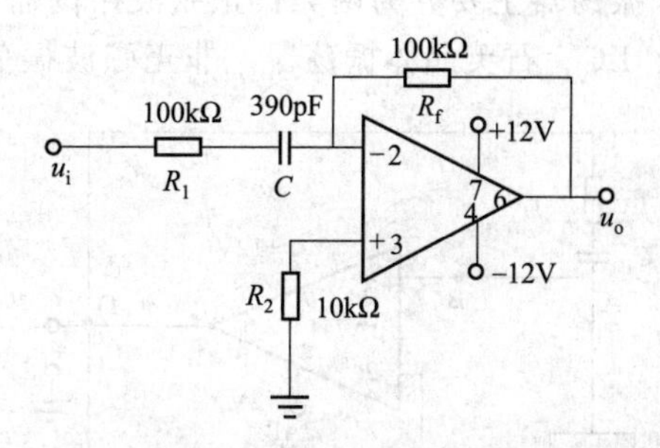

图3-3-14　微分运算电路接线图

（6）微分运算

① 按图3-3-14连接电路，接通电源。

② u_i 输入为一方波信号，频率为1kHz，幅度为0.5V（直接用示波器测量）。

③ 用示波器观察输入、输出波形，并绘出波形图，分析其关系。

④ 测量并记录 u_o 的频率与幅度值，填入自拟表格中。

⑤ 改变微分时间常数 τ，重复上述步骤，观察时间常数的大小对微分器输出波形的影响。

3.3.6　实验注意事项

① 为使放大电路正常工作，不要忘记接入工作直流电源。切记不可把正、负电源极性接反或将输出端短路，否则将损坏集成块。

② 函数信号发生器、示波器应与实验电路共地。

③ 每次换接电路前都必须关掉电源。

3.3.7　实验报告及思考题

① 画出各实验线路图，整理实验数据及结果，总结集成运算放大电路的各种运算功能。

② 整理实验数据计算有关量，并与理论值进行比较，正确画出积分运算时各输入、输出信号对应的电压波形，并与理论值比较。

③ 运算电路中的输入信号能否无限制地增大？为什么？

④ 总结利用示波器测量波形周期和幅值的方法。

3.4 RC桥式振荡器

3.4.1 实验目的

① 掌握正弦波振荡电路的组成，验证振荡条件。

② 学会测量RC串并联网络的选频特性。

③ 掌握测量振荡器幅频特性的方法。

3.4.2 实验原理

振荡器主要分为两类：正弦波振荡器和非正弦波振荡器。其中，正弦波振荡器主要包括RC、LC、石英晶体振荡器。非正弦波振荡器是在正弦波振荡器的基础上发展而来的，主要包括三角波、方波、锯齿波电路。振荡器的主要性能指标是要求输出信号的幅度和频率准确稳定。

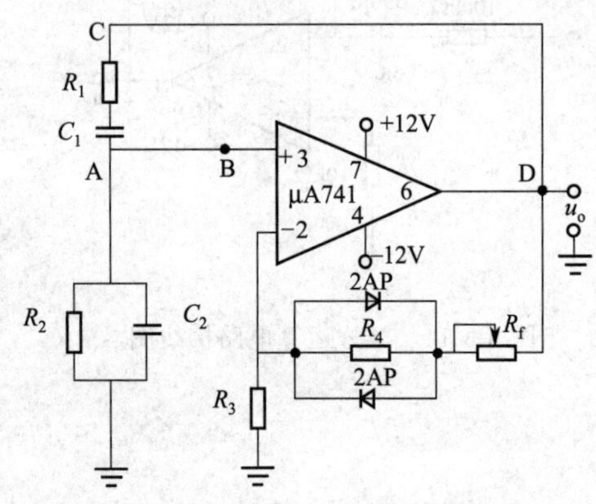

图3-4-1 RC桥正弦波振荡器原理图

图3-4-1为由集成运算放大器组成的RC桥正弦波振荡器。其中，RC串、并联网络组成正反馈支路，同时兼作选频网络；R_3、R_P、R_4组成负反馈网络，作为稳幅环节；选频网络的R_1C_1串联、R_2C_2并联和负反馈网络中的（R_3+W'）、（R_4+W'）正好形成电桥的四条臂，电桥的对角顶点接到运算放大器的两个输入端，构成了RC桥式正弦波振荡器。

为了建立振荡，要求电路满足自激荡条件，振荡器在某一频率下的振荡条件为

① 幅值条件

$$AF=1 \tag{3-4-1}$$

② 相位条件

$$\varphi_A+\varphi_F=2n\pi(n=1,2,3,4,\cdots) \tag{3-4-2}$$

式中，A为放大器的开环放大倍数；F为选频网络的反馈系数；φ_A放大器的相位角；φ_F为选频网络的相位角。

若$R_1=R_2=R$，$C_1=C_2=C$，由选频网络可得F为

$$F=\frac{R(1+j\omega RC)}{1+j\omega RC+\dfrac{R}{1+j\omega RC}}=\frac{1}{3+j\left(\dfrac{\omega}{\omega_0}-\dfrac{\omega_0}{\omega}\right)} \tag{3-4-3}$$

式中，$\omega_0=\dfrac{1}{RC}$。

幅频特性为

$$F=\frac{1}{\sqrt{3^2-\left(\dfrac{\omega}{\omega_0}-\dfrac{\omega_0}{\omega}\right)^2}} \tag{3-4-4}$$

相频特性是

$$\varphi_F=\arctan\frac{1}{3}\left(\frac{\omega}{\omega_0}-\frac{\omega_0}{\omega}\right) \tag{3-4-5}$$

电路中使用了运算放大器作为放大部分，满足以上振荡条件，且 $A=3$，电路才能维持振荡条件。需要强调的是，为了便于起振，通常选择 $A>3$，但 A 过大时振荡器的振幅将受到运放非线性区的限制，使波形严重失真。电路中调节电位器 R_P 可改变输出电压 u_o 幅值大小。负反馈支路中接入与电阻 R_4 并联的二极管 2AP 可以实现振荡幅度的自动稳定。

3.4.3 实验设备及所用组件箱

见表 3-4-1。

表 3-4-1 实验设备及所用组件箱

名 称	数 量	备 注
模拟(模数综合)电子技术实验箱	1	
数字式万用表	1	
双踪示波器、函数信号发生器	各1	
μA741	1	

3.4.4 实验预习及思考

① 熟悉振荡器工作原理。

② 自激振荡的条件是什么？

3.4.5 实验步骤

① 如图 3-4-1 所示接好实验电路，接通电源。

② 调节负反馈支路电位器 R_P 阻值，使电路输出正弦信号，用示波器观察输出端波形并在数据记录纸上描绘下来。

③ 在输出幅值最大且不失真的情况下，用数字万用表测量输出信号的频率 f_0、输出电压 u_o 的幅值，并在数据记录纸上记录下来。

④ 测量放大器的放大倍数 A_u。断开运放同相输入端与选频网络之间的连线（即断开图 3-4-2 中 A、B 两点间的连线），调节信号发生器的频率旋钮，使输出的正弦波的频率为 f_0，从 B 点输入，再调节信号发生器的幅度旋钮，使输出端为 U_o（用数字万用表测量）时，再测量输入值 U_i，计算出 A_u。注意，反馈电阻 R_P 不可改动。

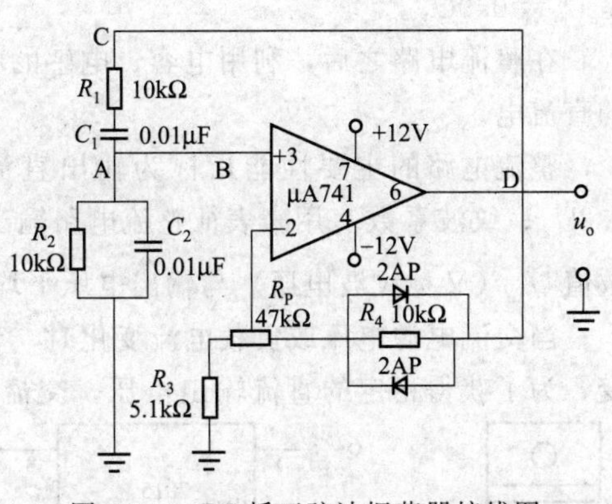

图 3-4-2 RC 桥正弦波振荡器接线图

⑤ 测量选频网络的选频特性。如图 3-4-2 所示，关闭电源（工作电源），断开 C、D 两点（即断开反馈支路），调节函数信号发生器信号电压幅值为 1V，将信号从 C 点和地之间输入选频网络，保持信号幅值，改变信号频率（从 200～1400Hz 中选十个点），从 D 点测出选频网络输出电压，记入表 3-4-2 中，对应结果画出选频网络的幅频特性曲线。

⑥ 改变 $R_1=R_2=1\text{k}\Omega$，重新调整使电路使之振荡，测量此时的振荡频率并记录。

表 3-4-2 选频网络幅频特性测量结果

f										
u_o										

3.4.6 实验报告及思考题

① 按图 3-4-2 元件参数估算振荡器振荡频率。

② 讨论 R_P 调节对建立自激振荡的影响。将输出信号频率 f_o 与理论计算值进行比较。

③ 讨论二极管的稳幅作用。图 3-4-2 中 2 个二极管 2AP 接通情况下，调节 R_P 获得最大不失真输出波形，将二极管断开，问输出波形将发生怎样的变化？

④ 参照图 3-4-2 设计一个振荡频率为 2000Hz 的振荡器。

3.5 整流、滤波及稳压电路

3.5.1 实验目的

① 掌握单相半波及桥式整流电路的工作原理。

② 观察几种常用滤波器的效果。

③ 掌握集成稳压电路的工作原理及技术性能的测试方法。

3.5.2 实验原理

整流电路就是利用半导体二极管具有单向导电性，将单相交流电整流成单方向脉动的直流电。假设整流二极管与变压器均为理想元件，则在单相半波整流电路中，负载上的电压平均值 U_L 与变压器副边电压的有效值 U_2 的关系是 $U_L=0.45U_2$，单相全波整流电路中，则是 $U_L=0.9U_2$。

在整流电路之后，利用电容、电感的频率特性组成滤波电路，将脉动的直流电变成平滑的直流电。

整流电路的主要性能指标为输出直流电压 U_L 和纹波系数 γ。在电容滤波下，$U_L=1.2U_2$；纹波系数 γ 用来表征整流电路输出电压的脉动程度，定义为输出电压中交流分量有效值 $\tilde{U}_L$（又称纹波电压）与输出电压平均值之比，即 $\gamma=\tilde{U}_L/U_L$，γ 值越小越好。

当交流电源电压或负载电流变化时，整流滤波电路所输出的直流电压，不能保持稳定不变，为了获得稳定的直流输出电压，交流电在经过整流滤波以后，还应增加稳压电路。所以，直流稳压电源是由电源变压器、整流电路、滤波电路和稳压电路组成。

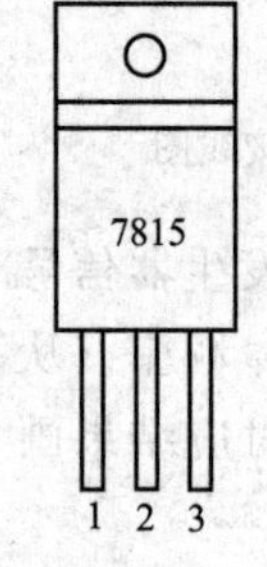

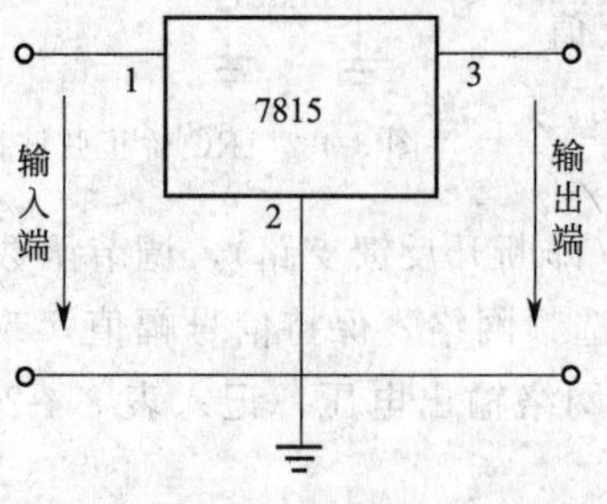

图 3-5-1 三端式集成稳压器 7815 的外形与引脚图

本实验采用集成稳压电路，它与分立元件组成的稳压电路相比，具有外接线路简单、使用方便、体积小、工作可靠等优点。

图 3-5-1 为三端式集成稳压器 7815 的外形和引脚，它有 3 个引脚，1 为输入端，2 为公共端，3 为输出端。其参数为输出电压＋

15V、输出电流1.5A（要加散热器）、输出电阻$r_o=0.03\Omega$、输入电压范围18～21V。

图3-5-2为三端可调式集成稳压器LM317T的引脚和线路，1为调整端，2为输出端，3为输入端，其最大输入电压为40V，输出为1.25～37V可调，最大输出电流1.5A（需加散热器）。LM317T的输出符合以下公式

$$U_o=1.25\left(1+\frac{R_{P1}}{R_1}\right)$$

图中，如果1脚接地，则U_o最小值为1.25V；如果想要使输出能调到零，必须在1脚接一个-1.25V的电源电压。

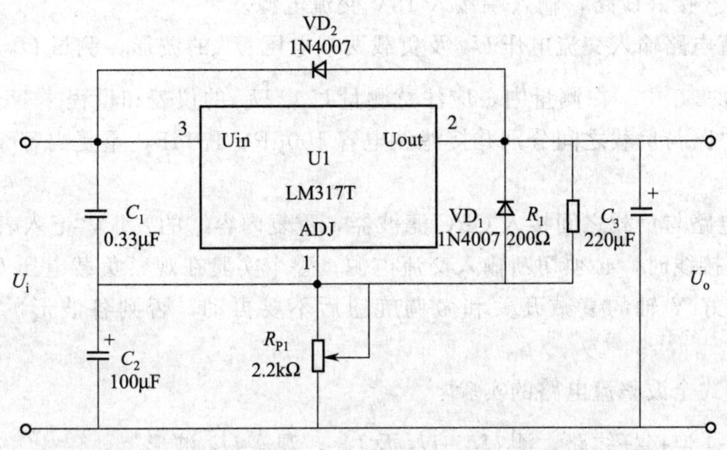

图3-5-2　三端可调式集成稳压器LM317T的引脚和线路图

稳压电源的主要性能指标为输出电压调节范围、输出电阻r_o和稳压系数S_o。本实验所用稳压块输出电压为固定+12V，不能调节。

输出电阻r_o定义为：当输入交流电压U_2保持不变，由于负载变化而引起输出电压的变化ΔU_L与输出电流变化ΔI_L之比，即$r_o=\frac{\Delta U_L}{\Delta I_L}|\Delta U_2=0$。

稳压系数S定义为：当负载保持不变，输入交流电压从额定值变化±10%，输出电压的相对变化量ΔU_L，与输入交流电压相对变化量ΔU_2之比，即$S=\frac{\Delta U_L}{\Delta U_2}$。显然，$r_o$及$S$越小，输出电压越稳定。

本实验中负载电阻为三种，即∞、240Ω、120Ω。

3.5.3　实验设备及所用组件箱

见表3-5-1。

表3-5-1　实验设备及所用组件箱

名　称	数量	备注
模拟(模数综合)电子技术实验箱	1	
双踪示波器	1	
数字万用表	1	
LM317T或7815	1	

3.5.4 实验预习及思考

① 熟悉单相桥式整流电路的工作原理。

② 桥式整流电路中，如果某个二极管短路、开路或反接将会出现什么问题？

③ 熟悉直流稳压电源的组成和工作原理。

3.5.5 实验步骤

（1）单相半波整流的实验

① 按图 3-5-3 接好线路，输入端接入 18V 交流电源。

② 观察整流电路输入交流电压 U_2 及负载两端电压 U_L 的波形，测量 U_2、U_L 及纹波电压 $\widetilde{U}_L$，记入表 3-5-2 中。在测量中，应注意测量 U_2、$\widetilde{U}_L$ 的仪表和量程。

③ 在整流电路与负载之间分别并接滤波电容 100μF、470μF，重复内容②的要求，记入表 3-5-2 中。

④ 在整流电路与负载之间接入 CRC 滤波器，重复内容②的要求，记入表 3-5-2 中。

注意：改变接线时，必须切断输入交流电源；整个实验在观察负载电压 U_L 波形的过程中，第一次调整好 Y 轴的衰减开关和微调旋钮后不要再动，否则各波形的脉动情况无法比较。

（2）单相桥式全波整流电路的实验

① 如图 3-5-4 连接好线路，测 U_L、U_2 及 $\widetilde{U}_L$，观察 U_L 波形。

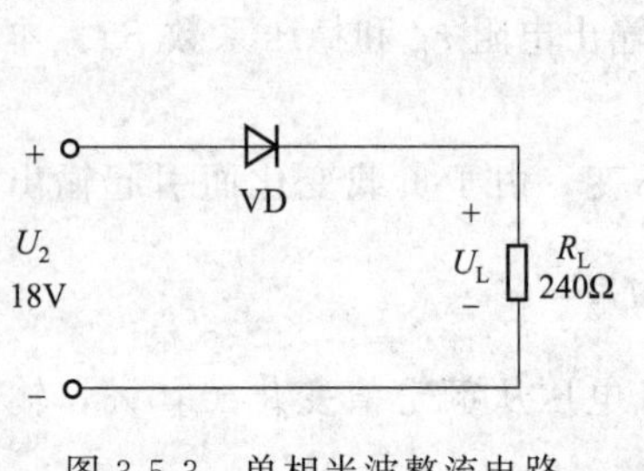

图 3-5-3 单相半波整流电路

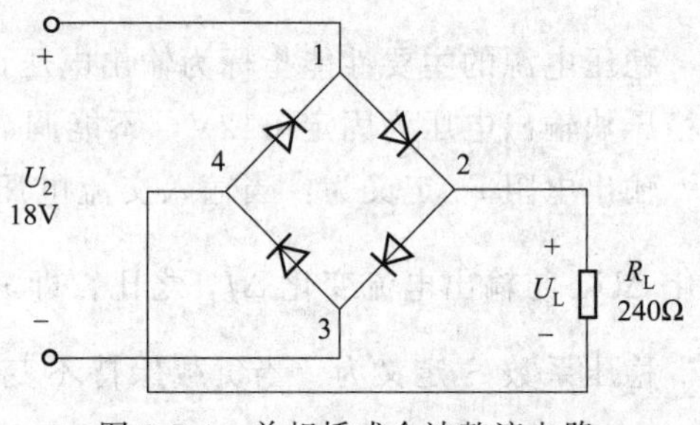

图 3-5-4 单相桥式全波整流电路

② 在整流电路与负载之间分别并接滤波电容 100μF、470μF，重复内容①的要求，记入表 3-5-2。

表 3-5-2 测量数据（一）

电路形式	测试结果			计算值
	U_L/V	$\widetilde{U}_L$/V	U_L 波形	$\gamma=\frac{\widetilde{U}_L}{U_L}$
			U_L O ωt	
			U_L O ωt	
			U_L O ωt	

续表

电路形式	测试结果			计算值
	U_L/V	$\tilde{U}_L$/V	U_L 波形	$\gamma=\frac{\tilde{U}_L}{U_L}$
			U_L O ωt	
			U_L O ωt	
			U_L O ωt	
			U_L O ωt	
			U_L O ωt	

③ 在整流电路与负载之间接入 CRC 滤波电路，重复内容①的要求，记入表 3-5-2。

(3) 集成稳压电源的实验

按图 3-5-4 接好线路，保持 U_2 不变，改变负载电阻 R_L，测相应的 U_L 及算出 I_L，观察 U_L 波形，记入表 3-5-3。注意，稳压块 1、3 两端不得接反。

表 3-5-3 测量数据（二）

负　载	测试结果			计算值
	U_L/V	I_L(mA) $=U_L/R_L$	U_L 波形	$r_o=\Delta U_L/\Delta I_L(\Omega)$
空载				
240Ω				
120Ω				

3.5.6 实验注意事项

① 正确连接线路，检查无误后再接通交流电源。

② 要特别注意整流桥 4 个端子的接入，应根据实验装置辨别清楚交流端和直流端，不能接错。

③ 若整流电路输入端与输出端不共地，则不能用双踪示波器同时观测交流输入和整流输出波形，以免造成短路。

3.5.7 实验报告及思考题

① 整理实验数据，并分析讨论。

② 说明 U_L、$\tilde{U}_L$ 的物量意义，从仪器设备中选择恰当的测量仪表。

③ 在全波整流中，若出现某个整流二极管开路、短路或反接等情况，将会发生什么问题?

④ 利用 W7815 设计固定输出稳压器以及恒流源。

⑤ 电路如图 3-5-4 所示，若输出电压峰值 $U_{Lmax}=9V$，二极管正向压降为 0.7V，求输入 U_2 的有效值。

3.6 集成门电路

3.6.1 实验目的

① 验证常用 TTL 集成门电路的逻辑功能。

② 掌握各种门电路的逻辑符号。

③ 了解集成电路的外引线排列及其使用方法。

④ 掌握用示波器测量逻辑电平和逻辑关系的方法。

3.6.2 实验原理

集成逻辑门电路是最简单、最基本的数字集成元件，任何复杂的组合电路和时序电路都可用逻辑门通过适当的组合连接而成。目前已有门类齐全的集成门电路，例如“与门”、“或门”、“与非门”等，虽然中、大规模集成电路相继问世，但组成某一系统时，仍少不了各种门电路。因此，掌握逻辑门的工作原理，熟练、灵活地使用逻辑门是数字技术工作者所必要的基本功之一。

本实验采用 74LS（或 74）系列 TTL 集成电路验证门电路的逻辑功能并设计组合逻辑电路。TTL 集成电路功耗较大、驱动能力强、工作速度高、输出幅度较大、种类多、不易损坏、使用较广。它的工作电源电压一般为 5V±0.5V，逻辑为高电平“1”时≥2.4V，为低电平“0”时≤0.4V。

图 3-6-1 为二输入“与门”、二输入“或门”、二输入“与非门”、四输入“与非门”和非门（反相器）的逻辑符号图及对应的逻辑表达式。其型号分别为 74LS08（二输入四“与门”）、74LS32（二输入四“或门”）、74LS00（二输入四“与非门”）、74LS20（四输入二“与非门”）和 74LS04 六反相器。

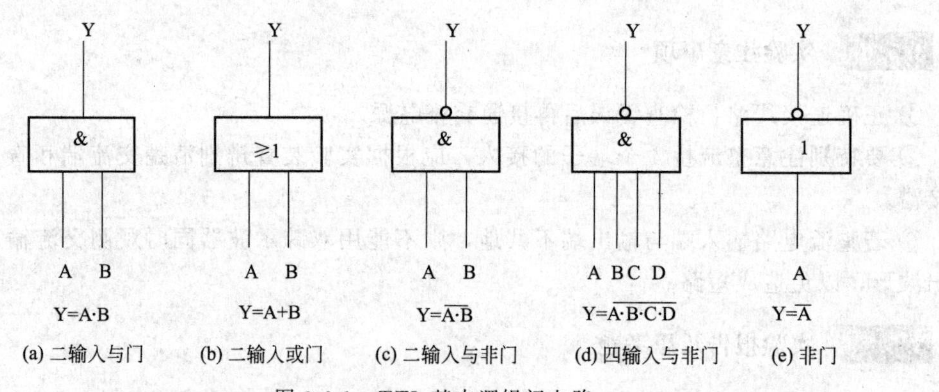

图 3-6-1 TTL 基本逻辑门电路

TTL 集成门电路外引脚分别对应逻辑符号图中的输入、输出端。电源和地一般在集成块的两端，如 14 脚集成电路，则 7 脚为电源地（GND），14 脚为电源端，其余引脚为输入和输出，如图 3-6-2 所示。

外引脚的识别方法是：将集成块正面对准使用者，以凹口左边或小标志点“●”为起始脚 1，逆时针方向向前数 1，2，3，…，*n*。使用时，查找 IC 手册即可知各引脚功能。

本实验中的其他逻辑门的引脚如图 3-6-3 所示。

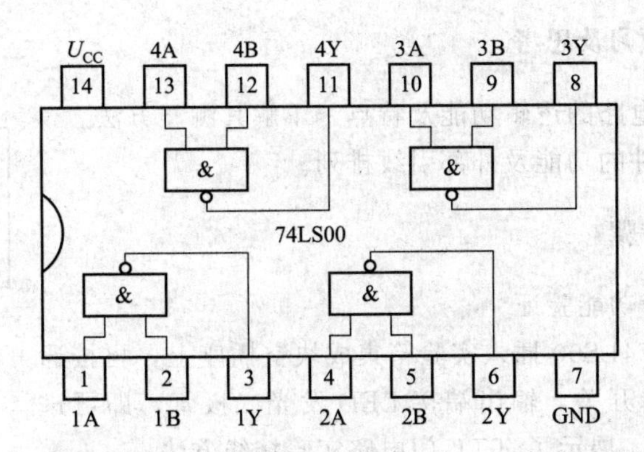

图 3-6-2 集成电路二输入四“与非门”74LS00引脚排列图

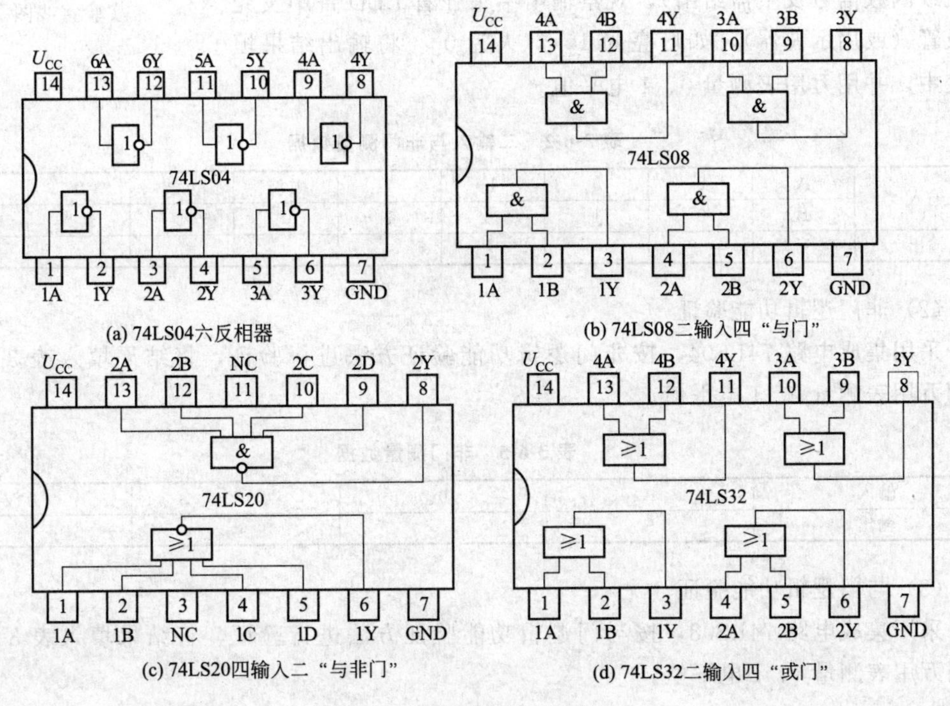

(a) 74LS04六反相器

(b) 74LS08二输入四“与门”

(c) 74LS20四输入二“与非门”

(d) 74LS32二输入四“或门”

图 3-6-3 74系列芯片引脚

3.6.3 实验设备及所用组件箱

见表 3-6-1。

表 3-6-1 实验设备及所用组件箱

名称	数量	备注
模拟(模数综合)电子技术实验箱	1	
双踪示波器	1	
数字万用表	1	
74LS00、74LS04、74LS08、74LS20、74LS32	各1	

3.6.4 实验预习及思考

① 熟悉各种门电路的逻辑功能及特点，了解其测试方法。

② 熟悉所用器件的功能及外部引线排列。

3.6.5 实验步骤

(1) 与非门逻辑功能验证

① 把集成电路 74LS00 插入实验箱集成块空插座上，再接通电源，输入端接逻辑开关，输出端接 LED 发光二极管，即可进行验证实验。图 3-6-4 展示了 TTL 门电路实验接线方法。

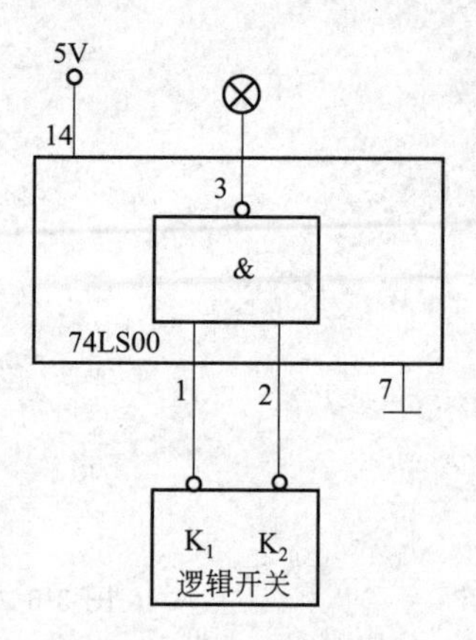

图 3-6-4 TTL 门电路实验接线图

② 按表 3-6-2 中的输入信号栏输入 A、B 信号（信号由逻辑开关或函数信号发生器给出），观察输出结果［看 LED 备用发光二极管（或用示波器），如灯亮为 1，灯灭为 0］，将输出结果填入表中，并用万用表测量 0、1 电平值。

表 3-6-2 二输入与非门测量数据

输入	A	0	0	1	1	方波	方波	0	1
	B	0	1	0	1	0	1	方波	方波
输出	Y								

(2) 非门逻辑功能验证

采用集成电路 74LS04，按非门逻辑功能验证方法进行验证，将结果填入表 3-6-3 中，并用万用表测量 0、1 电平值。

表 3-6-3 非门测量数据

输入	A	0	1	方波
输出	F			

(3) 与门逻辑功能验证

采用集成电路 74LS08，按与门逻辑功能验证方法进行验证，将结果填入表 3-6-4 中，并用万用表测量 0、1 电平值。

表 3-6-4 二输入与门测量数据

输入	A	0	0	1	1	方波	方波	0	1
	B	0	1	0	1	0	1	方波	方波
输出	Y								

(4) 或门逻辑功能验证

采用集成电路 74LS32，按或门逻辑功能验证方法进行验证，将结果填入表 3-6-5 中，并用万用表测量 0、1 电平值。

表 3-6-5 二输入或门测量数据

输入	A	0	0	1	1	方波	方波	0	1
	B	0	1	0	1	0	1	方波	方波
输出	Y								

（5）四输入与非门逻辑功能验证

① 把集成电路 74LS20 插入实验箱集成块空插座上，然后接通电源，输入端接逻辑开关，输出端接 LED 发光二极管，即可进行验证实验。

② 按表 3-6-6 中的输入信号栏输入 A、B、C、D 信号（信号由逻辑开关或函数信号发生器给出），观察输出结果［看 LED 备用发光二极管（或用示波器），如灯亮为 1，灯灭为 0］，将输出结果填入表 3-6-6 中，并用万用表测量 0、1 电平值。

表 3-6-6　四输入与非门测量数据

输入	A	0	0	0	0	0	0	0	0	1	1	1	1	1	1	1	1
	B	0	0	0	0	1	1	1	1	0	0	0	0	1	1	1	1
	C	0	0	1	1	0	0	1	1	0	0	1	1	0	0	1	1
	D	0	1	0	1	0	1	0	1	0	1	0	1	0	1	0	1
输出	Y																

3.6.6 实验报告

① 画出实验所用门电路的逻辑符号，并写出其逻辑表达式。

② 整理实验表格。

③ TTL 集成电路的高电平（1）、低电平（0）的电平值分别是多少？

④ 为什么说 TTL 与非门的输入端悬空相当于高电平？多余的输入端该如何处理？或非门的多余输入端又如何处理呢？为什么？

⑤ 绘制电路实现下列表达式：$Y=\overline{AB+CD}$；$Y=\overline{(A+B)(C+D)}$。

3.7 组合逻辑电路的设计

3.7.1 实验目的

① 理解组合逻辑电路的特点和一般分析方法。

② 熟悉组合逻辑电路的设计方法。

③ 掌握由 TTL 门电路构成组合逻辑电路的方法。

3.7.2 实验原理

数字逻辑电路包括组合逻辑电路和时序逻辑电路两类。组合逻辑电路由门电路组成，其特点是输出仅取决于该时刻的输入。而时序逻辑电路由门电路和触发器组成，其特点是输出不仅取决于该时刻的输入，而且与电路的原状态有关，即时序逻辑电路具有记忆功能。

在实际应用中，常常需要将一些基本的门电路按一定的方式组合在一起，来实现某一逻辑功能，即设计组合逻辑电路。符合逻辑电路的设计就是根据实际问题所要求的逻辑功能，设计出最简单的逻辑电路图。其步骤可用图 3-7-1 表示。

①根据设计任务列出真值表。

② 根据真值表写出逻辑表达式（即与或表达式）。

③ 对逻辑表达式进行化简或变换。

④ 根据所用逻辑门的类型将化简后的逻辑表达式整理成符合要求的形式。

⑤ 根据整理后的逻辑表达式画出逻辑图。

⑥ 根据逻辑图连接实验电路，验证其逻辑功能是否符合设计要求。

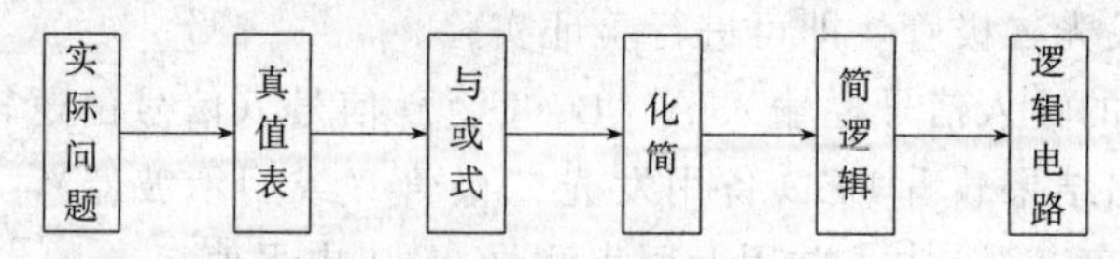

图 3-7-1 组合逻辑电路设计步骤

设计电路的关键是逻辑表达式（与或式）的化简，它关系到电路结构是否最佳，所用元件的数量及种类是否最少。设计中还需从实际出发，根据现有的集成门种类，将化简的表达式进行变换，得出最易实现的电路。

3.7.3 实验设备及所用组件箱

见表 3-7-1。

表 3-7-1 实验设备及所用组件箱

名 称	数 量	备 注
模拟(模数综合)电子技术实验箱	1	
双踪示波器	1	
数字万用表	1	
74LS 系列门电路芯片	若干	

3.7.4 实验预习与思考

① 复习组合逻辑电路的基本知识。

② 根据设计任务的要求列出真值表、化简逻辑表达式，根据给定的器件画出逻辑电路图。

3.7.5 实验步骤

(1) 用与非门实现其他逻辑门功能。

① 用与非门实现与门电路。由与门的逻辑表达式得知

$$Y=AB=\overline{\overline{AB}}$$

与门可由两个与非门组成，要求画出与门电路，并进行实验。按表 3-7-2 对输入端电平的要求，把测出的输出结果填入表 3-7-2 相应的栏内。

表 3-7-2 与门测试结果

输 入		输 出
A	B	Y
0	0	
0	1	
1	0	
1	1	

② 用与非门实现与或非门电路。把“与或非”逻辑式化成“与非”表达的形式。

$$Y=\overline{AB+CD}=\underline{\qquad\qquad}$$

自拟实验电路，并进行实验，把实验结果填入表 3-7-3 中。

表 3-7-3 与或非门测量数据

输入	A	0	0	0	0	0	0	0	0	1	1	1	1	1	1	1	1
	B	0	0	0	0	1	1	1	1	0	0	0	0	1	1	1	1
	C	0	0	1	1	0	0	1	1	0	0	1	1	0	0	1	1
	D	0	1	0	1	0	1	0	1	0	1	0	1	0	1	0	1
输出	Y																

（2）电路设计

① 比较电路：设计一个能判别 A、B 两个一位二进制数大小的比较电路。

② 设计一个数据选择器，逻辑控制表如表 3-7-4 所示，逻辑电路如图 3-7-2 所示。其中，D_1、D_2、D_3 为数据输入端，A、B 为数据选择控制端。D_1 接连续脉冲，D_2 接连续脉冲经过 J-K 触发器分频 Q 输出，D_3 接高电平，A、B 接逻辑开关。

表 3-7-4 数据选择器控制表

A	B	控制信号	A	B	控制信号
0	0	禁止信号输出	1	0	选通 D_2
0	1	选通 D_1	1	1	选通 D_3

③ 设计一个报警信号输出电路，有 A、B、C 三台电动机，要求：

a. A 开机则 B 也必须开机；

b. B 开机则 C 也必须开机；

c. C 可以单独开机。

若不满足上述要求，则发出报警信号。

④ 三人表决电路：当多数人赞成（输入为 1）时，表决结果有效（输出 1）。

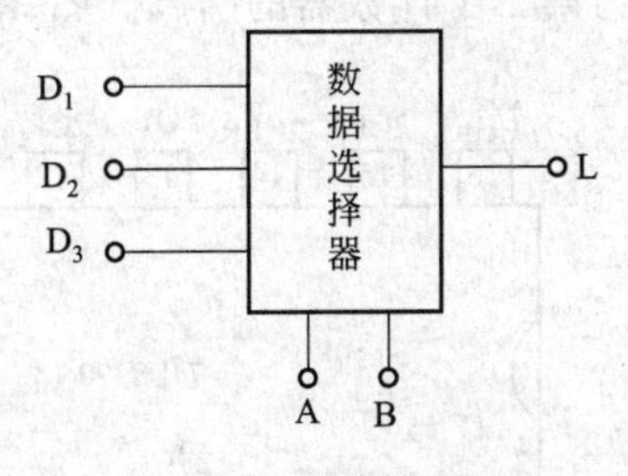

图 3-7-2 数据选择器

3.7.6 实验报告

① 画出实验用门电路的逻辑符号，根据实验要求分析问题，列出真值表，写出最简表达式。

② 画出门电路逻辑变换的线路图。

③ 画出设计电路，整理实验结果。

④ 利用与非门设计一个带有使能端的 4 线-10 线二-十进制译码器。

⑤ 设计两个一位十进制数的比较电路（可自选器件）。

3.8 计数器及译码显示电路

3.8.1 实验目的

① 掌握集成电路计数器的逻辑功能及使用方法。

② 了解译码驱动器和数码显示器的使用方法。

3.8.2 实验原理

(1) 计数器简介

计数器是一种时序逻辑电路，可用来累计输入脉冲的个数。除此之外，它还可用作分频器和定时器，在数字系统和计算机中得到了广泛应用。

计数器根据计数体制的不同可分为二进制计数器和非二进制计数器两大类。在非二进制计数器中，最常用的是十进制计数器，其他一般称为任意进制计数器。根据计数器的增减趋势不同，计数器可分为加法计数器、减法计数器和可逆计数器三种。根据计数脉冲引入方式不同，又可分为同步计数器和异步计数器。

在实际工程应用中，一般很少使用小规模的触发器去组成各种计数器，而是直接选用集成计数器产品。目前，无论是TTL集成电路还是CMOS集成电路，各种常用的计数器均有典型产品。

本实验选用中规模TTL集成电路计数器74LS390，它是具有两个二、五、十进制异步计数器的集成电路。图3-8-1为74LS390外引脚图，其逻辑功能表如表3-8-1、表3-8-2所示。引脚处字母前冠有“1”的为第一个二、五、十进制计数器的引脚，字母前冠有“2”的为第二个计数器的引脚。图3-8-2为二、五、十进制计数器的框图。

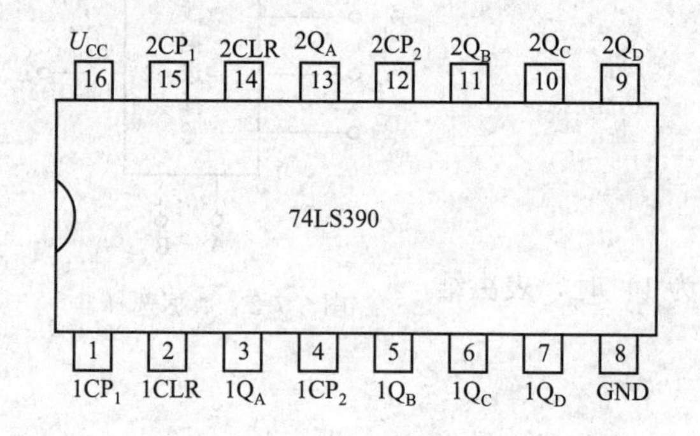

图3-8-1 74LS390外引脚图

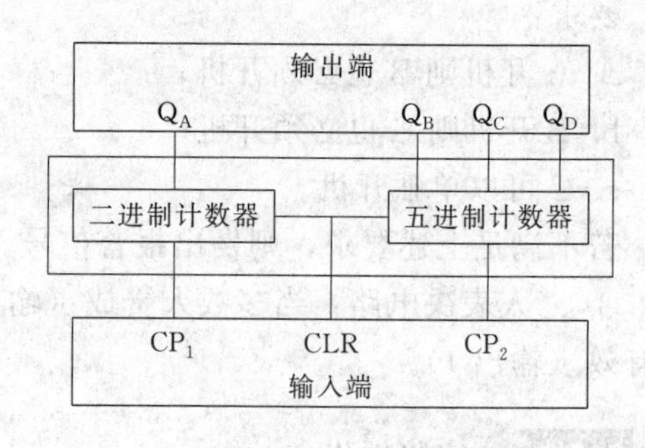

图3-8-2 二、五、十进制计数器框图

图3-8-2可分为两部分：二进制计数器和五进制计数器。CLR为这两个计数器的公共清零端，高电平有效。通过不同的连接方式，可实现不同的逻辑功能。

① 计数脉冲由 CP_1 输入，Q_A 作为输出端，仅此一级就是一个最简单的二进制计数器。

② 计数脉冲由 CP_2 输入，Q_D、Q_C、Q_B 作为输出端（其中 Q_D 为高位，Q_B 为低位），这一级就是一个异步五进制计数器。

③ 若将 Q_A 和 CP_2 相连，计数脉冲由 CP_1 输入，Q_D、Q_C、Q_B、Q_A 作为输出端，则构成一个十进制异步计数器。

表3-8-1 74LS390的逻辑功能表（一）

输入			输出			
CLR(2/14)	CP_1(1/15)	CP_2(4/12)	Q_A	Q_B	Q_C	Q_D
1	×	×	0	0	0	0
0	↓	↓	计数			

表 3-8-2　74LS390 的逻辑功能表（二）

计数脉冲	Q_A	Q_B	Q_C	Q_D
1	0	0	0	1
2	0	0	1	0
3	0	0	1	1
4	0	1	0	0
5	0	1	0	1
6	0	1	1	0
7	0	1	1	1
8	1	0	0	0
9	1	0	0	1

（2）数码显示模块

① 译码器　译码器的作用是将输入代码译成一种特定的输出信号以表达它的含义。必须指出，代码的码制不同，译码电路也不同。在计数电路中，常用的译码器是七段显示译码驱动器，其功能是将输入端的四位二进制数译成驱动七段数码显示数所需要的电平信号，使它能显示出 0～9 的十进制数。

实验所用的译码驱动器为 74LS248，图 3-8-3 为其外引脚图，表 3-8-3 是它的逻辑功能表。从表中可看出，D（高位）、C、B，A（低位）为输入端，通常与二-十进制计数器的输出端相连，以输入二进制数码。a、b、c、d、e、f、g 为输出端，通常与数码管相应字形段的输入端相连。$\overline{LT}$ 端为灯功能测试端，当 $\overline{LT}=0$ 电平时，输出 a～g 全为“1”，这时数码管全亮。常常用此法测试数码管的好坏，正常工作时该端应接高电平。当 $\overline{LT}=1$（或悬空）时，译码器正常工作。$\overline{BT}/\overline{RBO}$ 为灭灯/灭零输出功能端，当 $\overline{BT}/\overline{RBO}$ 为低电平时，则无论其他输入为何种状态，输出 a～g 全为“0”，这时数码管全不亮。通常情况，$\overline{BT}/\overline{RBO}$ 端置高电平或悬空。$\overline{RBI}$ 为灭零输入信号端，当 $\overline{RBI}$ 为低电平时，若输入 DCBA＝0000，则输出 a～g 全为“0”，同时，$\overline{RBO}$ 端输出为低电平，数码管不再显示 0 字形；当 DCBA≠0000 时，输出正常，数码管也正常显示。

表 3-8-3　译码器的逻辑功能表

十进制或功能	输入						$\overline{BI}/\overline{RBO}$	输出						
	$\overline{LT}$	$\overline{RBI}$	D	C	B	A		a	b	c	d	e	f	g
0	1	1	0	0	0	0	1	1	1	1	1	1	1	0
1	1	×	0	0	0	1	1	0	1	1	0	0	0	0
2	1	×	0	0	1	0	1	1	1	0	1	1	0	1
3	1	×	0	0	1	1	1	1	1	1	1	0	0	1
4	1	×	0	1	0	0	1	0	1	1	0	0	1	1
5	1	×	0	1	0	1	1	1	0	1	1	0	1	1
6	1	×	0	1	1	0	1	1	0	1	1	1	1	1
7	1	×	0	1	1	1	1	1	1	1	0	0	0	0
8	1	×	1	0	0	0	1	1	1	1	1	1	1	1
9	1	×	1	0	0	1	1	1	1	1	1	0	1	1
10	1	×	1	0	1	0	1	0	0	0	1	1	0	1
11	1	×	1	0	1	1	1	0	0	1	1	0	0	1

续表

十进制或功能	输入						$\overline{BI}/\overline{RBO}$	输出						
	$\overline{LT}$	$\overline{RBI}$	D	C	B	A		a	b	c	d	e	f	g
12	1	×	1	1	0	0	1	0	1	0	0	0	1	1
13	1	×	1	1	0	1	1	1	0	0	1	0	1	1
14	1	×	1	1	1	0	1	0	0	0	1	1	1	1
15	1	×	1	1	1	1	1	0	0	0	0	0	0	0
灭灯	×	×	×	×	×	×	0(入)	0	0	0	0	0	0	0
灭零	1	0	0	0	0	0	0	0	0	0	0	0	0	0
灯测试	0	×	×	×	×	×	1	1	1	1	1	1	1	1

注：×表示任意状态。

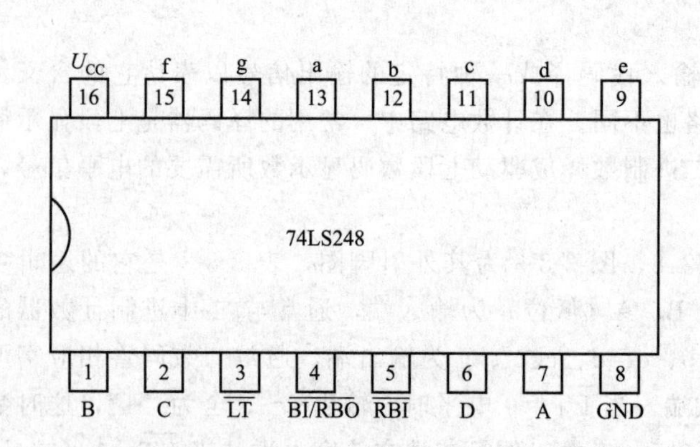

图 3-8-3　74LS248 外引脚图

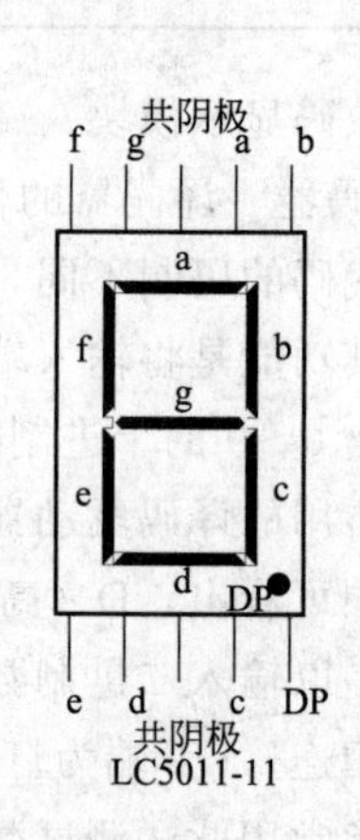

图 3-8-4　LC5011-11 外引脚图

② 数码显示器　数码显示器的品种很多，有荧光数码管、辉光数码管、液晶显示器和半导体显示器等。本实验所用数码显示器选用常用的共阴极半导体数码管 LC5011-11（8段），其外引脚如图 3-8-4 所示。译码驱动显示原理如图 3-8-5 所示。LC5011-11 共阴极数码管和 74LS248 译码驱动器基本接法如图 3-8-6 所示。

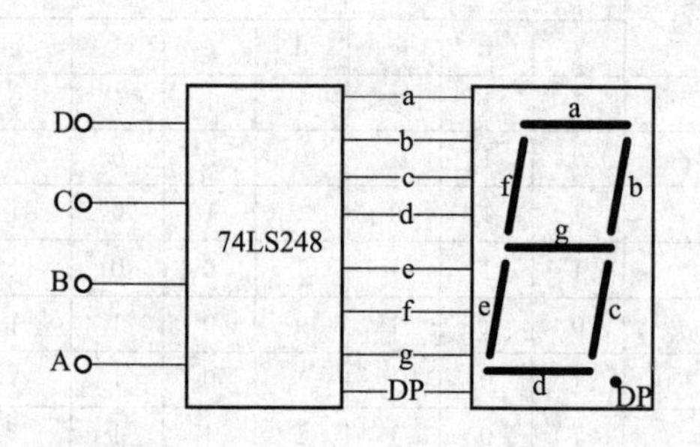

图 3-8-5　译码驱动显示原理图

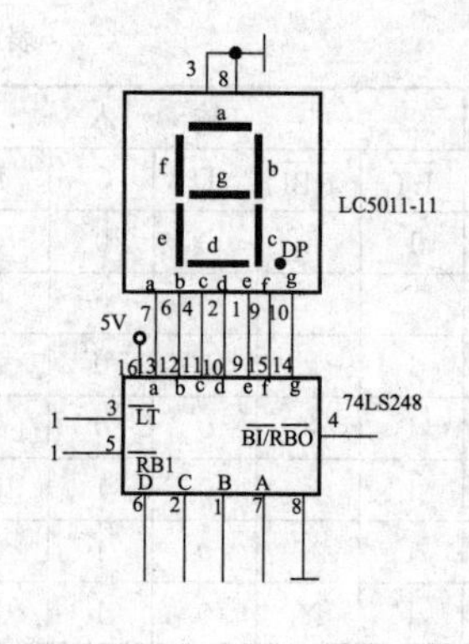

图 3-8-6　74LS248 驱动 LC5011-11 的电路图

3.8.3 实验设备及所用组件箱

见表 3-8-4。

表 3-8-4 实验设备及所用组件箱

名称	数量	备注
模拟(模数综合)电子技术实验箱	1	
74LS390	1	
74LS248	1	选用
LC5011-11	1	选用

3.8.4 实验预习及思考

① 复习计数、译码、显示电路的工作原理。

② 预习实验所用芯片的逻辑功能及使用方法。

③ 画出二进制计数、译码、显示电路。

④ 熟悉数码管的外引脚排列。

3.8.5 实验步骤

(1) 测试 74LS390 计数器的逻辑功能

首先将 74LS390 芯片插入实验系统的 IC 插座中。将手动脉冲连接到计数器脉冲输入端，将计数器输出端连接至 LED 显示灯。

① 根据 74LS390 的逻辑功能表，自拟实验线路，验证 74LS390 的清零功能。

② 自拟线路分别验证 74LS390 二、五、十进制的计数功能，将实验结果填入自拟表格中。

③ 用两片 74LS390 实现五十进制逻辑计数。自拟逻辑电路，验证电路功能，将实验结果填入自拟的表格中。

(2) 计数、译码显示

将计数器输出端连接至数码显示模块（实验箱上的译码器和数码显示器已预先连好，实验时直接将计数器输出连接至数码管即可)。

① 用 74LS390 与译码显示电路构成一个二进制计数译码显示电路，并实验之。

② 用 74LS390 与译码显示电路构成一个五进制计数译码显示电路，并实验之。

③ 用 74LS390 与译码显示电路构成一个十进制计数译码显示电路，并实验之。

④ 用 74LS390 与译码显示电路构成一个二十进制计数译码显示电路，并实验之。

3.8.6 实验报告

① 简述计数器、译码器和数码显示器的工作原理。

② 自行设计实验中要求的实验电路和记录表格。

③ 计数译码显示电路能测得 CP 脉冲的频率吗？如何才能测得 CP 的频率？

④ 用 74LS390 与译码显示电路设计一个六十进制计数译码显示电路。

3.9 时序逻辑电路

3.9.1 实验目的

① 学会设计单向移位寄存器电路。

② 学会设计集成电路计数器。

3.9.2 实验原理

3.9.2.1 触发器简介

（1）J-K 触发器

本实验采用的是 TTL 中速双 J-K 触发器 74LS112，其逻辑符号及外引脚如图 3-9-1 所示。图中，J、K 为输入端；Q、$\overline{Q}$ 为输出端；C 为时钟脉冲输入端，用来控制触发器的翻转，在逻辑符号中输入端 C 加小圆圈表示利用时钟脉冲的下降沿触发翻转；$\overline{S_D}$ 为直接置位端，低电平有效；$\overline{R_D}$ 为直接复位端，低电平有效；U_{CC} 接电源（+5V）；GND 为接地端。

当时钟脉冲来到之前，即 C=0 时，J、K 端的状态不影响触发器输出端的原态。当时钟脉冲到来后，即 C=1→0（下降沿）时刻，输出端 Q 与输入端 J、K 的关系如表 3-9-1 所示。

表 3-9-1 J-K 触发器逻辑关系表

J	K	Q_{n+1}	J	K	Q_{n+1}
0	0	Q_n	1	0	1
0	1	0	1	1	$\overline{Q_n}$

（2）D 触发器

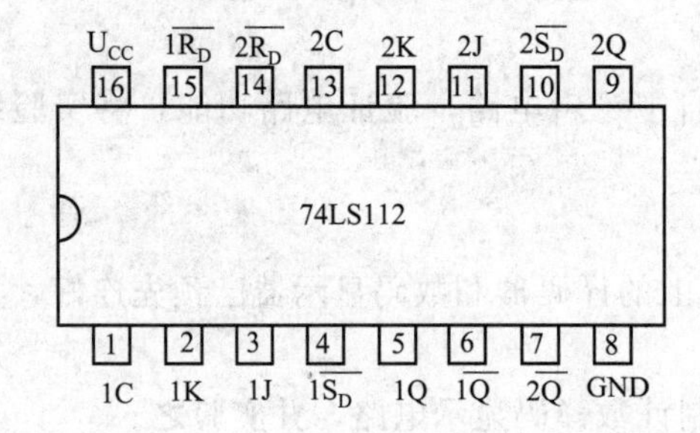

图 3-9-1 74LS112 的引脚图

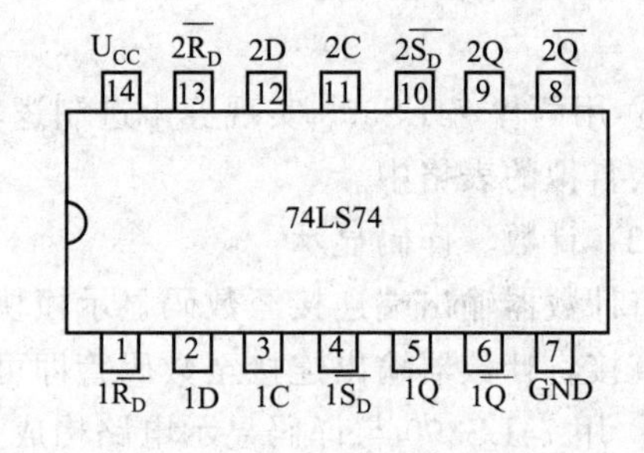

图 3-9-2 74LS74 的引脚图

本实验采用的是 TTL 型集成触发器 74LS74，其逻辑符号及外引脚如图 3-9-2 所示。图中，D 为输入端；Q、$\overline{Q}$ 为输出端；C 为时钟脉冲输入端；$\overline{S_D}$ 为直接置位端，低电平有效；$\overline{R_D}$ 为直接复位端，低电平有效。这种 D 触发器是利用时钟脉冲 C 的上升沿触发，其输出状态与 C 脉冲到达之前输入端 D 的状态相同，即 $Q_{n+1}=D_n$。

3.9.2.2 移位寄存器

在数字电路中，用来存放二进制数据或代码的电路称为寄存器。寄存器由触发器组合而成。一个触发器可以存储 1 位二进制代码，存放 n 位二进制代码的寄存器，需用 n 个触发器来构成。

按照功能的不同，可将寄存器分为数据寄存器和移位寄存器两大类。数据寄存器只能并行送入数据，需要时也只能并行输出。移位寄存器中的数据可以在移位脉冲作用下依次逐位右移或左移，数据既可以并行输入、并行输出，也可以串行输入、串行输出，还可以并行输入、串行输出或串行输入、并行输出，应用十分灵活。

（1）双拍工作方式数据寄存器

双拍工作方式数据寄存器的基本功能有清零、送数、保持。如图 3-9-3 所示为由 D 触发器组成的双拍工作方式数据寄存器。

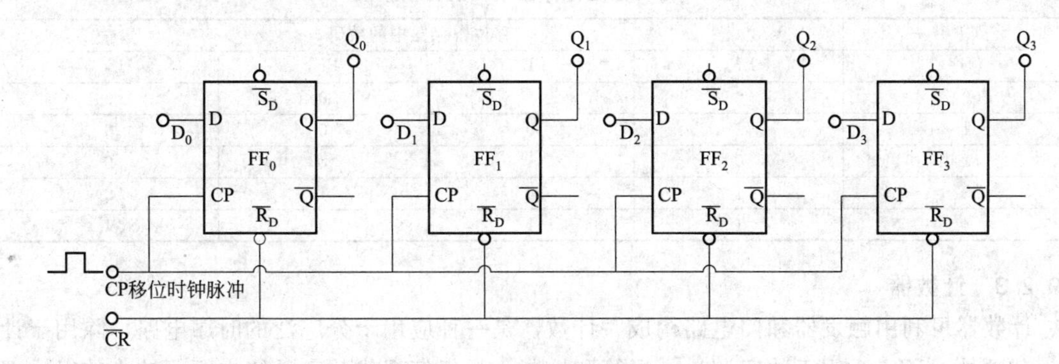

图 3-9-3　双拍工作方式数据寄存器

（2）移位寄存器

移位寄存器除了具有存储数码的功能外，还具有移位功能，即寄存器中所有的数据可以在移位脉冲作用下逐次左移或右移。既能左移又能右移的称为双向移位寄存器。

能使数码单方向移动的寄存器称为单向移位寄存器。图 3-9-4 所示是用 D 触发器组成的单向移位寄存器的逻辑图，其中，每个触发器的输出端 Q 依次接到下一个触发器的 D 端，只有第一个触发器的 D 端接收数据。

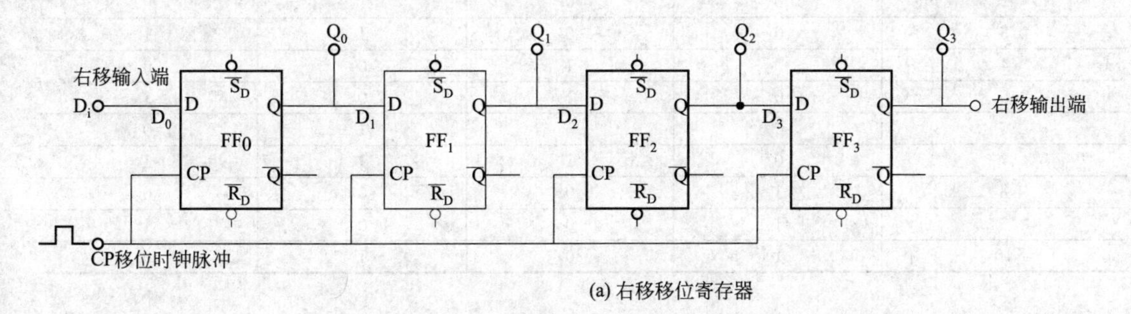

(a) 右移移位寄存器

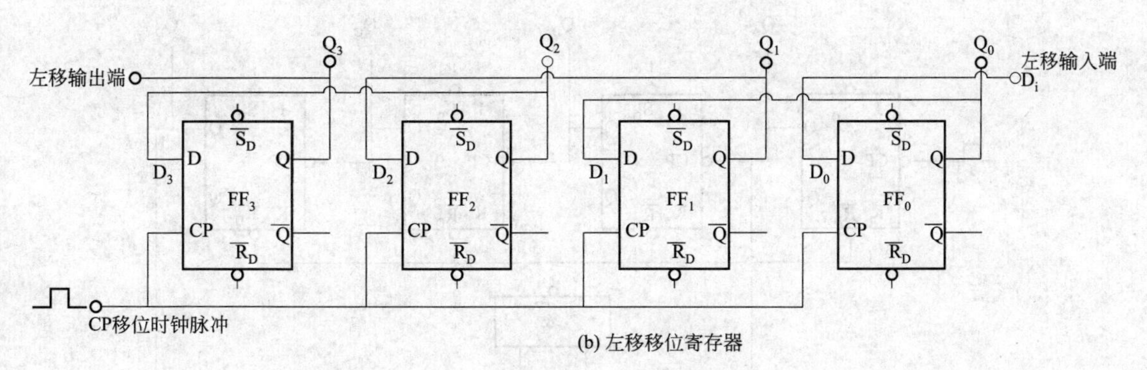

(b) 左移移位寄存器

图 3-9-4　D 触发器组成的单向移位寄存器

表 3-9-2 记录了移位寄存器数码的移动情况。当时钟脉冲的前沿到达时，输入数码移入 FF_0，同时每个触发器的状态也移给下一个触发器，假设输入数码为 1011，那么在移位脉冲作用下，移位寄存器中数码的移动情况将如表 3-9-2 所示。可以看到，当经过 4 个 CP 脉冲以后，1011 这 4 位数码恰好全部移入寄存器中，这时可以从 4 个触发器的 Q 端得到并行的

码输出，即 $Q_3Q_2Q_1Q_0$ = 1011。

表 3-9-2 移位寄存器数码的移动情况

CP	移位寄存器中的数码			
顺序	FF_0	FF_1	FF_2	FF_3
0	0	0	0	0
1	1	0	0	0
2	0	1	0	0
3	1	0	1	0
4	1	1	0	1

3.9.2.3 计数器

计数器可利用触发器和门电路构成。计数器是一种应用十分广泛的时序电路，除用于计数、分频外，还广泛用于数字测量、运算和控制，是任何现代数字系统中不可缺少的组成部分。本实验利用J-K触发器的翻转功能构建十进制计数器。十进制计数器数码表如表3-9-3所示。找出表中1010的那一项，利用与非门和J-K触发器的清零端作为清零项。如图3-9-5所示为十进制计数器逻辑线路图。

表 3-9-3 十进制计数器数码表

十进制数	二进制数			
0	0	0	0	0
1	0	0	0	1
2	0	0	1	0
3	0	0	1	1
4	0	1	0	0
5	0	1	0	1
6	0	1	1	0
7	0	1	1	1
8	1	0	0	0
9	1	0	0	1
10	1	0	1	0

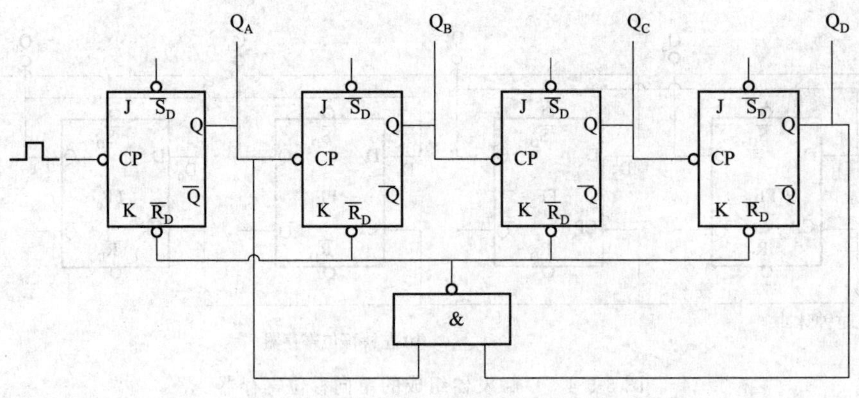

图 3-9-5 十进制计数器逻辑线路图

3.9.3 实验设备及所用组件箱

见表3-9-4。

表 3-9-4 实验设备及所用组件箱

名 称	数 量	备 注
模拟(模数综合)电子技术实验箱	1	
74LS390	1	
74LS112、74LS74	若干	
TTL门电路芯片	若干	

3.9.4 实验预习及思考

① 复习各类触发器的逻辑功能、触发方式及其结构特点。

② 熟悉所用集成电路的功能及外引脚。

3.9.5 实验步骤

(1) 用D触发器设计移位寄存器

① 验证74LS74的逻辑功能表，自拟实验线路。

② 设计一个4位右移移位寄存器，自拟线路，将实验结果填入自拟表格中。

③ 设计一个4位左移移位寄存器，自拟线路，将实验结果填入自拟表格中。

(2) 设计计数器

① 用J-K触发器与74LS390设计一个四十进制计数译码显示电路，并实验之。

② 用J-K触发器与74LS390设计一个六十进制计数译码显示电路，并实验之。

注：将计数器输出端连接至数码显示模块（实验箱上的译码器和数码显示器已预先连好，实验时直接将计数器输出连接至数码管即可）。

3.9.6 实验报告

① 简述移位寄存器的工作原理。

② 整理设计的计数译码显示电路，自行设计实验中要求的实验电路和记录表格。

③ 设计一个环形可自启移位寄存器。

3.10 555定时器的应用

3.10.1 实验目的

① 熟悉555定时器的组成及工作原理。

② 掌握555定时器组成的典型应用电路。

③ 熟悉用示波器测量波形的周期、脉宽和幅值。

3.10.2 实验原理

3.10.2.1 555定时器简介

555定时器是一种模拟和数字电路混合的集成电路。它结构简单、性能可靠、使用灵活，在波形的产生与变换、测量与控制、家用电器、电子玩具等许多领域中都得到了应用。

目前，生产的定时器有双极型和CMOS两种类型，尽管产品型号繁多，但所有双极型

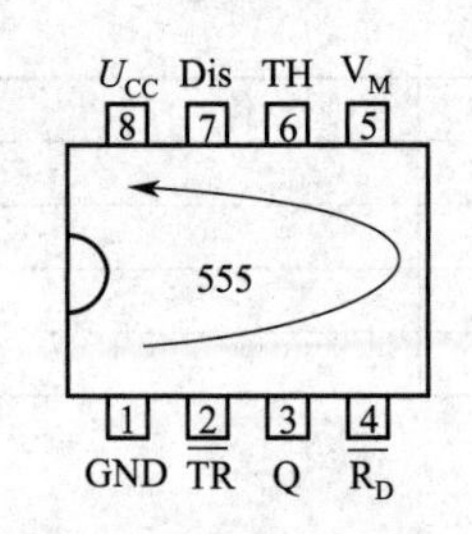

图 3-10-1 555 集成定时器外引线排列图

产品型号最后的 3 位数码都是 555，所有 CMOS 产品型号最后的 4 位数码都是 7555。它们的功能和外引脚的排列完全相同，它们的结构及工作原理也基本相同。通常，双极型定时器具有较大的驱动能力，而 CMOS 定时器具有低功耗、输入阻抗高等优点。555 定时器工作的电源电压范围很宽，并可承受较大的负载电流。双极型定时器的电源电压范围为 5～16V，最大负载电流可达 200mA；CMOS 定时器的电源电压范围为 3～18V，但最大负载电流在 4mA 以下。

图 3-10-1 是 555 集成定时器的外引线排列图。

555 定时器含有两个高精度比较器 A_1、A_2，一个基本 RS 触发器及放电晶体管 V。比较器的参考电压由三只 5kΩ 的电阻组成的分压得到，它们分别使比较器 A_1 的同相输入端和 A_2 的反相输入端的电位为$\frac{2}{3}U_{CC}$ 和$\frac{1}{3}U_{CC}$，如果在引脚 5（控制电压端 U_M）外加控制电压，就可以方便地改变两个比较器的比较电平。若控制电压端 5 不用时，需在该端与地之间接入约 0.01μF 的电容以清除外接干扰，保证参考电压稳定。比较器 A_1 的反相输入端接高触发端 TH（脚 6），比较器 A_2 的同相输入端接低触发端 $\overline{TR}$（脚 2），TH 和 $\overline{TR}$ 控制两个比较器工作，而比较器的状态决定了基本 RS 触发器的输出，基本 RS 触发器的状态位作为整个电路的输出（脚 3），另一端接晶体管 V 的基极控制它的导通与截止，当 V 导通时，给接于脚 7 的电容提供低阻放电通路。

3.10.2.2 555 定时器的应用

利用 555 定时器，只要外接少量的阻容元件就可以构成施密特触发器、单稳态触发器和多谐振荡器。

（1）单稳态触发器

单稳态触发器在外来脉冲作用下，能够输出一定幅度与宽度的脉冲，输出脉冲的宽度就是暂稳态的持续时间 t_w。

图 3-10-2 为由 555 定时器和外接定时元件 R_T、C_T 构成的单稳态触发器。触发信号加于低触发端（脚 2），输出信号 u_o 由脚 3 输出。

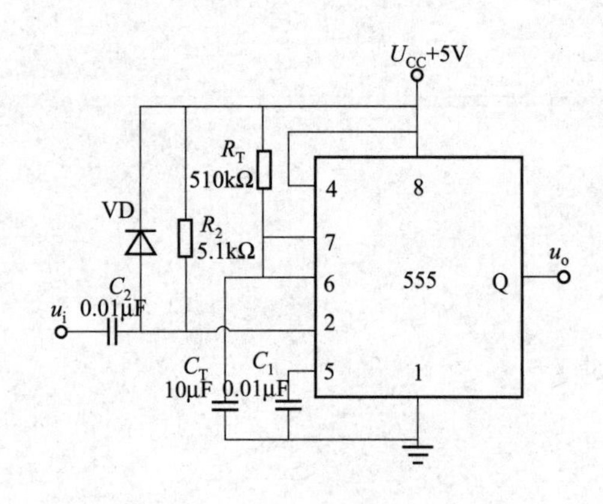

图 3-10-2 单稳态触发器的电路图

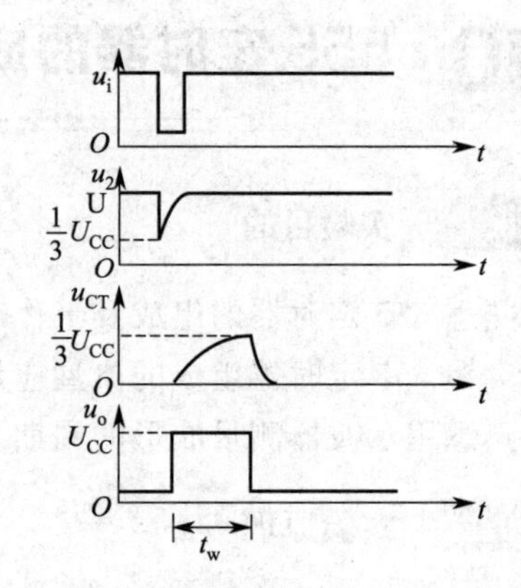

图 3-10-3 单稳态触发器的波形图

在 u_i 端未加触发信号时，电路处于初始稳态，单稳态触发器的输出 u_o 为低电平。若在 u_i 端加一个具有一定幅度的负脉冲，如图 3-10-3 所示，于是在 2 端出现一个尖脉冲，使该端电位小于$\frac{1}{3}U_{CC}$，从而使比较器 A_2 触发翻转，触发器的输出 u_o 从低电平跳变为高电平，暂稳态开始。电容 C_1 开如充电，u_{CT} 按指数规律增加，当 u_{CT} 上升到$\frac{2}{3}U_{CC}$ 时，比较器 A_1 翻转，触发器的输出 u_o 从高电平返回低电平，暂稳态终止。同时，内部电路使电容 C_T 放电，u_{CT} 迅速下降到零，电路回到初始稳态下，为下一个触发脉冲的到来做好准备。

暂稳态的持续时间 t_w 决定于外接元件 R_T、C_T 的大小

$$t_w = 1.1R_TC_T \tag{3-10-1}$$

改变 R_T、C_T 可使 t_w 在几个微秒到几十分钟之间变化。C_T 尽可能选得小些，以保证通过 V 很快放电。

（2）施密特触发器

用 555 定时器构成的施密特触发器如图 3-10-4 所示。将 555 定时器的 TH 端和 $\overline{TR}$ 端连在一起，便构成了施密特触发器。当输入端加入三角波（或正弦波）信号时，从输出端 u_o 可得到方波信号。由此可见，施密特触发器可方便地把正弦波、三角波转换成方波。其对应的工作波形如图 3-10-5 所示。

该电路的回差电压 $\Delta U_r = U_{CC}/3$。如将图 3-10-4 中的 5 脚外接可变电压 u_{IC}，改变 u_{IC} 的大小，就可以调节电路回差电压 ΔU_r 的范围。

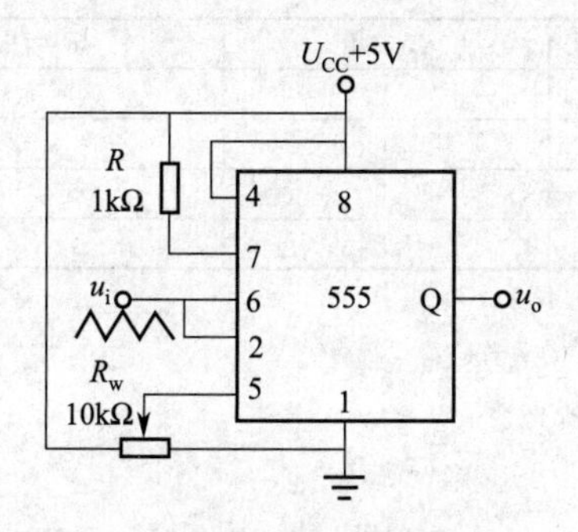

图 3-10-4　施密特触发器原理图

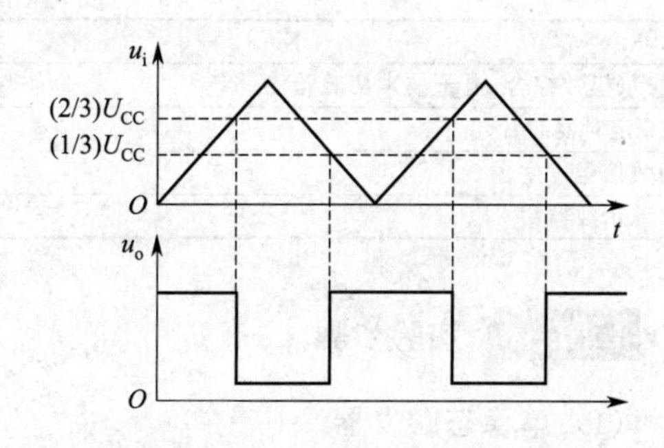

图 3-10-5　施密特触发器工作波形

（3）多谐振荡器

用 555 定时器构成的多谐振荡器如图 3-10-6 所示。振荡周期与电容充放电的时间有关，充电时间为

$$t_{PH} = (R_1 + R_2)C\ln 2 = 0.7(R_1 + R_2)C \tag{3-10-2}$$

放电时间为

$$t_{PL} = R_2C\ln 2 = 0.7R_2C \tag{3-10-3}$$

振荡周期为

$$T = t_{PH} + t_{PL} = 0.7(R_1 + 2R_2)C \tag{3-10-4}$$

占空比为

$$q = \frac{t_{PH}}{T} = \frac{R_1 + R_2}{R_1 + 2R_2} \tag{3-10-5}$$

通过改变 R 和 C 的参数即可改变振荡频率，改变 R_1、R_2 即可改变占空比。其工作波

形如图 3-10-7 所示。

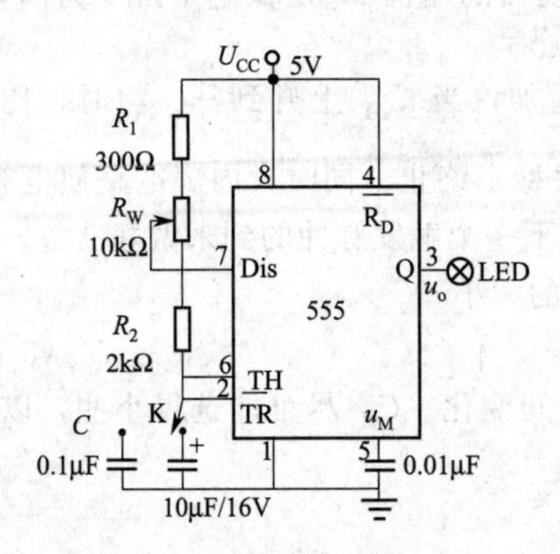

图 3-10-6　多谐振荡器线路图

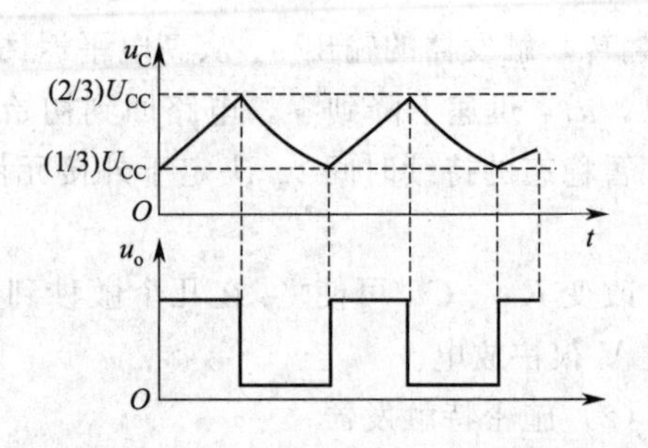

图 3-10-7　多谐振荡器工作波形

3.10.3 实验设备及所用组件箱

见表 3-10-1。

表 3-10-1　实验设备及所用组件箱

名　称	数　量	备　注
模拟(模数综合)电子技术实验箱	1	
555 定时器芯片	1	
函数信号发生器	1	
双踪示波器	1	

3.10.4 实验步骤

(1) 单稳态触发器

① 按图 3-10-2 连接实验线路。U_{CC} 接+5V 电源，输入信号 u_i 由单次脉冲源提供，用双踪示波器观察并记录 u_i、u_C、u_o 波形，标出幅度与暂稳时间。

② 将 C_T 改为 0.01μF，输入端送 1kHz 连续脉冲，观察并记录 u_i、u_C、u_o 波形，标出幅度与暂稳态时间。

(2) 施密特触发器

① 按图 3-10-4 接线，在输入端输入三角波，用示波器观察 555 定时器 3 号引脚的输出是否为方波脉冲，记录其频率，并绘制波形。

② 改变输入波形为正弦波，用示波器观察 555 定时器 3 号引脚的输出，记录其频率并绘制波形。

(3) 多谐振荡器

① 按图 3-10-6 接线，把 K 合在 10μF 电容上，调节 R_w 观察 LED 灯的状况，直至肉眼可见其闪烁为止。

② 用示波器观察记录 u_i 和 u_o 的波形，并测量输出信号的周期（频率）。

③ 分别改变几组定时参数 R_2、C，观察 u_i 和 u_o 的波形，测量输出信号的周期 T 和占空比 q，并将测量值和理论值填入自拟表格中。

3.10.5 实验报告

① 列出实验中要求的数据、波形表格。

② 根据各电路的工作原理，作出各输出点的波形图。

3.10.6 思考题

① 在单稳电路中，若$R_T=330\text{k}\Omega$，$C_T=4.7\mu\text{F}$，则$t_w=$＿＿＿＿＿＿；

$R_T=330\text{k}\Omega$，$C_T=0.01\mu\text{F}$，则$t_w=$＿＿＿＿＿＿。

② 单稳电路的输出脉冲宽度t_w大于触发脉冲的周期将会出现什么现象？

③ 根据实验步骤（3）所给的电路参数，计算多谐振荡器的$t_1=$＿＿＿＿＿＿；$t_2=$＿＿＿＿＿＿；$T=$＿＿＿＿＿＿；

④ 施密特触发器实验中，为使u_o为方波，u_s峰峰值至少为多少？

第4章 仿真实验

Multisim10是一种仿真实验软件。对某些未知结果的实验（如三相电路测量），可以先用Multisim10中进行仿真实验。除了实验仿真，Multisim10的电路分析法还可以对大多数电路进行理论上的计算。本章主要通过Multisim10在电路分析中的一些典型应用，使读者深入理解电路基本理论，掌握电路的仿真测试和实验方法，为工程电路设计和调试奠定基础。

必须要说明的是，Multisim10软件在电路仿真过程中，如果改变电路中任何参数，都必须重新进行仿真。

4.1 实验一 元件伏安特性的仿真分析

4.1.1 实验目的

① 掌握和应用Multisim10软件。

② 掌握利用仿真软件测试电阻元件伏安特性的方法。

4.1.2 实验任务及步骤

(1) 实验任务

电阻的伏安特性是了解电阻特性的必要手段。在Multisim10中可以使用电压表和电流表进行逐点仿真测量，也可以采用直流扫描的分析方法进行仿真测量。通过测量，掌握如何测试一个电阻元件的特性。

(2) 实验步骤

首先建立如图 4-1-1 所示电路。该电路采用阻值可调的 50Ω 的电位器调节电压并从 0 升高到 24V，负载电阻为 100kΩ，远大于可调电阻值，因此负载电阻对可调电阻的影响可以忽略不计。本实验中用两种方法测量电阻元件的伏安特性：一种是通过电流表和电压表测试该元件的电压和电流；另一种是采用 Multisim10 的直流扫描分析方法测量。

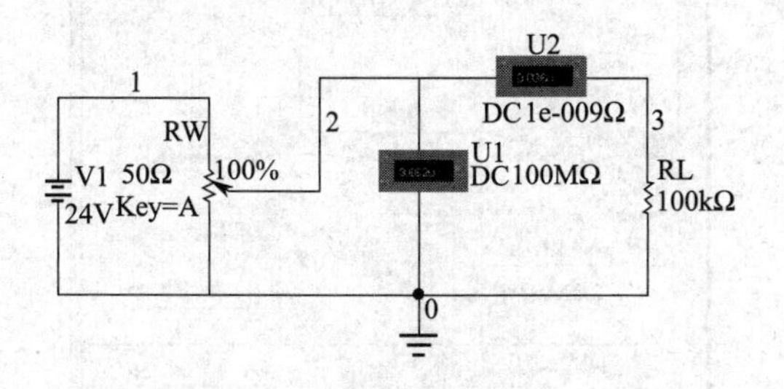

图 4-1-1　伏安特性测量原理图

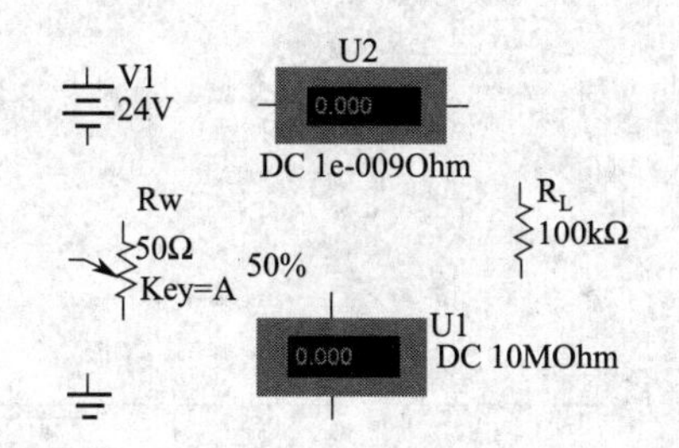

图 4-1-2　放置在电路工作区中的元件和仪表

4.1.3 实验内容

（1）编辑原理图

① 双击 Multisim10 图标，打开 Multisim10 的界面。

② 在电路的工作区放置元件和仪表如图 4-1-2 所示，并构建出如图 4-1-1 所示的测试电路。

（2）逐点仿真操作

① 按下键盘上的 Shift＋A 键，将可调电阻 R_w 调到 0，使电阻 R_L 上电压为最小值。

② 双击可调电阻 R_w，在弹出的对话框中点击“Value”选项卡，在“Resistance”项中选定电阻值 50Ω，在“Key”项中选 A，在“Increment”项中设置可调电阻增量为 20%。

③ 按下仿真开关，激活电路，按下键盘上的 A 键，使电阻 R_L 上电压从 0 升压到 24V，每 4.8V 测试一组电压、电流数据。将每个测试点的电压、电流数据填入表 4-1-1 中。

表 4-1-1　伏安法测试数据

R_w 的百分比	0%	20%	40%	60%	80%	100%
电流表读数/mA						
电压表读数/V						

（3）采用直流扫描分析方法测量

直流扫描分析的目的是观察直流转移特性。当输入直流电压在一定范围内变化时，分析输出电压的变化情况。例如，电压源从 0 升到 24V，步长为 4.8V，每个相应的电压都将计算出一套电路参数并用于显示。下面用它来分析电阻的伏安特性，步骤如下。

① 把图 4-1-1 中可调电阻调到 100%，即可调电阻输出电压最大值为 24V。关闭仿真按钮，在主窗口中依次执行“Simulate”|“Analysis”|“DC Sweep”命令，将弹出如图 4-1-3 所示对话框，分别设置输入直流电压源、步长。

② 单击图 4-1-3 中“Output”选项卡，得到输出变量设置对话框，设置输出变量，此处选择电阻 R_L 上的电压（即图 4-1-1 中节点 3）为输出变量。单击图 4-1-4 右边“V [3]”项，再单击“Add”按钮，如图 4-1-4 所示。

③ 单击图 4-1-4 的“Simulate”按钮，得到如图 4-1-5 所示的分析结果。

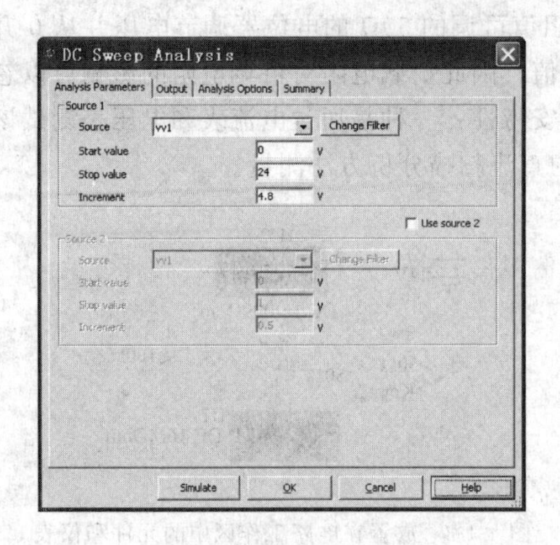

图 4-1-3 直流扫描分析设置

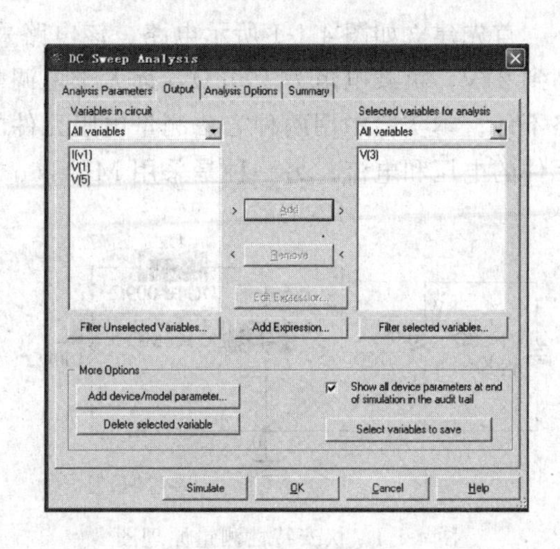

图 4-1-4 直流扫描分析输出变量设置

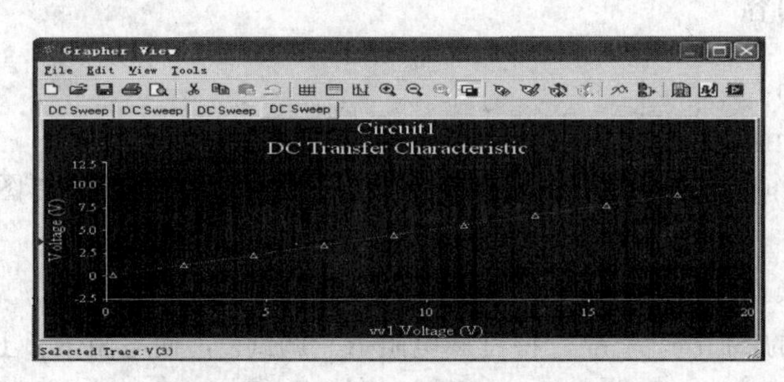

图 4-1-5 直流扫描分析输出结果

4.2 实验二 戴维南定理的仿真分析

4.2.1 实验目的

① 掌握用电子仿真软件 Multisim10 验证戴维南定理的方法。

② 验证戴维南定理的正确性。

③ 掌握测量有源单端口网络等效参数的一般方法。

4.2.2 实验任务及步骤

4.2.2.1 实验任务

掌握测量戴维南等效参数的方法。

戴维南定理指出：任何一个线性有源单端口网络 N_s，对外电路来说，总可以用一个实际电压源来等效代替，如图 4-2-1 所示。

电压源的电压等于该线性有源二端网络 N_s 的开路电压 U_{OC}，如图 4-2-2(a) 所示；其等效电阻 R_o 等于该网络中所有独立电源不作用时所得无源二端网络 N_0 的等效电阻 R_{ab}，如图 4-2-2(b) 所示。

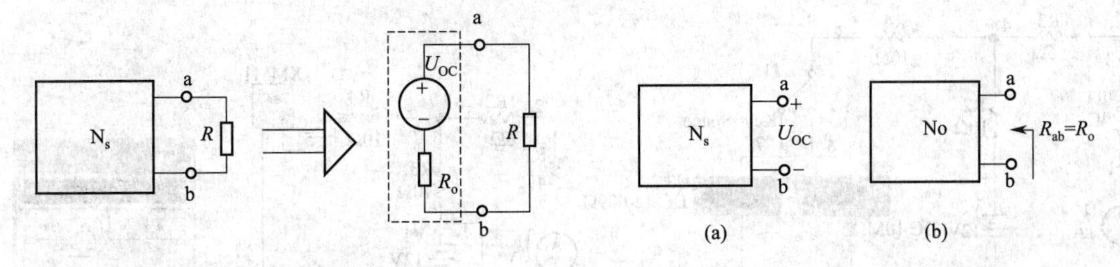

图4-2-1 戴维南定理　　　　图4-2-2 戴维南等效电路

测量有源单端口网络等效参数的方法如下。

① 测量开路电压 U_{OC}。在有源单端口网络输出端开路时，用电压表直接测量输出端的开路电压 U_{OC}。

② 开路电压、短路电流法测 R_o。在有源单端口网络输出端开路时，用电压表直接测量输出端的开路电压 U_{OC}，然后再将其输出端短路，用电流表测其短路电流，则内阻为

$$R_o = U_{OC}/I_{SC}$$

③ 用半电压法测量网络的等效内阻 R_o。当负载电压为被测网络开路电压一半时，负载电阻（由电阻箱的读数确定）即为有源单端口网络的等效内阻值 R_o。

4.2.2.2 实验步骤

戴维南定理是电路分析中常用简化电路的基本方法之一。在电路分析的学习中大都采用计算方法。在实际工作中可以利用电压表测量电路的端口电压，利用电流表测量端口的短路电流，然后求出其等效电路。设有电路如图4-2-3所示，求电阻 R_5 中流过的电流 I。

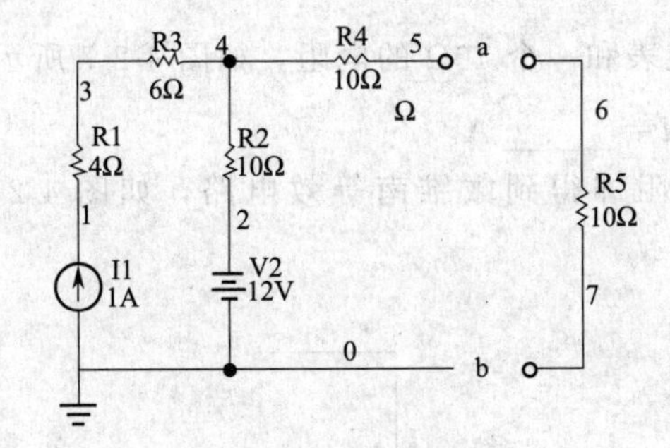

图4-2-3 实验电路

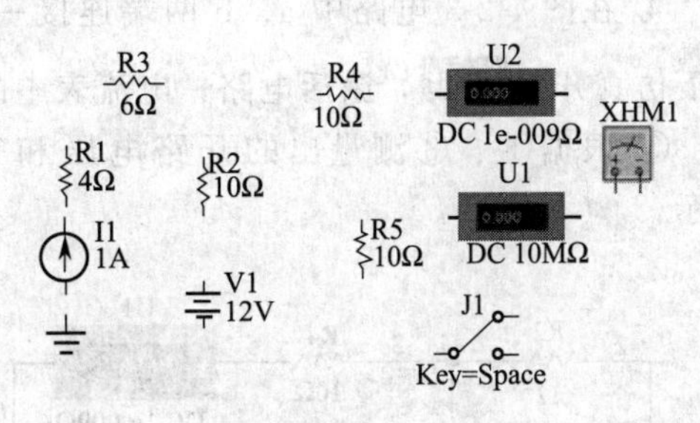

图4-2-4 放置在电路工作区中的元件和仪表

（1）编辑原理图

① 双击 Multisim10 图标，打开 Multisim10 的界面。

② 在电路的工作区放置元件和仪表，如图4-2-4所示。

③ 在图4-2-3所示的电路a、b两点之间分别接入电流表和电压表。为了测试的直观方便，接入的方式采用一个开关进行连接，构建的仿真测试电路如图4-2-5所示。

（2）仿真操作

仿真操作过程如下。

① 测试开路电压。按空格键，使 J_1 开关接在电压表上，按下仿真开关，激活电路，可以从电压表上直接读出a、b两端的开路电压 U_{OC}=____V。

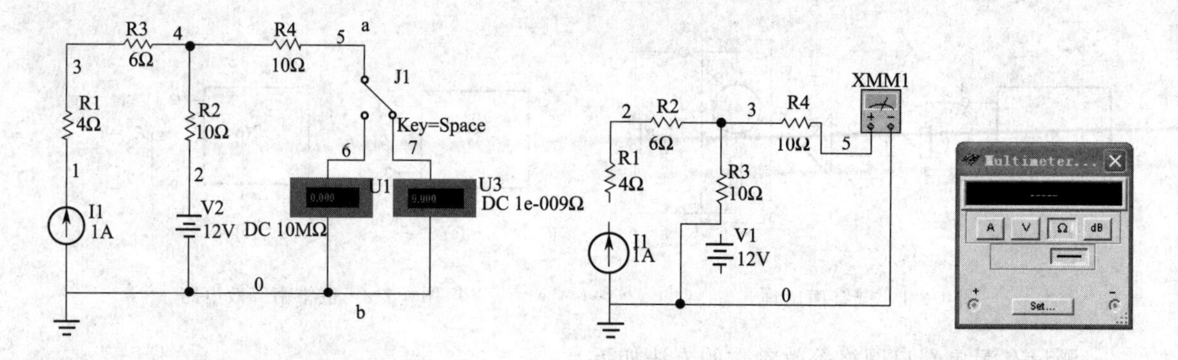

图 4-2-5　戴维南仿真测试电路　　　　图 4-2-6　戴维南电路等效电阻测试电路

② 测试短路电流。再按空格键，使 J_1 开关接在电流表上，按下仿真开关，激活电路，可以从电流表上直接读出 a、b 两端的短路电流 $I_{SC}=$______ A。

③ 测试等效内阻。测试等效内阻有以下两种方法。

第一种方法：根据等效电阻定义，将所有独立电压源短路、独立电流源开路，得到无源单端口网络，如图 4-2-6 所示，因此，只需在端口处接一个万用表，用电阻挡可直接测量出网络的电阻，测得等效电阻 $R_o=$______ Ω。

第二种方法：按图 4-2-5 连线，在 a、b 两端接电阻箱 R_L，用电压表测量 R_L 两端的电压，调整电阻箱数值，使得 $U_{RL}=U_{OC}/2$，此时负载电阻 R_L 即为所求网络的入端电阻 R_o。

根据前面①、②，测量出的开路电压和短路电流即可得出该电路的戴维南等效电阻，即 $R'_o=U_{OC}/I_{SC}=$______ Ω。

将两种测量方法的结果进行比较。

④ 在图 4-2-3 电路中 a、b 两端连接一个电流表和一个 10Ω 的电阻，如图 4-2-7 所示，按下仿真开关，激活电路，电流表中的读数 $I=$______ A。

⑤ 根据①、③测量出的开路电压和等效内阻即得到戴维南等效电路，如图 4-2-8 所示。

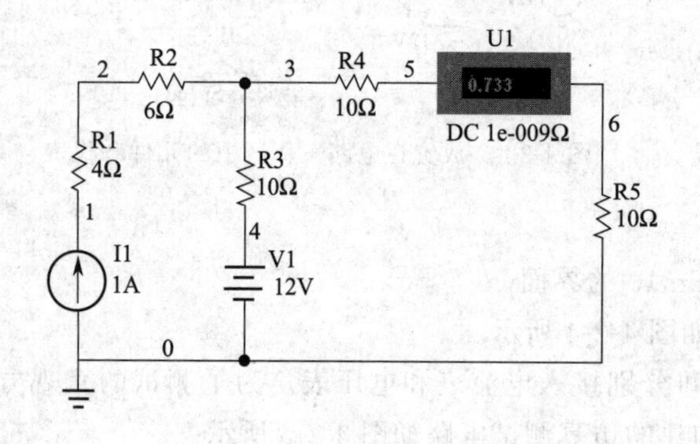

图 4-2-7　戴维南定理测量电路

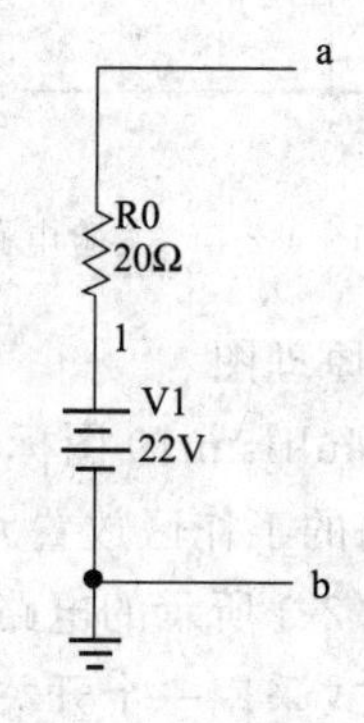

图 4-2-8　戴维南等效电路

⑥ 在图 4-2-8 两端同样连接一个电流表和一个 10Ω 的电阻，如图 4-2-9 所示，按下仿真开关，激活电路，电流表中的读数 $I'=$______ A。

试比较电流 I 和 I' 的大小。测量结果为 $I\approx I'$，验证说明戴维南定理的正确性。

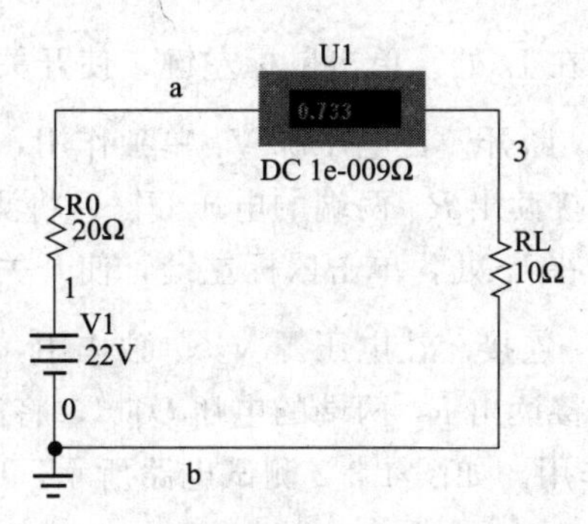

图 4-2-9　戴维南定理等效测量电路

4.3 实验三　叠加定理的验证

4.3.1 实验目的

① 进一步掌握和应用 Multisim10 软件。

② 掌握电路的测量与分析方法。

③ 用实验的方法验证叠加定理。

4.3.2 实验任务及步骤

叠加定理：在由多个电源共同作用在线性电路中，任一支路的电流（或电压）都是电路中各个独立电源单独作用时在该支路中产生的电流（或电压）的代数和，这就是叠加原理。应当注意的是，对不作用的电源处理是：电流源开路，电压源短路，电源内阻保留在原电路中。

(1) 编辑实验电路图

① 双击 Multisim10 图标，打开 Multisim10 的界面。

② 在电路的工作区放置元件和仪表，如图 4-3-1 所示，构建出图 4-3-2 所示的实验测试电路。

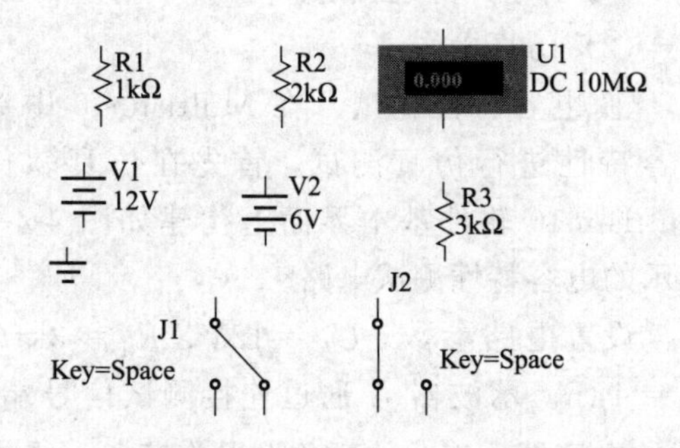

图 4-3-1　放置在电路工作区中的元件和仪表

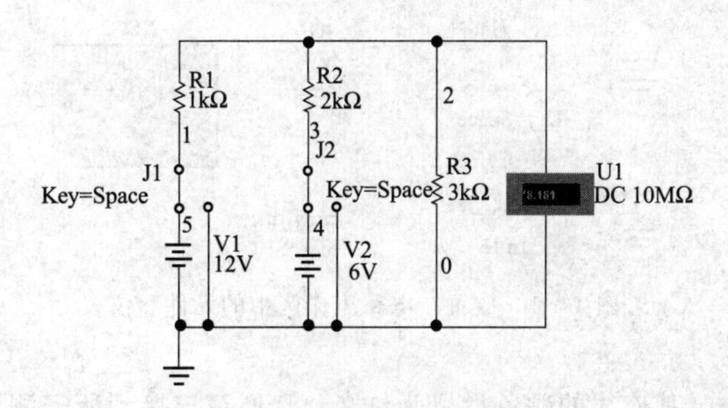

图 4-3-2　叠加原理测试电路

(2) 仿真操作

仿真操作过程如下。

① 电压源 V_1 单独作用。在 J_1 处，单击鼠标左键，使开关与电压源 V_1 连接；在 J_2 处，按空格键，使开关与电压源 V_2 断开。让电压源 V_1 单独作用，按下仿真开关，激活电路，可以从电压表的显示上直接读出 R_3 两端的电压 U'_{R3}，将测量值填入表 4-3-1 中。

② 电压源 V_2 单独作用。在 J_1 处，单击鼠标左键，使开关与电压源 V_1 断开；在 J_2 处，按空格键，使开关与电压源 V_2 连接。让电压源 V_2 单独作用，按下仿真开关，激活电路，可以从电压表的显示上直接读出 R_3 两端的电压 U_{R3}''，将测量值填入表 4-3-1 中。

③ 电压源 V_1、V_2 同时作用。如图 4-3-2 测试电路所示，电压源 V_1、V_2 同时作用于电路，按下仿真开关，激活电路，测得电阻 R_3 两端的电压 U_{R3}，将测量值填入表 4-3-1 中。

表 4-3-1 实验任务测量数据

	步骤	V_1	V_2	
测　量	①	12V		$U'_{R3}=$
	②		4V	$U''_{R3}=$
	③	12V	4V	$U_{R3}=$
计算验证		$U_{R3'}=$	$U_{R3''}=$	$U_{R3'}+U_{R3''}=$

④ 用①、②测量出的电压 U'_{R3}、U''_{R3} 相加，并与③测量的电压 U_{R3} 进行比较，验证叠加原理的正确性。

4.4 实验四　电容、电感特性的仿真测试

4.4.1 实验目的

掌握应用 Multisim10 软件对电感、电容特性的仿真测试方法。

4.4.2 实验任务及步骤

(1) 编辑原理图

双击 Multisim10 图标，打开 Multisim10 的界面。在电路的工作区放置元件和仪表，如图 4-4-1 所示，并连接之。

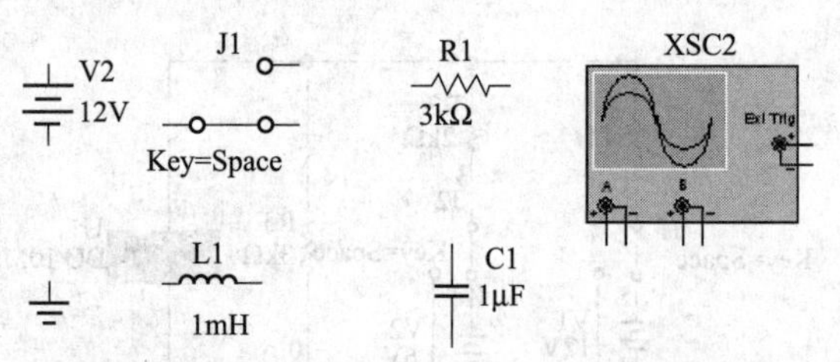

图 4-4-1 放置在电路工作区中的元件和仪表

(2) 仿真操作

① 电容特性测试　在 Multisim10 中对电容特性进行仿真测试，首先在仿真软件 Multisim10 软件基本界面上构建如图 4-4-2 所示的电容特性测试电路。

设置电路参数，$U_2=12V$、$R_1=3k\Omega$、$C_1=1\mu F$。示波器 A 通道连接测试信号端，其连线的颜色设置为红色，B 通道连接到所需测试的电容端，连线的颜色设置为蓝色（选中导线单击右键，选择“Color Segment”项即可），双击示波器图标，将示波器的面板放大，使 A 通道“Channel A”的灵敏度为 5V/div，B 通道“Channel B”的灵敏度为 5V/div，扫

描速度“Timebase”为 20ms/div。J_1 一端接直流电源，另一端接地，按下仿真按钮，激活电路后，单击开关 J_1 的动臂，使开关 J_1 反复打开和闭合，每次动作分别接直流电源和地。按下仿真暂停按钮，将波形锁定，在示波器面板上方一个比较大的长方形区域可清晰直观地观察到电容的充放电波形，如图 4-4-3 所示。示波器 A 通道的红色波形为测试信号波形，B 通道的蓝色波形为电容的充放电波形。

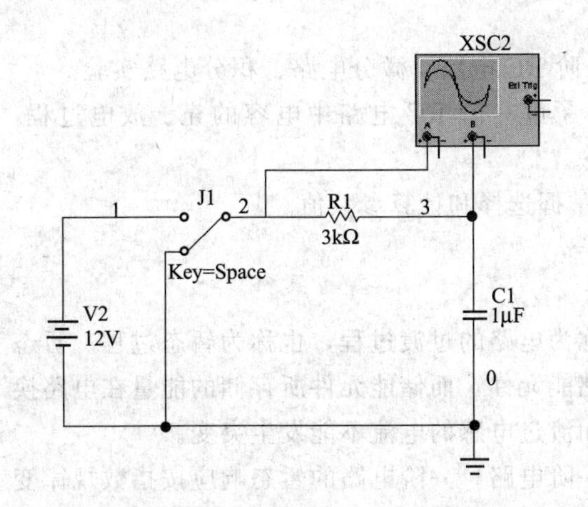

图 4-4-2 电容特性测试电路图

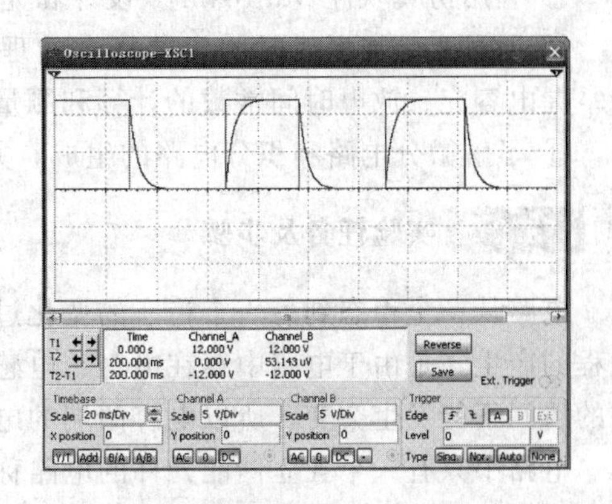

图 4-4-3 电容的充放电波形

② 电感特性测试 在 Multisim10 中对电感特性进行仿真测试，构建如图 4-4-4 所示的电感特性测试电路。

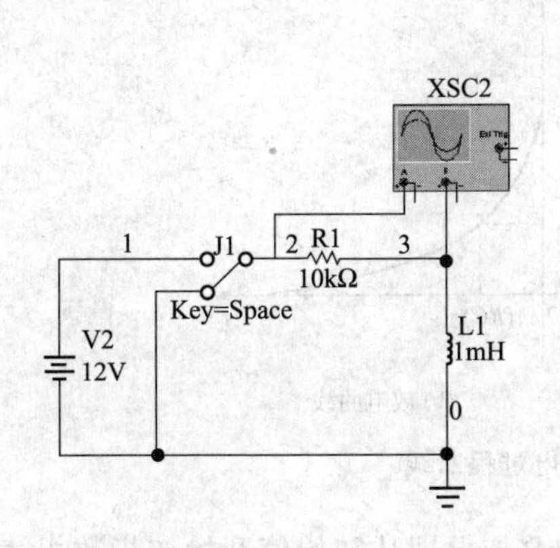

图 4-4-4 电感特性测试电路图

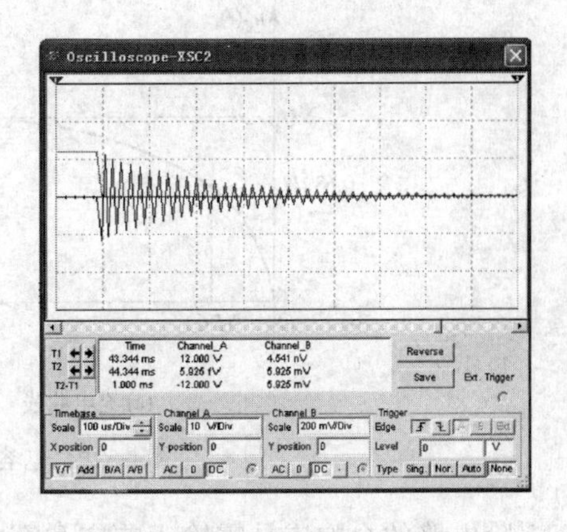

图 4-4-5 电感的特性波形

设置电路参数，$U_2=12\text{V}$、$R_1=10\text{k}\Omega$、$L_1=1\text{mH}$。示波器 A 通道连接测试信号端，其连线的颜色设置为红色，B 通道，连接到所需测试的电感端，连线的颜色设置为蓝色（选中导线单击右键，选择“Color Segment”项即可），双击示波器图标，将示波器的面板放大，使 A 通道“Channel A”的灵敏度为 10V/div，B 通道“Channel B”的灵敏度为“200mV/div”，扫描速度 Timebase 为“100μs/div”。J_1 是一个手动开关，一端接直流电源，另一端接地，按下仿真按钮，激活电路后，单击开关 J_1 的动臂，使开关 J_1 反复打开和闭合，每次动作分别接直流电源和地。按下仿真暂停按钮，将波形锁定，按示波器面板波形显示区下方两边的左右箭头，在示波器上可清晰直观地观察到电感的特性波形，如图 4-5-5

所示。示波器 A 通道的红色波形为测试信号端波形，B 通道的蓝色波形为电感特性波形。

4.5 实验五 一阶电路的时域响应

4.5.1 实验目的

① 利用仿真软件 Multisim10 设计和完成一阶 RC 电路、微分电路、积分电路实验。

② 通过实验加深对时间常数概念的理解，了解一阶 RC 电路中电容的充、放电过程，并掌握电容充、放电时间常数的计算和测量方法。

③ 了解微分电路和积分电路的组成，并能掌握选择和计算参数值。

4.5.2 实验任务及步骤

电路从一个稳态到另一个稳态的变化过程称为电路的过渡过程，也称为暂态过程。暂态过程的产生，是由于电路中存在电容、电感等储能元件，而储能元件所存储的能量在电路换路的瞬间不能发生突变，所以电容两端的电压和流过电感的电流不能发生突变。

电路中只有一个独立储能元件的电路称为一阶电路。一阶电路的暂态响应按指数规律变化。当电路换路时，加在电容两端的电压发生改变，由于电容两端的电压不能突变，电路从原先的稳态过渡到新的稳态，这个过程持续的时间由时间常数 $\tau=RC$ 决定。τ 越大，持续时间越长。电容的充电、放电过程曲线如图 4-5-1 所示。

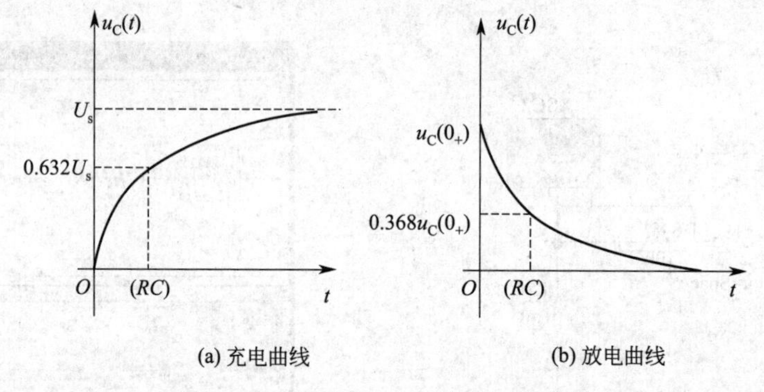

图 4-5-1 电容的充电、放电过程曲线

一阶电路的全响应是零输入响应和零状态响应的叠加，即从初始值开始按指数规律变化一直到新的稳态建立的响应全过程。由于电容全部充好电到达稳态时间很长，理论上时间应该是∞。*RC* 电路充放电的时间常数 τ 可以从响应波形中估算出来。对于充电曲线来说，幅值上升到终了值的 63.2%所对应的时间即为一个 τ [图 4-5-1(a)]，图中用 *RC* 标出。对于放电曲线，幅值下降到初始值的 36.8%所对应的时间即为一个 τ [图 4-5-1(b)]，图中用 *RC* 标出。

在工程中，电容放电过程定义为经过 3～5 倍的时间常数放电过程结束。

微分电路和积分电路是 *RC* 一阶电路中较典型的电路，它对电路元件参数和输入信号的周期有特定的要求。一个简单的 *RC* 串联电路，在序列方波脉冲的激励下，当满足 $\tau=RC\ll T$（方波脉冲周期)，且从电阻 *R* 两端输出信号，如图 4-5-2(a) 所示，即构成微分电路；若将图 4-5-2(a) 中的 R 与 C 的位置交换一下，即从电容 C 两端输出信号，且当电路参数的选择 $\tau=RC\gg T$ 时，如图 4-5-2(b) 所示，即构成积分电路。

图 4-5-3 是一阶 RC 电路，电路中用开关 J_1 来控制电压源 V_1 是否接入电路。当 V_1 接入电路时，电容 C_1 充电；当电压源 V_1 未接入电路时，电容 C_1 放电。

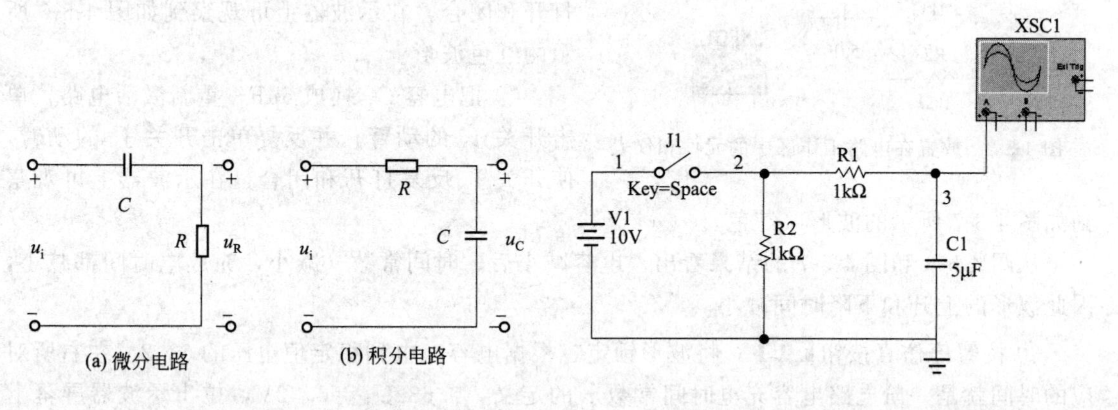

图 4-5-2 微分、积分电路　　　　图 4-5-3 一阶 RC 实验电路图

(1) 编辑电路图

① 双击 Multisim10 图标，打开 Multisim10 的界面。

② 函数信号发生器（Function Generator）的选择。

a. 单击仪表工具栏中的“Function Generator”图标，如图 4-5-4(a) 所示，将其拖到工作区合适位置并单击左键，函数信号发生器即被放置在电路工作区。单击左键选中函数信号发生器图标，然后单击右键，在弹出的菜单中选择“Flip Horizontal”项，使函数信号发生器进行左右旋转，以满足实验电路中函数信号发生器放置的要求，图标如图 4-5-4(a) 所示。

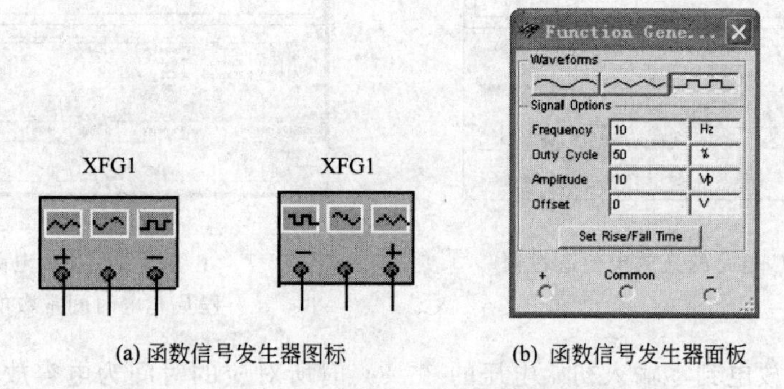

(a) 函数信号发生器图标　　(b) 函数信号发生器面板

图 4-5-4 函数信号发生器图标及面板

b. 双击函数信号发生器图标，将弹出参数设置对话框，如图 4-5-4(b) 所示，如设置函数信号发生器输出为方波、频率为 10Hz、电压为 10V、占空比为 50%。

③ 在电路的工作区放置元件和仪表，如图 4-5-5 所示。在仿真软件 Multisim10 基本界面上构建如图 4-4-3 所示的测试电路。

(2) 操作步骤

① 设置电路参数，$R_1=1\text{k}\Omega$、$R_2=1\text{k}\Omega$、$C_1=10\mu\text{F}$。将示波器 A 通道连线的颜色设置

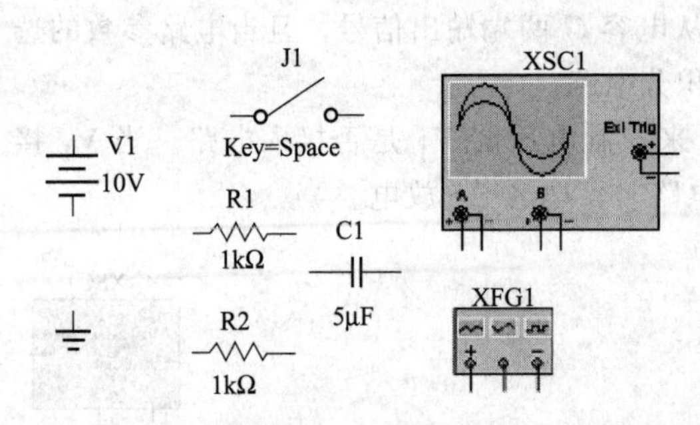

图 4-5-5　放置在电路工作区中的元件和仪表

为红色，将示波器的面板放大，使 A 通道"Channel A"的灵敏度为 5V/div，扫描速度"Timebase"为 20ms/div，按下仿真按钮，在激活电路后，单击开关 J_1 的动臂，使开关 J_1 打开和闭合，在示波器上可观察到如图 4-5-6 所示的红色波形。

② 把电容 C_1 换成 5μF，重新激活电路，单击开关 J_1 的动臂，并反复单击开关 J_1 的动臂，使开关 J_1 反复打开和闭合，在示波器上可观察到如图 4-5-7 所示的波形（红色）。

从图 4-5-6 和图 4-5-7 的结果看出，电容减小后，时间常数 τ 减小，充放电时间都减小，因此波形的上升和下降时间减小。

③ 按暂停仿真按钮，将波形锁定，根据电容充电到稳定值电压的 63.2%左右所对应的时间就是一阶电路电容充电时间常数 τ 的定义，$0.632U_1=6.32\text{V}$，拉出示波器屏幕上两边的两条读数指针即游标 1 和 2，在充电起始点使 1 号游标与"A"通道信号的交点 VA_1 为最小值，2 号游标与"A"通道信号的交点 VA_2 为 4.3V，此时游标 1 与游标 2 之间的时间差 T_2-T_1 即示波器屏幕下方"T2－T1"栏的数据为该电路的充电时间常数 $\tau_{充}=$______ ms，如图 4-5-7 所示。

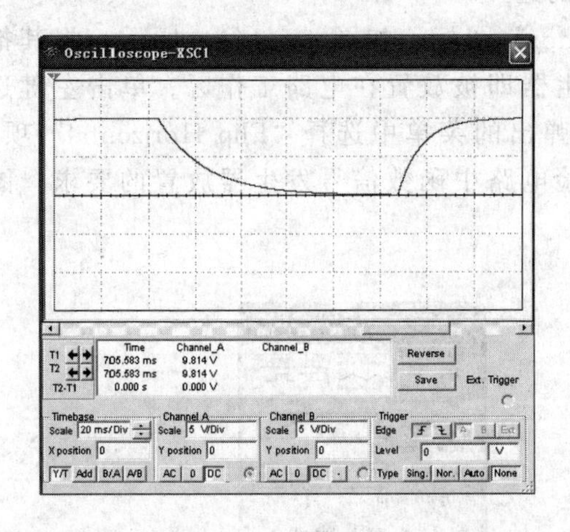

图 4-5-6　RC 电路的充放电暂态过程

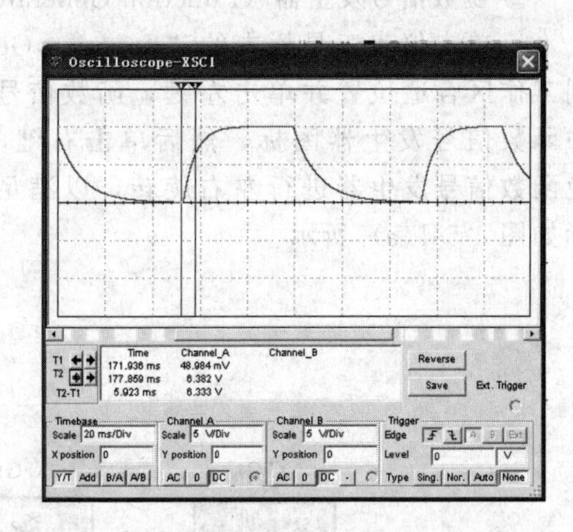

图 4-5-7　电容减小后 RC 电路充放电暂态过程及充电时间常数的测量

④ 根据电容放电到零输入初始电压的 36.8%时所对应的时间为电容放电时间常数 τ 的定义，参照上述方法，在示波器屏幕上调出相应的波形和读数指针的位置。移动两个游标，在放电起始点使 1 号游标与"A"通道信号的交点 VA_1 为最大值，2 号游标与"A"通道信号的交点 VA_2 为电源电压 U_1 的 36.8%即 3.68V，此时游标 1 与游标 2 之间的时间差 T_2-T_1 即在示波器屏幕下方"T2－T1"栏的数据为该电路的放电时间常数 $\tau_{放}=$____ ms，如图 4-5-8 所示。试与计算结果相比较。

⑤ 将波形和测量数据记入实验报告中。

（3）RC 电路在脉冲序列作用下的响应

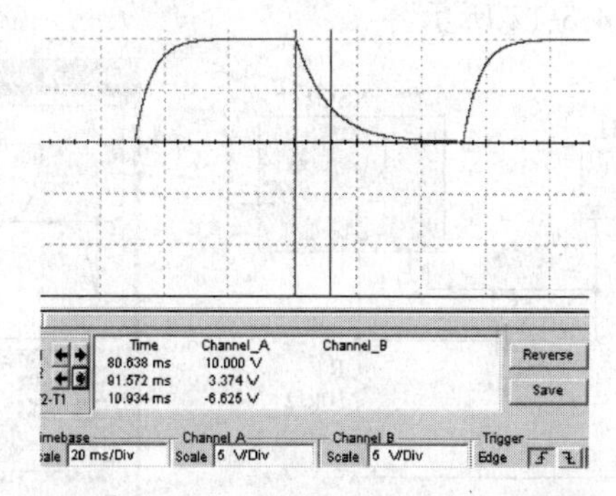

图 4-5-8　RC 电路放电时间常数的测量

① 积分电路

a. 在 Multisim10 软件基本界面上建立如图 4-5-9 所示的积分电路。

b. 设置电路参数，$R_1=50\text{k}\Omega$、$C_1=1\mu\text{F}$。按图 4-5-9 所示电路接线。

c. 双击函数信号发生器图标，将它设置成 10Hz、10V 的对称方波。将示波器 A 通道连线的颜色设置为红色，B 通道连线的颜色设置为蓝色（选中导线单击右键，选择“Color Segment”项即可）。

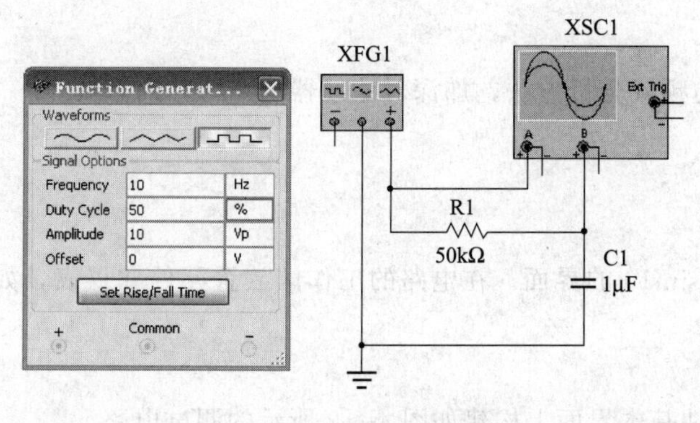

图 4-5-9　RC 积分实验电路

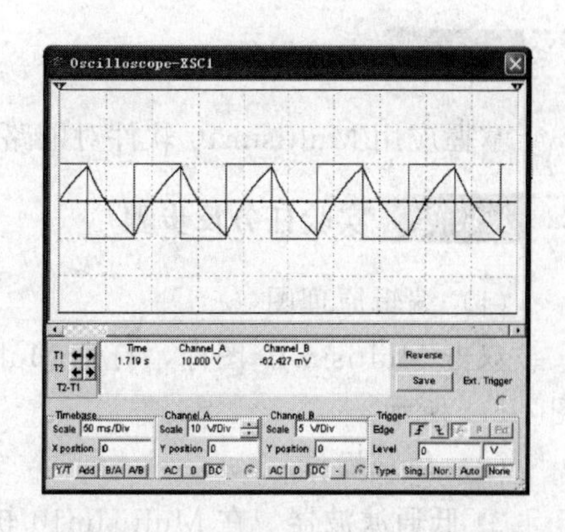

图 4-5-10　RC 电路的积分波形

d. 双击示波器图标，将示波器的面板放大，使 A 通道“Channel A”的灵敏度为 10V/div，使 B 通道“Channel B”的灵敏度为 5V/div，扫描速度“Timebase”为 50ms/div。按下仿真按钮，待电路稳定后，按下暂停按钮 [II]，示波器放大面板的屏幕上可以看到积分波形，如图 4-5-10 所示。

e. 根据以上条件，选择元件参数和方波信号频率，设计另一个积分电路并仿真。

② 微分电路

a. 将 R 和 C 交换位置，使 $R=10\text{k}\Omega$、$C=1\mu\text{F}$，信号源选择频率为 10Hz、幅值为 10V_P 的方波信号，按图 4-5-11 所示电路接线。

b. 双击函数信号发生器图标，将示波器 A 通道连线的颜色设置为红色，B 通道连线的颜色设置为蓝色。

c. 双击示波器图标，将示波器的面板放大，使 A 通道“Channel A”的灵敏度为 5V/div，使 B 通道“Channel B”的灵敏度为 10V/div，扫描速度“Timebase”为 50ms/div。按下仿真按钮，待电路稳定后，按下暂停按钮 [II]，将波形锁定，从示波器放大面板的屏幕上可以看到微分波形，如图 4-5-12 所示。

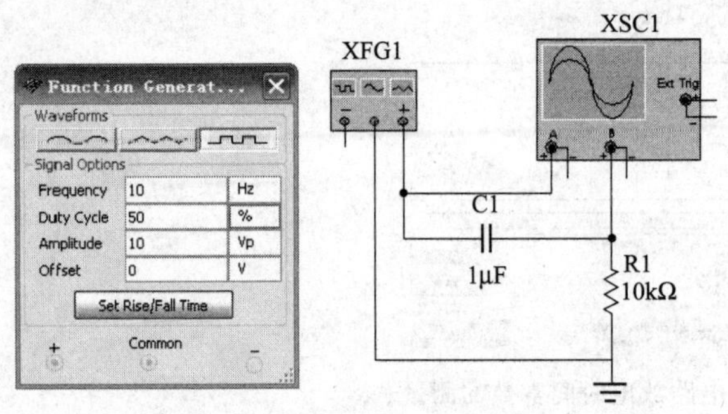

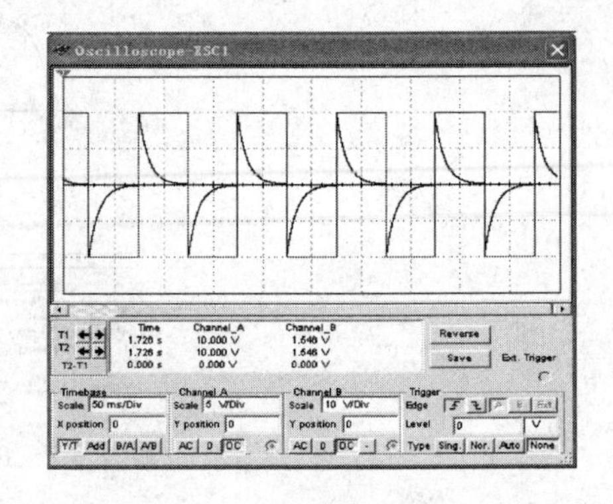

图 4-5-11　RC 微分实验电路　　　　图 4-5-12　RC 电路的微分波形

d. 根据以上条件，选择元件参数和方波信号频率，设计另一个微分电路并仿真。

4.6 实验六　电路的频域分析

4.6.1 实验目的

掌握应用 Multisim10 软件对电路的频域分析方法，加深对滤波器电路特性的理解。

4.6.2 实验任务及步骤

（1）编辑原理图

双击 Multisim10 图标，打开 Multisim10 的界面。在电路的工作区放置元件和仪表，如图 4-6-1 所示。

（2）仿真操作

① 低通滤波器　在 Multisim10 软件基本界面上构建如图 4-6-2 所示的测试电路。

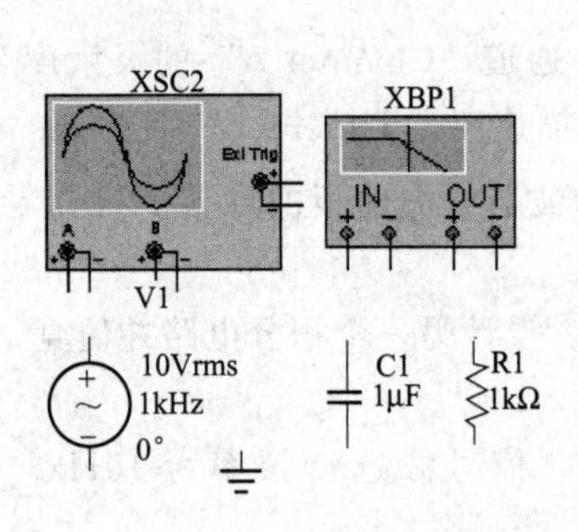

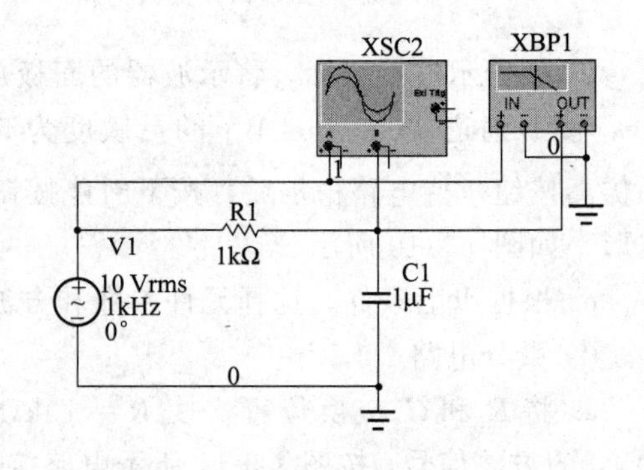

图 4-6-1　放置在电路工作区中的元件和仪表　　　　图 4-6-2　低通滤波器测试电路

a. 设置电路参数，电源信号选择频率为 1kHz、幅值为 10V，$R_1=1\text{k}\Omega$，$C_1=1\mu\text{F}$。示波器 A 通道连线的颜色设置为红色，B 通道连线的颜色设置为蓝色（选中导线单击右键，选择“Color Segment”项即可），并定义 A 通道“Channel A”的灵敏度为 5V/div，B 通道“Channel B”的灵敏度为 1V/div，扫描速度“Timebase”为 200μs/div。按下仿真按钮，激活电路，在示波器上方一个比较大的长方形区域可观察到如图 4-6-3 所示的输入和输出的红、蓝色波形。

b. 按下仿真暂停按钮 ，将波形锁定，在示波器屏幕两边拉出两条读数指针即游标 1 和 2。移动 1 号游标使其与 A 通道信号（红色波形）的交点 VA_1 的值为最大值，即输入信号（红色波形）的最大值 U_{im} = ______ V。移动 2 号游标使其与 B 通道信号（蓝色波形）的交点 VB_2 值为最大值，即输出信号（蓝色波形）的最大值 U_{om} = ______ V。

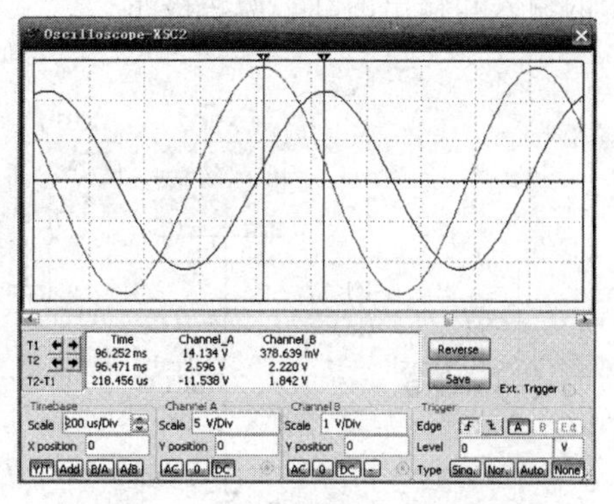

图 4-6-3　低通滤波器的测试波形

c. 测量输入与输出波形之间的相位差 $\varphi=\omega\Delta T$，$\omega=2\pi f$，f 为信号源的频率，$\Delta T=T_2-T_1$。此时图 4-6-3 中游标 1 与游标 2 之间的时间差 T_2-T_1 即示波器屏幕下方“T2－T1”栏的数据为 ΔT = ____ μs（注意，测量两个相邻波的峰值）。

d. 在波特图仪操作面板上“Mode”控制框内按下“Magnitude”按钮，波特图仪显示幅频特性。在水平（Horizontal）坐标控制面板图框内，水平坐标刻度总是显示频率值，包括两栏：F 表示终值频率，单击该栏后，出现上下翻转的列表，选择 1MHz；I 表示初始值，单击该栏后，出现上下翻转的列表，选择 1Hz。在垂直（Vertical）坐标控制面板图框内，按下“Log”按钮，则坐标以对数（底数为 10）的形式显示。显示纵坐标数值包括两栏：F 表示终值，单击该栏，选择 0；I 表示初始值，单击该栏，选择－200dB。

e. 测量低通滤波器高端截止频率 f_H。用鼠标拖动读数指针（位于波特图仪左边的垂直光标）或者用读数指针移动按钮（图 4-6-4 中左右箭头）来移动读数指针到－3dB 测量点，读数指针与曲线的交点处的频率显示在波特图仪下部的读数框中，f_H = ______ Hz。

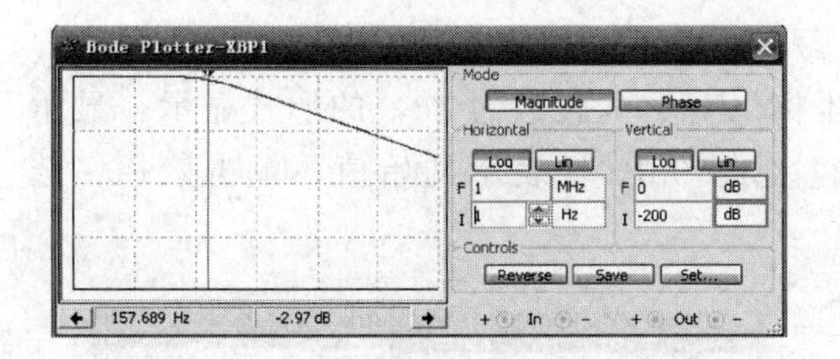

图 4-6-4　低通滤波器幅频特性测量

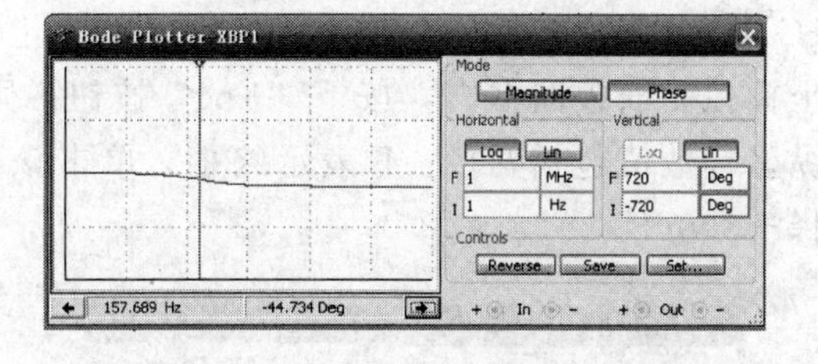

图 4-6-5　低通滤波器相频特性测量

f. 同一测试电路中，在波特图仪操作面板上“Mode”控制框内按下“Phase”按钮，就可以很方便地得到电路的相频特性。用鼠标拖动读数指针（位于波特图仪中的垂直光标）或者用移动读数指针下方的按钮（图 4-6-5 中左右箭头）来移动读数指针到－45°测量点，f_H = ______ Hz 数值显示在波特图仪下部的读数框中。

② 高通滤波器　将图 4-6-2 中的电容 C 换成 1mH 的电感，电源频率改成 200kHz，如图 4-6-6 所示。

a. 双击示波器图标，将示波器的面板放大，使 A 通道“Channel A”的灵敏度为 5V/div，B 通道“Channel B”的灵敏度为 5V/div，扫描速度“Time base”为 1μs/div。按下仿真按钮 ，激活电路后，在示波器上方一个比较大的长方形区域可观察到如图 4-6-7 所示的输入和输出的红、蓝色波形。

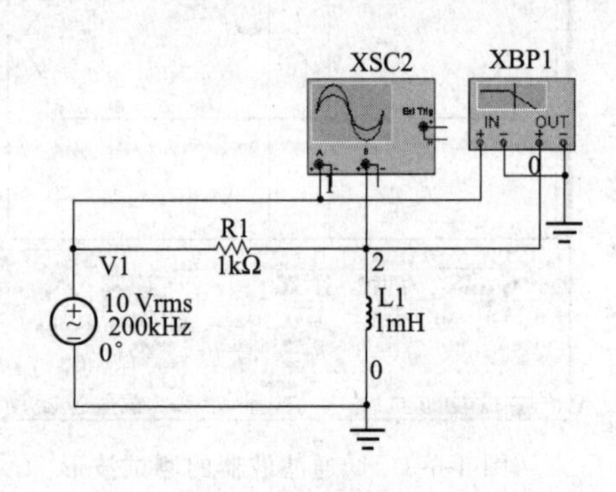

图 4-6-6 高通滤波器测试电路

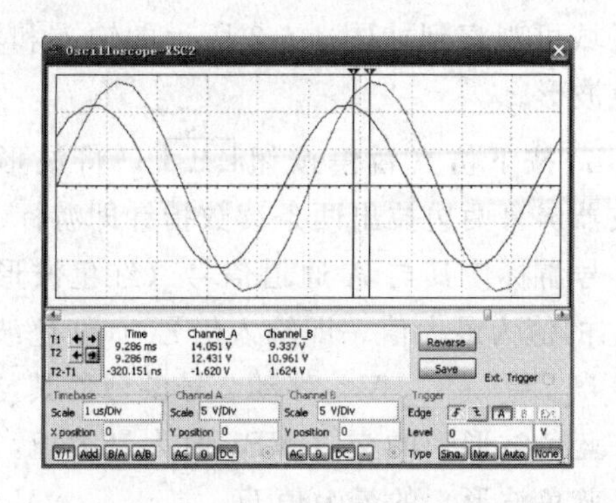

图 4-6-7 高通滤波器的测试波形

b. 按下暂停按钮 ，将波形锁定，在示波器屏幕两边拉出两条读数指针即游标 1 和 2。移动 1 号游标使其与 A 通道信号的交点 VA_1 为最大值，即输入信号（红色波形）的最大值 U_{im} = ______ V。移动 2 号游标使其与 B 通道信号的交点 VB_2 为最大值，即输出信号（蓝色波形）的最大值 U_{om} = ______ V。

c. 测量输入与输出波形之间的相位差 $\varphi=\omega\Delta T$，$\omega=2\pi f$，f 为信号源的频率，$\Delta T=(T_2-T_1)$。此时图 4-6-7 中游标 1 与游标 2 之间的时间差 T_2-T_1 即示波器屏幕下方“T2－T1”栏的数据为 ΔT = ____ ns（注意，测量两个相邻波峰值）。图中输出信号超前输入信号，所以 ΔT 为负数。

d. 在波特图仪操作面板上“Mode”控制框内按下“Magnitude”按钮，波特图仪显示幅频特性，如图 4-6-8 所示。在水平（Horizontal）坐标控制面板图框内，水平坐标刻度总是显示频率值，包括两栏：F 表示终值频率，单击该栏后，出现上下翻转的列表，选择 1GHz。I 表示初始值，单击该栏后，出现上下翻转的列表，选择 1Hz。在垂直（Vertical）坐标控制面板图框内，按下“Log”按钮，则坐标以对数（底数为 10）的形式显示，显示纵坐标数值包括两栏：F 表示终值，单击该栏，选择 0dB；I 表示初始值，单击该栏，选择－200dB。

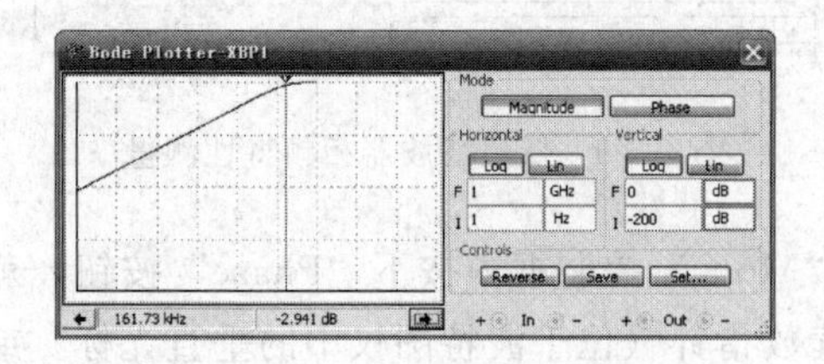

图 4-6-8 高通滤波器的幅频特性

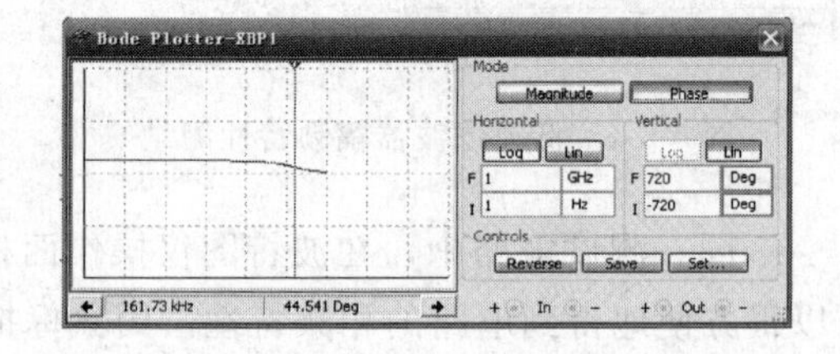

图 4-6-9 高通滤波器的相频特性

e. 测量高通滤波器低端截止频率 f_L。用鼠标拖动读数指针（位于波特图仪左边的垂直光标）或者用移动读数指针下方的按钮（图 4-6-8 中左右箭头）来移动读数指针到－3dB 测量点，读数指针与曲线交点处的频率数值显示在波特图仪下部的读数框中，f_L = ____ kHz。

f. 在同一测试电路中，在波特图仪操作面板上“Mode”控制框内按下“Phase”按钮，就可以很方便地得到电路的相频特性，用鼠标拖动读数指针（位于波特图仪中的垂直光标），或者用读数指针移动按钮（图 4-6-9 中左右箭头）来移动读数指针到－45°测量点，低端截止

频率 f_L= ____ kHz，数值显示在波特图仪下部的读数框中。

4.7 实验七 交流电路参数的仿真测试

4.7.1 实验目的

掌握应用 Multisim10 软件对交流电路电压、电流和功率的仿真测试方法。

4.7.2 实验任务及步骤

测量交流电路常用的方法是三表法，即用交流电压表、电流表和功率表分别测量出元件两端的电压、流过的电流及其消耗的有功功率，然后通过计算得出交流电路的参数。

(1) 编辑原理图

双击 Multisim10 图标，打开 Multisim10 的界面。

① 功率表的选择。单击仪表工具条的"Wattmeter"功率表图标，弹出如图 4-7-1(a) 所示的图标，将图标拖到工作区合适的位置，单击左键功率表即被放置在电路工作区。双击图标弹出如图 4-7-1(b) 所示的面板。

② 在电路的工作区放置元件和仪表，如图 4-7-2 所示。

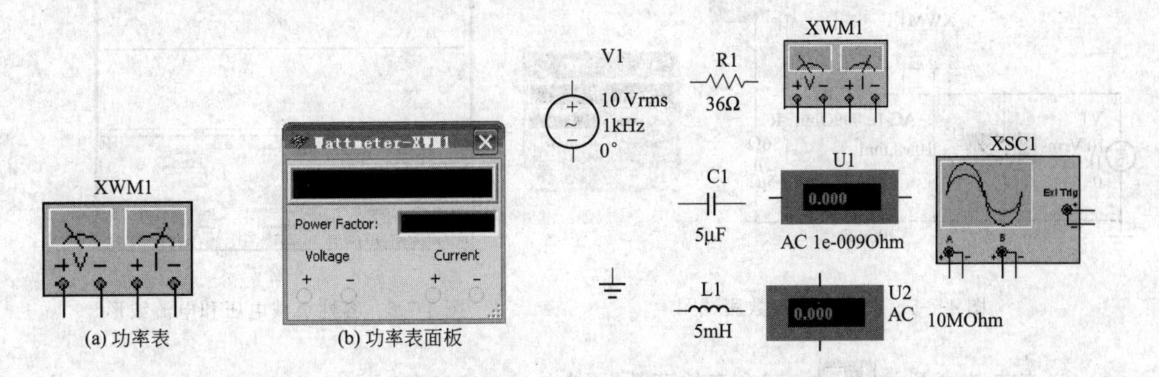

图 4-7-1 功率表图标及面板　　图 4-7-2 放置在电路工作区中的元件和仪表

(2) 仿真操作

① 在电路工作区中构建图 4-7-3 所示的交流参数测试电路。

② 打开各表的属性对话框，设置"Mode"模式为"AC"。将示波器 A 通道连线的颜色设置为红色，B 通道连线的颜色设置为蓝色（选中连接导线单击右键，选择"Color Segment"项即可）。

③ 点击仿真开关 [仿真开关图标]，三个表的读数分别为 $U=10\text{V}$、$I=0.278\text{A}$、$P=2.778\text{W}$，功率表测试结果与计算结果相同。

④ 利用示波器来观察电路输入、输出电压波形，如图 4-7-4 所示，使 A 通道"Channel A"的灵敏度为 5V/div，B 通道"Channel B"的灵敏度为 10V/div，扫描速度"Timebase"为 500μs/div。按下仿真按钮，待电路稳定后，按下暂停按钮 [暂停按钮图标]，将波形锁定，从图中可以看出，输入、输出电压波形同相位，所以负载是纯电阻。

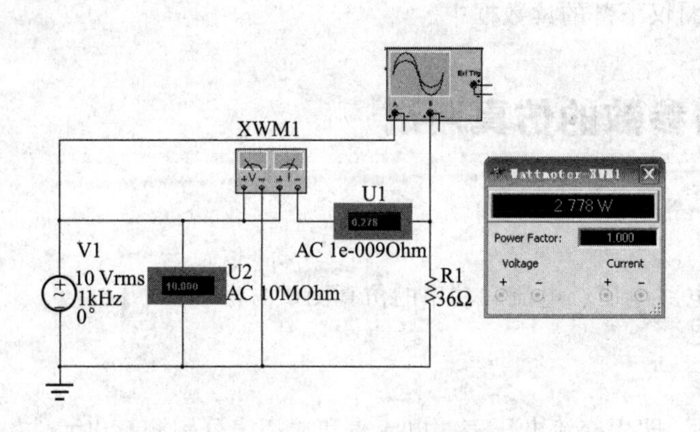

图 4-7-3 交流电路参数测试图

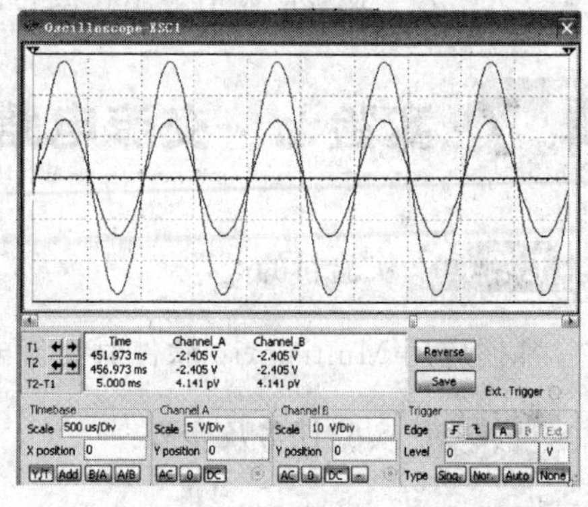

图 4-7-4 输入、输出电压波形

⑤ 如果不知道被测元件的性质，可以通过观察如图 4-7-5 所示电路中示波器上的波形来确定。其中，Z_x 由 $R=36\Omega$、$C=5\mu F$ 相串联组成，电阻 R_2 两端的电压波形就是流过电路的电流扩大了 R_2 倍，并不改变电流的相位，电阻 R_2 两端的电压与电路的电流同相位。为了不对 Z_x 的端电压产生大的影响，R_2 应足够小，本测试电路中取 $R_2=0.2\Omega$。

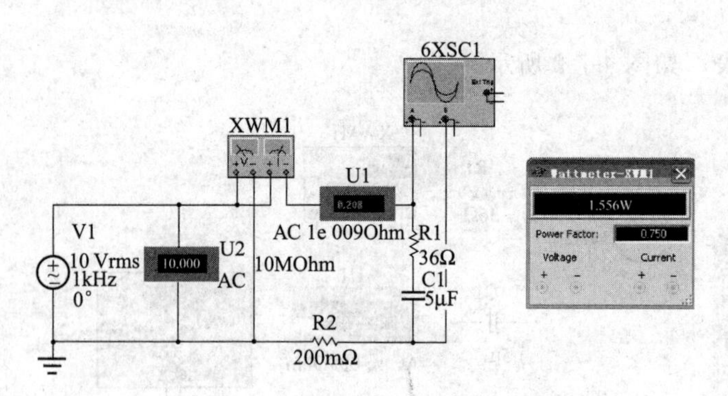

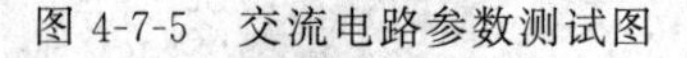

图 4-7-5 交流电路参数测试图

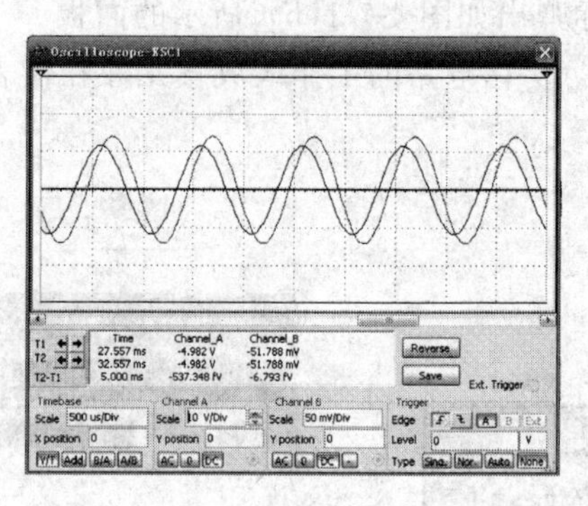

图 4-7-6 容性负载电压和电流波形

⑥ 点击仿真开关，三个表的读数分别为 $U=10V$、$I=0.208A$、$P=1.556W$，功率表测试结果与计算结果基本相同。

⑦ 利用双踪示波器来观察电路的波形，如图 4-7-6 所示，使 A 通道“Channel A”的灵敏度为 10V/div，B 通道“Channel B”的灵敏度为 50mV/div，扫描速度“Timebase”为 500μs/div。按下仿真按钮，待电路稳定后，按下暂停按钮，将波形锁定，从图中可以看出，蓝颜色 B 通道上 R_2 的电压（相当于电路的电流）波形超前红颜色 A 通道的测量电压波形，电流超前电压，所以负载是容性的，反之为感性。

4.8 实验八 射极输出器电路的仿真（共集电极电路）

4.8.1 实验目的

① 掌握应用 Multisim10 软件测试射极输出器的静态工作点的方法。

② 观察并测定电路参数的变化对放大电路静态工作点（Q点）、电压放大倍数（A_u）及输出波形的影响。

③ 掌握射极输出器的特点以及输入电阻、输出电阻和电压放大倍数的计算方法。

4.8.2 实验任务及步骤

图4-8-1是射极输出器电路图，图4-8-2是其微变等效电路图。由微变等效电路可见，输入信号加在基极和地（集电极）之间，而输出信号从发射极和地（集电极）之间取出，集电极是输入、输出的公共端，因此，该电路称为共集电极放大电路，也称为射极输出器。

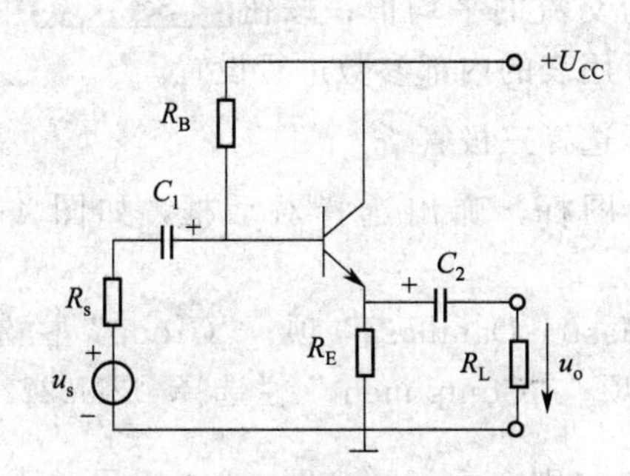

图4-8-1 射极输出器电路图

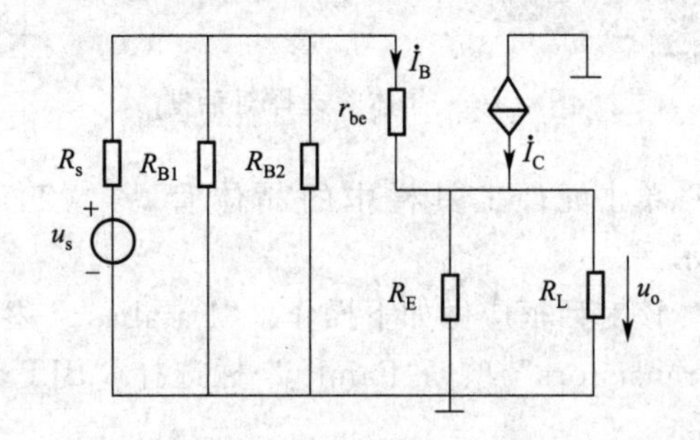

图4-8-2 射极输出器的微变等效电路

射极输出器具有放大倍数近似为1、输入电阻高、输出电阻低的特点，在各种电子线路中获得了极为广泛的应用。

4.8.2.1 编辑原理图

双击Multisim10图标，打开Multisim10的界面。

(1) 选择数字万用表

Multisim10中的数字万用表同实验室使用的数字万用表一样，能够完成交直流电压、交直流电流、电阻的测量，并且能自动调整量程。图4-8-3中分别为数字万用表的图标和操作界面，图标中的“+”、“−”两个端子用来与待测设备的端点相连。

数字万用表的具体使用步骤如下。

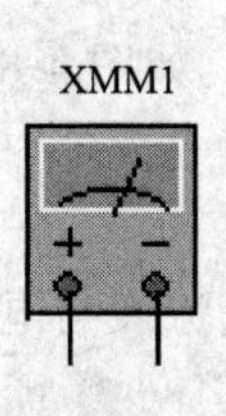

(a) 数字万用表

(b) 数字万用表面板

图4-8-3 数字万用表图标及操作面板

① 单击仪表工具栏中的“Multimeter”图标，将其图标［图4-8-3(a)］放置在电路工作区，双击图标便可打开万用表操作面板，如图4-8-3(b) 所示。

② 按照要求将仪器与电路连接，并从界面中选择测量所用项目（选择测量电压、电流或电阻等）。

图 4-8-3 所示万用表的界面上各个按钮分别对应的内容为：单击按钮 A ，选择测量电流；单击按钮 V ，选择测量电压；单击按钮 Ω ，选择测量电阻；单击按钮 dB ，选择测量分贝值；单击按钮 ～ ，表示选择测量交流，其测量值为有效值；单击按钮 — ，表示选择测量直流，如果用 — 来测量交流的话，其测量值为交流的平均值；按钮 Set... 用来对数字万用表的内部参数进行设置。

（2）选择三极管

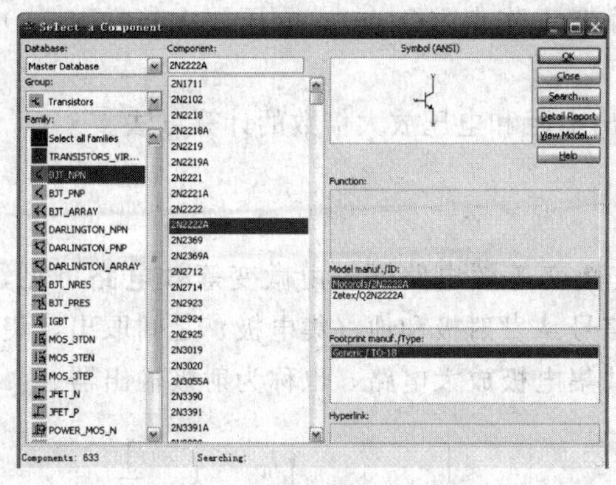

图 4-8-4　晶体管选择对话框

单击元件工具栏中的晶体管 （Transistor）图标，弹出选择对话框，如图 4-8-4 所示。

该对话框应做如下操作："Database"栏选择"Master Database"项；"Group"栏选择"Transistors"项；"Family"栏选择"BJT _ NPN"项；"Component"栏选择"2N2222A"项；单击"OK"按钮，即晶体管被选中，单击左键，则会重新弹出图 4-8-4 所示对话框；单击"Close"按钮，关闭当前对话框，选择的晶体管被放在电路工作区。

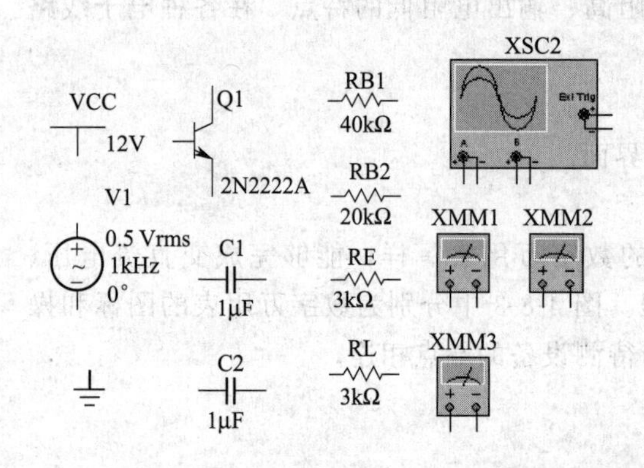

图 4-8-5　放置在电路工作区中的元件和仪表

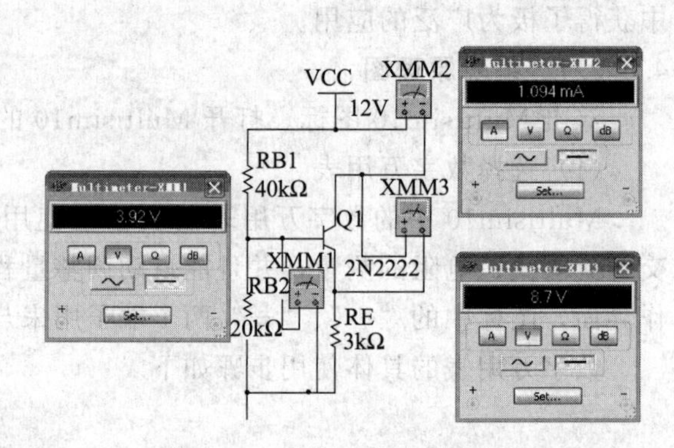

图 4-8-6　静态工作点测试电路

根据上述介绍的方法，在电路的工作区放置元件和仪表，如图 4-8-5 所示。

4.8.2.2　仿真操作

（1）连接电路，测试静态工作点

按图 4-8-6 所示电路连接，测试电路的静态工作点 Q，电流表与电压表的读数如图 4-8-6 所示。

根据理论计算该电路的静态工作点 Q 为

$$U_{BQ}=\frac{R_{B2}}{R_{B1}+R_{B2}}U_{CC}=\frac{20}{40+20}\times 12=4(\mathrm{V})$$　实际测量值为 3.92V

$$I_{CQ}=\frac{U_{BQ}-U_{BE}}{R_E}=\frac{4-0.7}{3000}=1.1(\mathrm{mA})$$　实际测量值为 1.094mA

$$U_{CEQ}=U_{CC}-I_{CQ}R_E=12-1.1(\mathrm{mA})\times 3(\mathrm{k\Omega})=8.7(\mathrm{V})$$　实际测量值为 8.7V

把静态工作点的计算和测量数据填入表 4-8-1 中，以便进行比较。

表 4-8-1　静态工作点的计算和测量数据

	计算值	测量值
U_{BQ}/V		
I_{CQ}/mA		
U_{CEQ}/V		

（2）仿真测试电路的输入电阻 r_i 和输出电阻 r_o

根据图 4-8-7 的等效电路，由理论公式先计算出 r_i 和 r_o，以便与测量结果进行比较。设 $\beta=100$，则

$$r_{be}=200+(1+\beta)26(\text{mV})/I_E=200+101\times26/1.1=2.587\ (\text{k}\Omega)$$

$$r_i=R_{B1}//R_{B2}//[r_{be}+(1+\beta)(R_E//R_L)]=40//20//[2.587+101(3//3)]=12.27(\text{k}\Omega)$$

$$r_o\approx(r_{be}+R_s)/\beta=27(\Omega)$$

① 测量输入电阻 r_i。可以通过放大器等效电阻的定义进行测量，电路如图 4-8-7 所示。点击仿真开关后，输入电流与电压的读数分别如图 4-8-8 和图 4-8-9 所示。

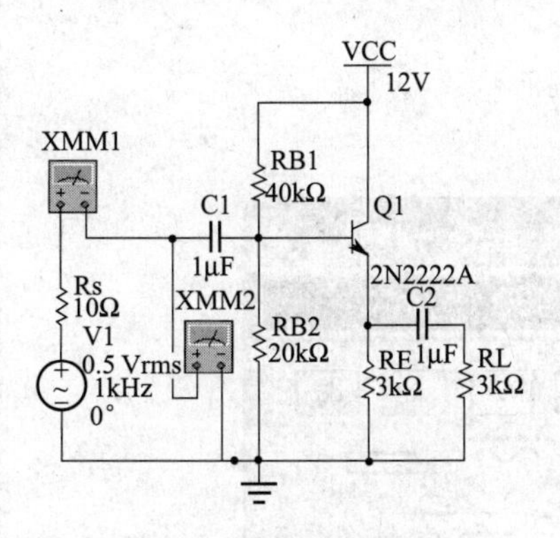

图 4-8-7　用电流表和电压表测量输入电阻 r_i

图 4-8-8　输入电流的读数

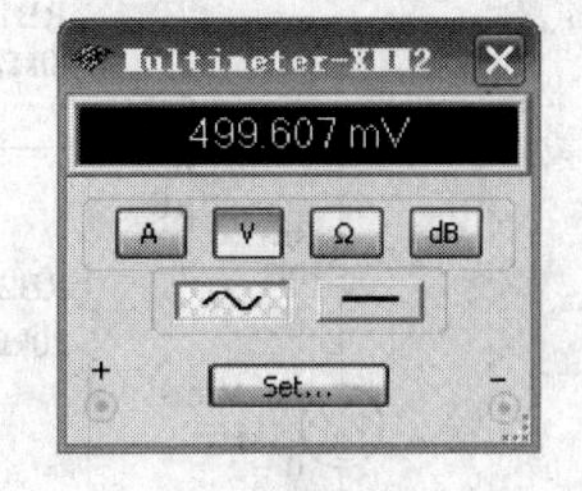

图 4-8-9　输入电压的读数

输入电阻 r_i=输入电压的读数/输入电流的读数=499.407mV/39.241μA=12.7kΩ

② 测量输出电阻 r_o。测量电路如图 4-8-10 所示，在断开负载电阻 R_L 时进行仿真，点击仿真开关后，得到 U_o 值为 494.429mV；接上 R_L 后仿真，如图 4-8-11 所示，得到 U_L 的值为 489.157mV，则输出电阻为

$$r_o=(U_o/U_L-1)\times R_L=(494.429/489.157-1)\times3=32\ (\Omega)$$

把输入电阻 r_i、输出电阻 r_o 的计算值和测量值填入表 4-8-2 中，以便进行比较。

表 4-8-2　输入电阻 r_i、输出电阻 r_o 的计算和测量数据

	计算值	测量值
输入电阻 r_i/kΩ		
输出电阻 r_o/Ω		

（3）电压放大倍数的测量

根据图 4-8-2 的等效电路，由理论公式先计算出 A_{uo} 和 A_u，以便与测量值进行比较。设 $\beta=100$，则

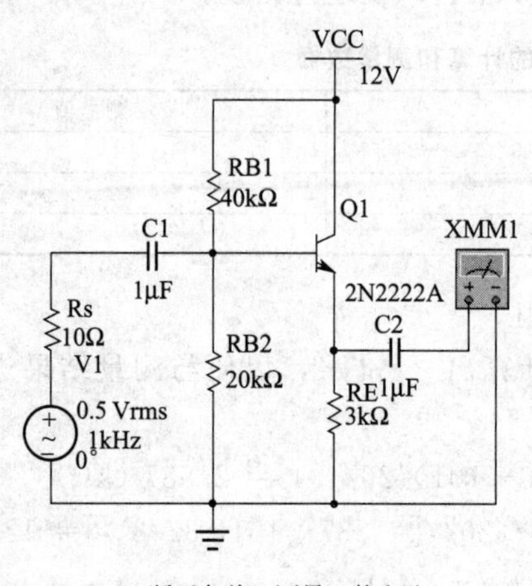

(a) 断开负载R_L测量U_o的电路

(b) 断开负载R_L时，测得的U_o值

图 4-8-10　断开负载 R_L 测量 U_o 的电路和测量值

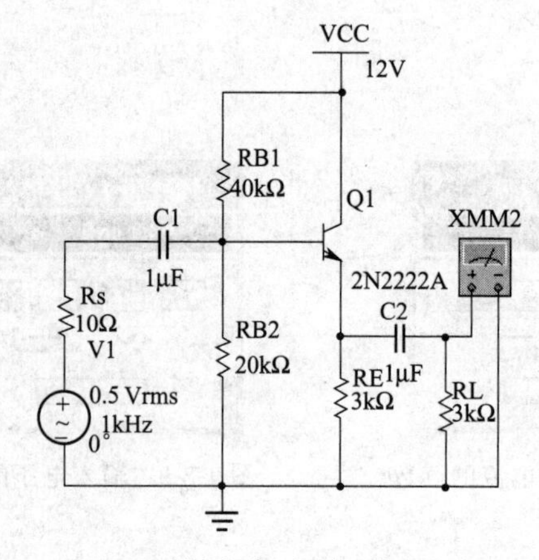

(a) 接上负载R_L测量U_L的电路

(b) 接上负载R_L时，测得的U_L值

图 4-8-11　接上负载 R_L 测量 U_L 的电路和测量值

$$A_{uo}=(1+\beta)\times R_E[r_{be}+(1+\beta)\times R_E]=101\times 3/(2.68+101\times 3)=0.99$$

$$A_u=(1+\beta)\times(R_E//R_L)/[R_{be}+(1+\beta)\times(R_E//R_L)]$$
$$=101\times 3//3/[2.68+101\times(3//3)]=0.9794$$

① 测量电压放大倍数 A_{uo}。测量电路如图 4-8-12 所示，在断开负载电阻 R_L 时进行仿真，按下仿真开关后，得到输入电压 U_i 值和输出电压 U_o 值，输入电压与输出电压的读数如图 4-8-13 所示。

测量数据为 U_i= 499.615 mV，U_o=494.429 mV。

电压放大倍数 A_{uo}=输出电压值 U_o/输入电压值 U_i= 0.989，理论计算值是 0.99。

② 测量电压放大倍数 A_u。测量电路如图 4-8-14 所示，在连接负载电阻 R_L 时进行仿真，按下仿真开关后，得到输入电压 U_i 值和输出电压 U_L 值，输入电压与输出电压的读数如图 4-8-15 所示。

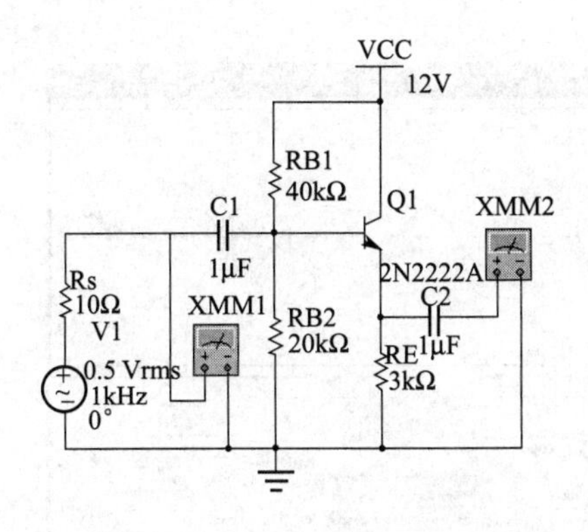

图 4-8-12　测量 R_L 断开时的 A_{uo}

(a) 断开R_L时的输入电压值U_i

(b) 断开R_L时输出电压值U_o

图 4-8-13　断开负载 R_L 时测得电路的输入电压、输出电压值

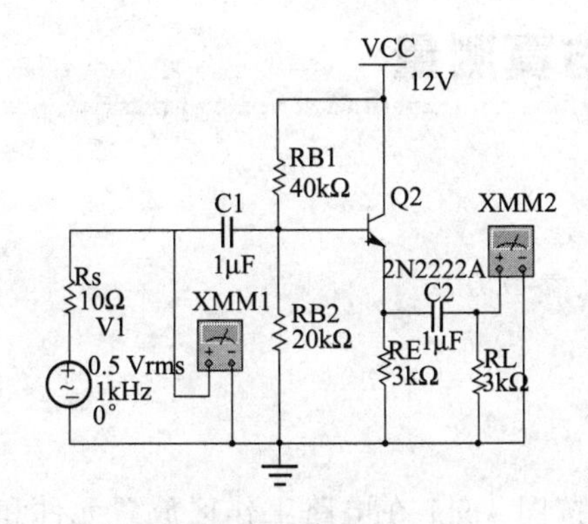

图 4-8-14　负载时电路的电压放大倍数 A_u

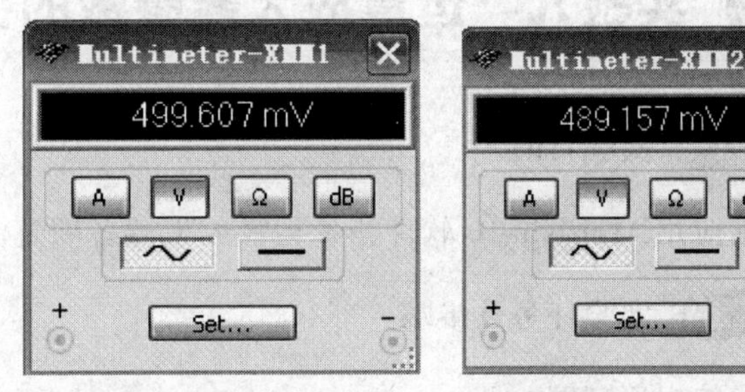

(a) 接上负载R_L时电路的输入电压值U_i (b) 接上负载R_L时电路的输出电压值U_L

图 4-8-15　负载时电路的输入电压、输出电压值

测量数据为 U_i= 499.607 mV，U_L=489.157 mV。

电压放大倍数 A_u=输出电压值 U_L/输入电压值 U_i= 0.979，理论计算值是 0.9794。

把电压放大倍数 A_{uo}、A_u 的计算值和测量值填入表 4-8-3 中，以便进行比较。

表 4-8-3　电压放大倍数 A_{uo}、A_u 的计算和测量数据

	计算值	测量值
电压放大倍数 A_{uo}		
电压放大倍数 A_u		

（4）用示波器观察输入、输出波形

测量电路连接如图 4-8-16 所示，利用双踪示波器来观察电路输入、输出电压波形。将示波器 A 通道连线的颜色改为红色，B 通道连线的颜色改为蓝色，双击示波器图标，使 A 通道“Channel A”的灵敏度为 500mV/div，B 通道“Channel B”的灵敏度为 1V/div，扫描速度“Timebase”为 500μs/div。按下仿真按钮，待电路稳定后，按下暂停按钮 [II]，将波形锁定，得到图 4-8-17 所示波形，其中红色是输入电压波形，蓝色是输出电压波形。

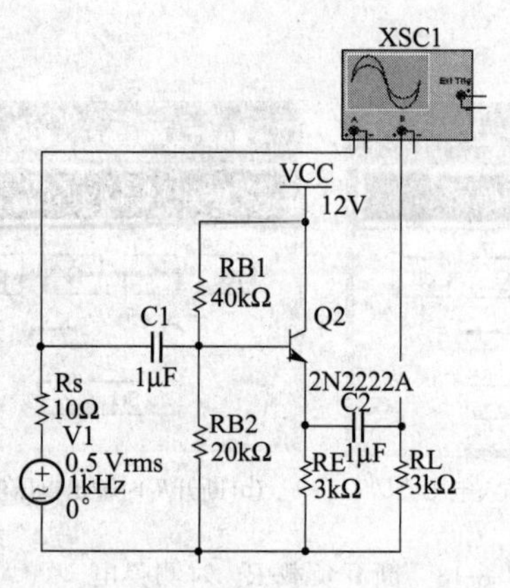

图 4-8-16　测量电路输入、输出电压波形

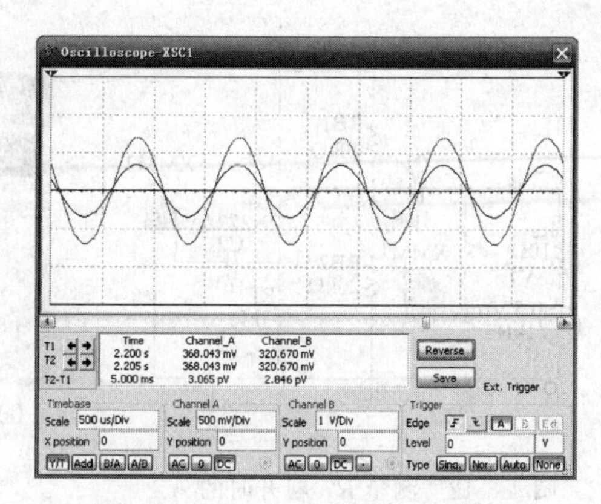

图 4-8-17　输入、输出电压波形

4.9 实验九　运算放大器参数的仿真测量

4.9.1 实验目的

掌握应用 Multisim10 软件测量运算放大器各项直流参数方法。

4.9.2 实验任务及步骤

(1) 编辑原理图

双击 Multisim10 图标，打开 Multisim10 的界面。按图 4-9-1 在电路工作区放置元件和仪表，并按图 4-9-2 连接。

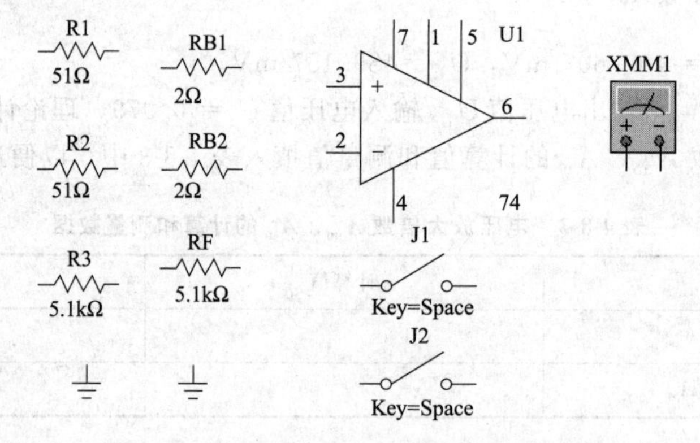

图 4-9-1　放置在电路工作区中的元件和仪表

(2) 仿真操作

① 测量运算放大器的输入失调电压 U_{oS}。

失调电压测试电路如图 4-9-2(a) 所示，闭合开关 J_1 及 J_2，使电阻 R_{B1}、R_{B2} 短接，测量此时的输出电压 U_{o1} 即为输出失调电压，则输入失调电压

$$U_{oS}=\frac{R_1}{R_1+R_F}U_{o1} \tag{4-9-1}$$

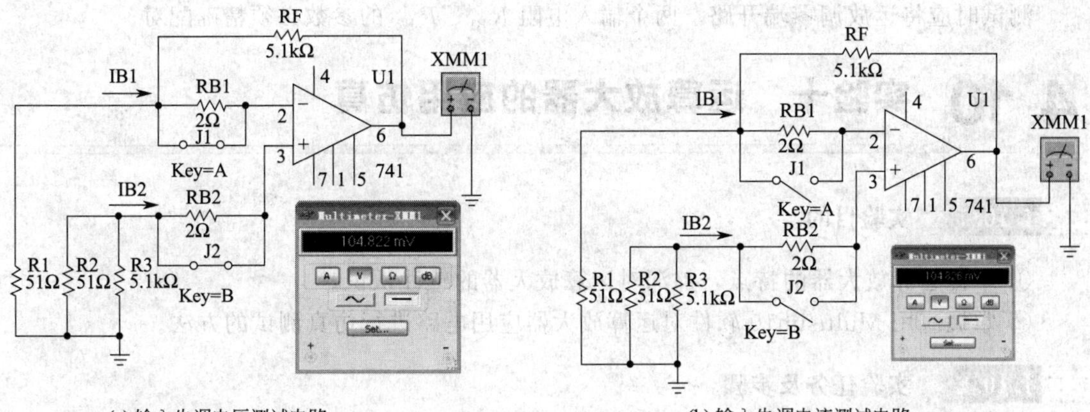

(a) 输入失调电压测试电路　　(b) 输入失调电流测试电路

图 4-9-2　输入失调电压 U_{oS}、I_{oS} 测试电路

实际测量出的 U_{oS} 可能为正，也可能为负，一般在 1～5mV。对于高质量的运放，U_{oS} 在 1mV 以下。从图 4-9-2(a) 的电压表中读出输出失调电压 U_{o1} 为 104.822mV，根据式(4-9-1) 可以计算出 U_{oS}，并记入表 4-9-1 中。

$$U_{oS}=\frac{R_1}{R_1+R_F}U_{o1}=\frac{51}{51+5100}\times 104.822\times 10^{-3}=1.378\ (V)$$

表 4-9-1　输入失调电压、失调电流记录表

U_{oS}/mV		I_{oS}/nA	
实测值	典型值	实测值	典型值
	1～5		50～100

测试时应将运放调零端开路，同时，电阻 R_1 和 R_2、R_3 和 R_F 的参数应严格对称。

② 测量运算放大器的输入失调电流 I_{oS}。

测试电路如图 4-9-2(b) 所示，测试分两步进行。

a. 闭合开关 J_1 及 J_2，在低输入电阻下测量此时的输出电压 U_{o1}，如前所述，这是由输入失调电压 U_{oS} 所引起的输出电压。

b. 断开 J_1 及 J_2，两个输入电阻 R_{B1}、R_{B2} 接入，流经它们的输入电流的差异将变成输入电压的差异，因此也会影响输出电压的大小，测量两个电阻 R_{B1}、R_{B2} 接入时的输出电压 U_{o2}，从中扣除输入失调电压 U_{oS} 的影响，则输入失调电流 I_{oS} 为

$$I_{oS}=|I_{B1}-I_{B2}|=\frac{R_1}{(R_1+R_F)R_B}|U_{o2}-U_{o1}| \tag{4-9-2}$$

一般 I_{oS} 约几十至几百纳安（10^{-9}A）。对于高质量运放，I_{oS} 低于 1nA。

从图 4-9-2(a) 的电压表中读出输出失调电压 U_{o1} 为 104.822mV，断开开关 J_1 及 J_2，从图 4-9-2(b) 的电压表中读出两个电阻 R_{B1}、R_{B2} 接入时的输出电压 U_{o2} 为 104.826mV，根据式(4-9-2) 可以计算出 I_{oS}，并记入表 4-9-1 中。

$$\begin{aligned}I_{oS}&=|I_{B1}-I_{B2}|=|U_{o2}-U_{o1}|R_1/[(R_1+R_F)R_B]\\&=|104.826-104.822|\times 10^{-3}\times 51/[(51+5100)\times 2]\\&=|0.004|\times 10^{-3}\times 51/[(5151)\times 2]\\&=0.004\times 10^{-3}\times 51/10302=19.8\ (nA)\end{aligned}$$

测试时应将运放调零端开路，两个输入电阻 R_{B1}、R_{B2} 的参数必须精确配对。

4.10 实验十　运算放大器的应用仿真

4.10.1 实验目的

① 掌握运算放大器的特点，加深对运算放大器的感性认识。

② 掌握应用 Multisim10 软件对运算放大器应用电路进行仿真测试的方法。

4.10.2 实验任务及步骤

4.10.2.1 三角波信号发生器电路的仿真

（1）编辑原理图

双击 Multisim10 图标，打开 Multisim10 的界面。按图 4-10-1 在电路工作区放置元件和仪表，并按图 4-10-2 连接。

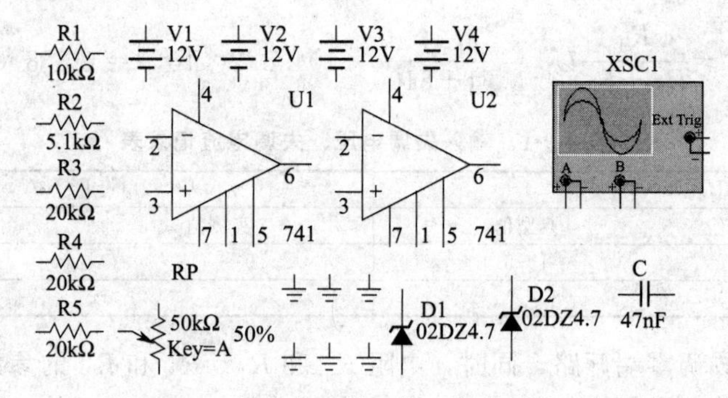

图 4-10-1　放置在电路工作区中的元件和仪表

（2）仿真操作

构建如图 4-10-2 所示的由运算放大器组成的三角波发生器电路。示波器 A 通道连线的颜色设置为红色，（选中导线单击右键，选择“Color Segment”项即可），双击示波器图标，将示波器的面板放大，使 A 通道“Channel A”的灵敏度为 5V/div，扫描速度“Timebase”为 5ms/div。按下仿真按钮，待电路稳定后，按下暂停按钮 ⏸，将波形锁定，在示波器观察其输出波形，如图 4-10-3 所示。

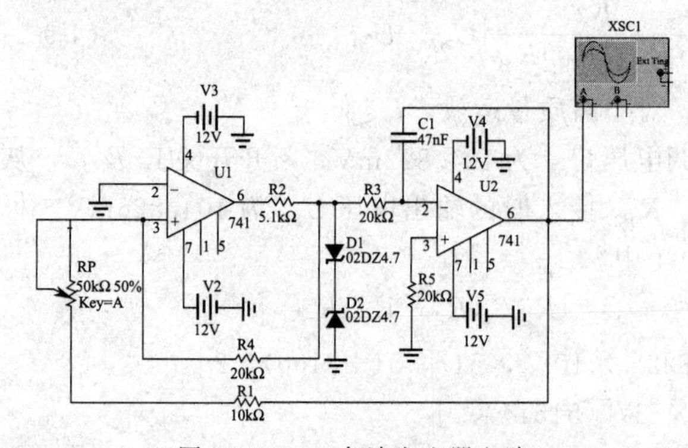

图 4-10-2　三角波发生器电路

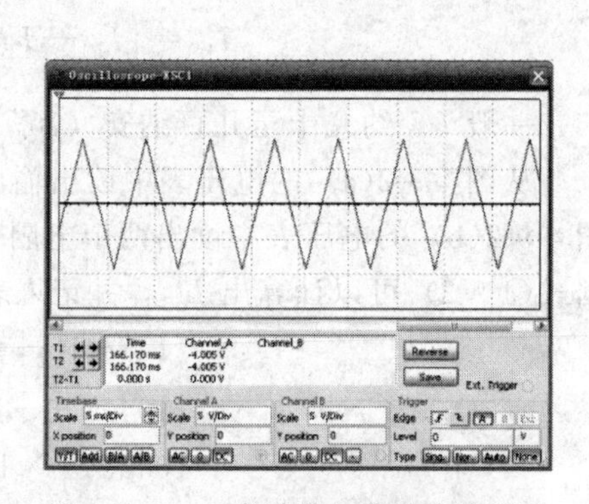

图 4-10-3　三角波发生器输出波形图

4.10.2.2 正弦波振荡器

构建如图4-10-4所示的由运算放大器组成的正弦波振荡器电路。示波器A通道连线的颜色设置为红色（选中导线单击右键，选择“Color Segment”项即可），双击示波器图标，将示波器的面板放大，使A通道“Channel A”的灵敏度为10V/div，扫描速度“Timebase”为500μs/div。按下仿真按钮，待电路稳定后，按下暂停按钮 ⏸，将波形锁定，在示波器上观察其输出波形，如图4-10-5所示。

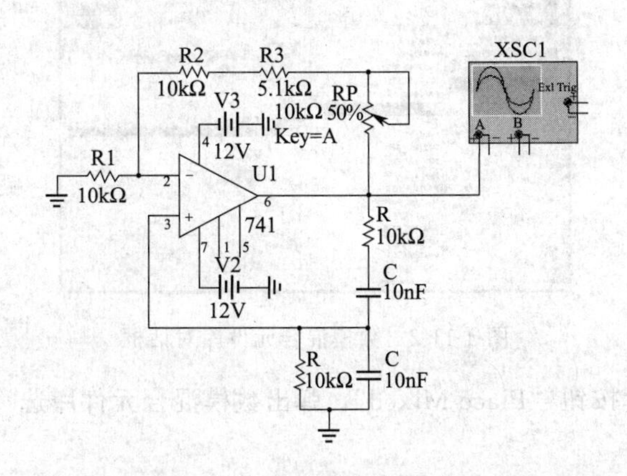

图4-10-4 正弦波振荡电路

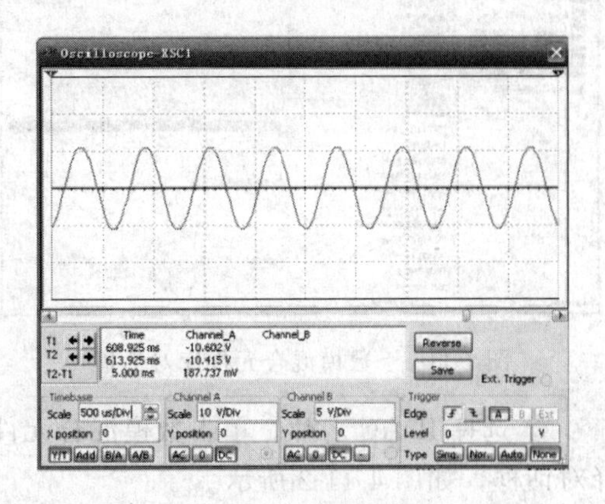

图4-10-5 正弦波振荡器的输出波形图

4.11 实验十一 A/D与D/A转换电路的仿真分析

4.11.1 实验目的

① 掌握应用Multisim10软件对A/D和D/A转换器的性能仿真测试的方法。

② 学习A/D和D/A转换器接线和转换的基本方法。

4.11.2 实验任务及步骤

与模拟信号相比，数字信号具有抗干扰能力强、储存处理方便等突出优点。因此，随着计算机技术和数字信号处理技术的飞速发展，在通信、测量和自动控制以及其他许多领域将输入到系统的模拟信号转换成数字信号进行处理的情况已经越来越普遍。同时，又常常要求将处理后的数字信号再转换成相应的模拟信号，作为系统输出。

A/D转换器是将模拟信号转变成数字信号的电路；而D/A转换器是将数字信号转变成模拟信号的电路。随着集成电路技术的发展，目前市场上单片集成的ADC和DAC芯片有几百种，可以适应不同应用场合的需要。

（1）编辑原理图

双击Multisim10图标，打开Multisim10的界面。

① 选择ADC芯片。单击数模混合元件库按钮“Place Mixed”，弹出数模混合元件库选择对话框，如图4-11-1所示。

该对话框应做如下操作：“Database”栏选择“Master Database”项；“Group”栏选择“Mixed”项；“Family”栏选择“ADC-DAC”项；“Component”栏拉动其滚动条，选择

“ADC”项；单击“OK”按钮，即ADC被选中，单击左键，则重新弹出如图4-11-1所示对话框；单击“Close”按钮，关闭当前对话框，选择的ADC被放在电路工作区。

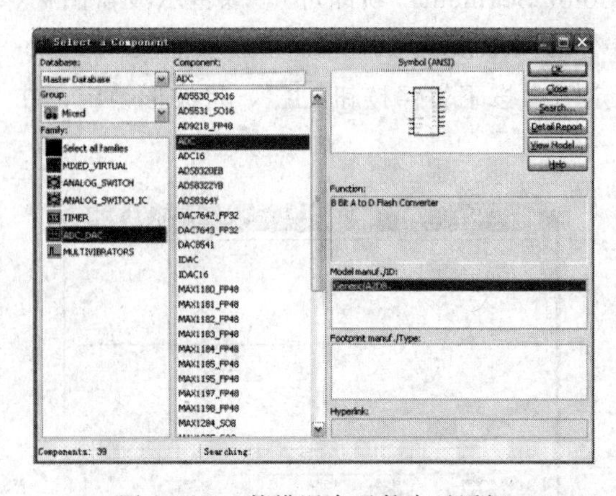

图4-11-1 数模混合元件库对话框

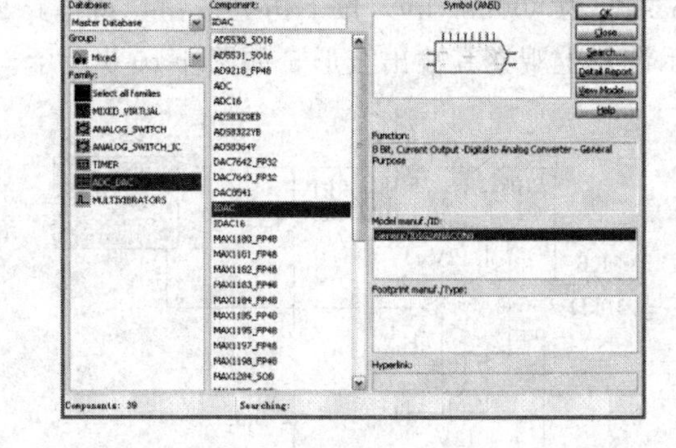

图4-11-2 数模混合元件库对话框

② 选择IDAC芯片。单击数模混合元件库按钮“Place Mixed”，弹出数模混合元件库选择对话框，如图4-11-2所示。

该对话框应做如下操作：“Database”栏选择“Master Database”项；“Group”栏选择“Mixed”项；“Family”栏选择“ADC-DAC”项；“Component”栏拉动其滚动条，选择“IDAC”项；单击“OK”按钮，即IDAC被选中，单击左键，则重新弹出如图4-11-2所示对话框；单击“Close”按钮，关闭当前对话框，选择的IDAC被放在电路工作区。

双击IDAC图标，打开其设置对话框进行设置，如图4-11-3所示。

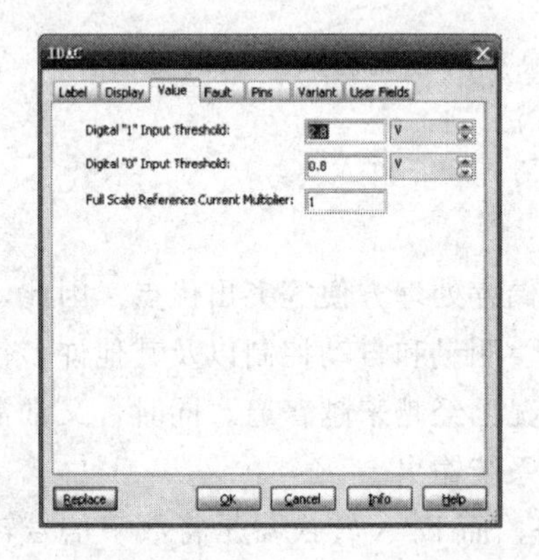

图4-11-3 IDAC设置页

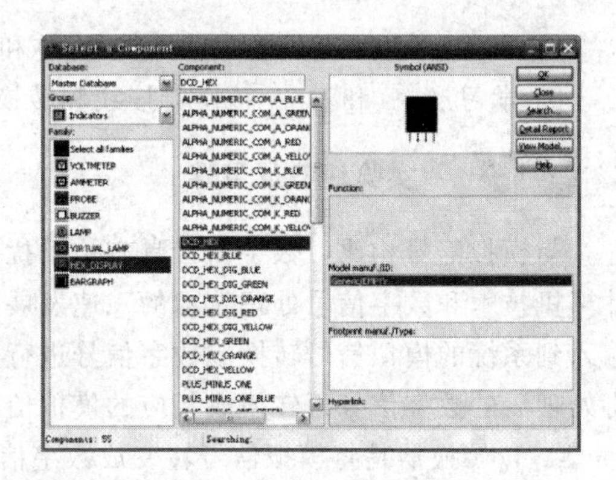

图4-11-4 指示器库对话框

③ 选择指示器DCD-HEX。单击指示器库按钮“Place Indicator”，弹出指示器库对话框，如图4-11-4所示。

该对话框应做如下操作：“Database”栏选择“Master Database”项；“Group”栏选择“Indicators”项；“Family”栏选择“HEX-DISPLAY”项；“Component”栏选择“DCD-HEX”项；单击“OK”按钮，即DCD-HEX被选中，单击左键，则重新弹出如图4-11-4所示对话框；单击“Close”按钮，选择的DCD-HEX被放在电路工作区。

④ 根据以上介绍的方法，在电路的工作区放置元件和仪表，如图 4-11-5 所示。

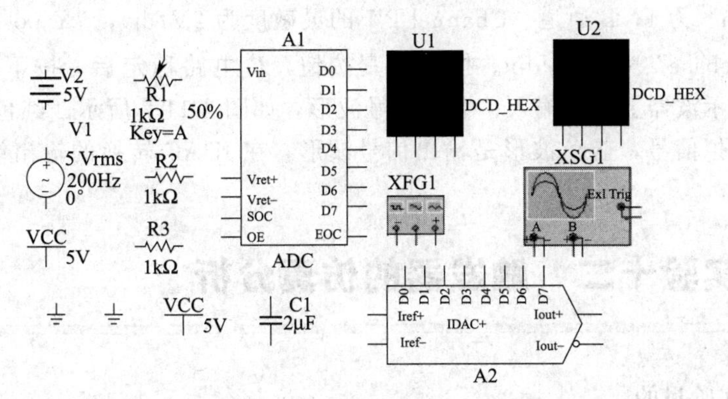

图 4-11-5　放置在电路工作区中的元件和仪表

（2）仿真操作

① 在 Multisim10 软件中，有两种 D/A 转换电路，一种是电流型 DAC，即 IDAC，另一种是电压型 DAC，即 VDAC。本实验电路中使用的 D/A 转换电路是电流型 DAC，即 IDAC。构建如图 4-11-6 所示的 A/D、D/A 转换电路，示波器 A 通道接在 A/D 转换电路输入的模拟信号上，将连线的颜色改为红色，B 通道接在 IDAC 转换的输出端，将连线颜色改为蓝色（选中导线单击右键，选择“Color Segment”项即可）。

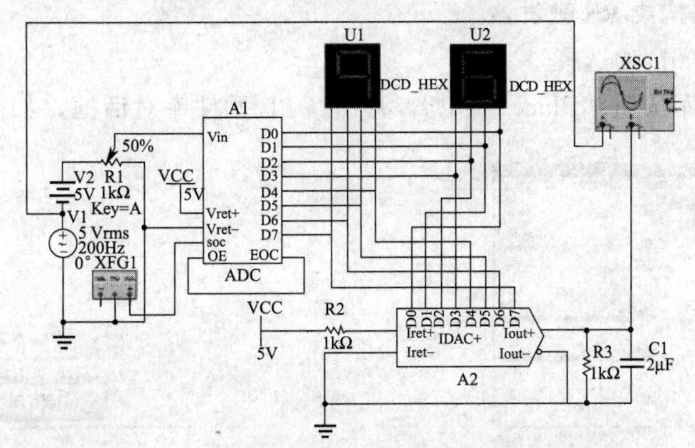

图 4-11-6　A/D（模/数）、D/A（数/模）转换电路

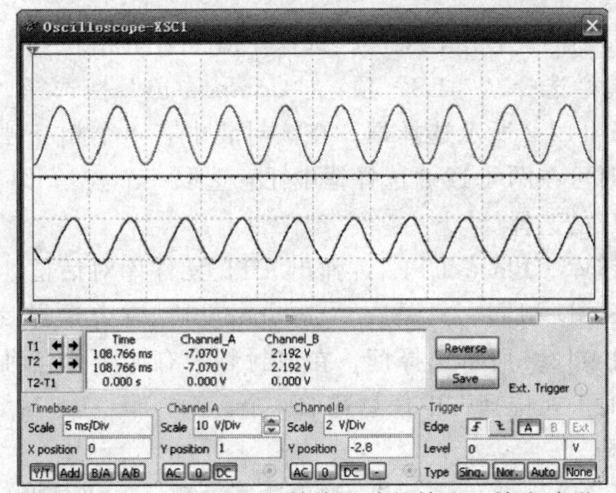

图 4-11-7　A/D、D/A 转换电路的输入、输出波形

② 双击示波器图标，将示波器的面板放大，使 A 通道“Channel A”的灵敏度为 10V/div，“Y position”为 1；B 通道“Channel B”的灵敏度为 2V/div，“Y position”为－2.8；扫描速度“Timebase”为 5ms/div。按下仿真按钮，待电路稳定后，按下暂停按钮 ‖ ，将波形锁定，在示波器上观察输入、输出信号波形，如图 4-11-7 所示。红色波形是 A/D 转换电路输入的模拟信号，蓝色波形是输出信号波形。在 IDAC 转换的输出端上连接滤波电容 C_1。

4.12 实验十二 触发器的仿真分析

4.12.1 实验目的

① 掌握应用 Multisim10 软件对触发器组成的时序逻辑电路进行仿真测试的方法。

② 掌握常用触发器的特点、电路组成等。

4.12.2 实验任务及步骤

时序逻辑电路的输出信号不仅与电路当前的输入信号有关，而且还与电路原来的状态有关，即时序逻辑电路具有记忆功能，组成时序逻辑电路的基本单元是触发器。

4.12.2.1 用门电路构成 RS 触发器

(1) TTL 74LS00D 的选择

单击 TTL 元件库按钮“Place TTL”，弹出 TTL 元件库对话框，如图 4-12-1 所示。

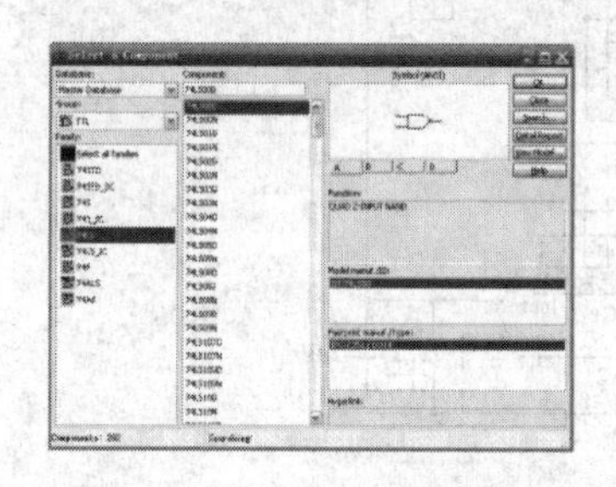

图 4-12-1 TTL 元件库对话框

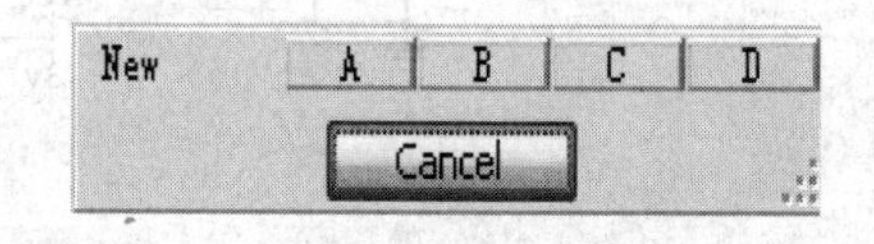

图 4-12-2 选择框

该对话框应做如下操作：“Database”栏选择“Master Database”项；“Group”栏选择“TTL”项；“Family”栏选择“74LS”项；“Component”栏选择“74LS00D”项；单击“OK”按钮即弹出如图 4-12-2 所示选择框，在该封装中有 4 个相互独立的二输入端与非门 A、B、C 及 D，选用时可在图 4-12-2 选择框中任意选取一个。

(2) TTL 74LS02D 的选择

单击 TTL 元件按钮库“Place TTL”，弹出 TTL 元件库对话框，如图 4-12-3 所示。其操作与选择 TTL 74LS00D 相同，只是在“Component”栏中选择“74LS02D”项。单击“OK”按钮即弹出如图 4-12-2 所示选择框，在该封装中有 4 个相互独立的二输入端或非门 A、B、C 及 D，选用时可在选择框中任意选取一个。

(3) PROBE 的选择

单击指示器库按钮“Place Indicator”，弹出选择对话框，如图 4-12-4 所示。

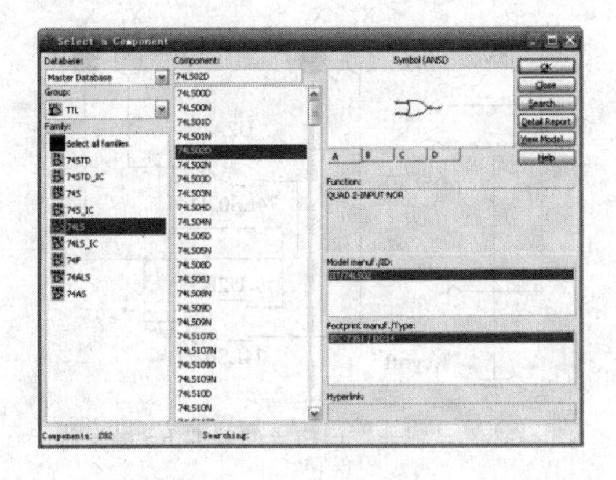

图 4-12-3　TTL 元件库对话框

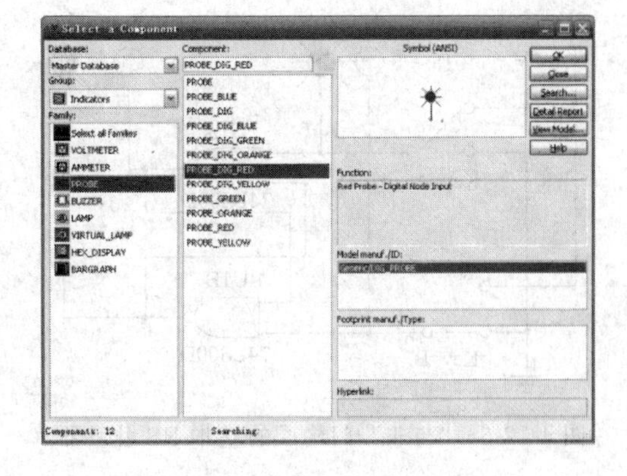

图 4-12-4　指示器选择对话框

该对话框应做如下操作：“Database”栏选择“Master Database”项；“Group”栏选择“Indicators”项；“Family”栏选择“PROBE”项；“Component”栏选择所需要的颜色；单击“OK”按钮，PROBE 被选中，单击左键，则重新弹出如图 4-12-4 所示对话框；单击“Close”按钮，关闭当前对话框，选择的 PROBE 被放在电路工作区。

(4) J-K 触发器的选择

单击 CMOS 元件库按钮“Place CMOS”，弹出选择对话框，如图 4-12-5 所示。

该对话框应做如下操作：“Database”栏选择“Master Database”项；“Group”栏选择“CMOS”项；“Family”栏选择“CMOS-10V”项；“Component”栏选择 4027BD-10V 的芯片；单击“OK”按钮即弹出选择框，该封装里存在 2 个相互独立的 J-K 触发器 A 及 B，这 2 个 J-K 触发器功能完全一样，选用时可在选择框中任意选取一个；单击左键，则重新弹出如图 4-12-5 所示对话框；单击“Close”按钮，关闭当前对话框，选择的“4027BD-10V”芯片被放在电路工作区。

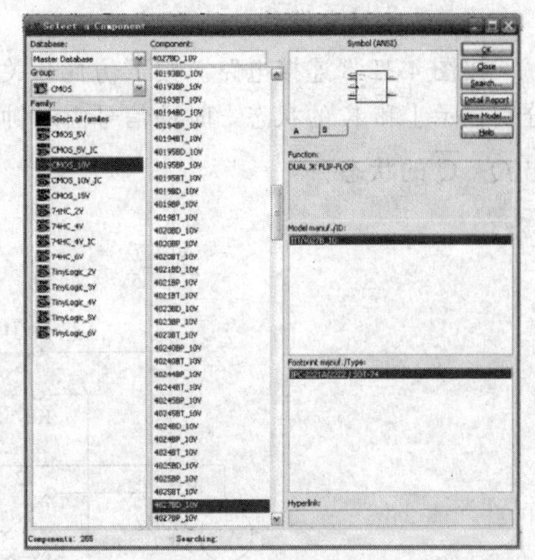

图 4-12-5　CMOS 元件库对话框

4.12.2.2　仿真操作

(1) 基本 RS 触发器的功能测试

① 用“与非”门构成的基本 RS 触发器。按图 4-12-6 连接电路。点击仿真开关后，X_1、X_2 分别显示 $\overline{R_D}$、$\overline{S_D}$ 的状态，X_3、X_4 显示 Q、$\overline{Q}$ 的状态。按表 4-12-1 中对输入电平的要求，把测量的输出结果填入表 4-12-1 相应的栏内。

表 4-12-1　用“与非”门构成的基本 RS 触发器逻辑功能测试表

J_1	J_2	$X_1(\overline{R_D})$	$X_2(\overline{S_D})$	$X_3(Q)$	$X_4(\overline{Q})$
0	0				
0	1				
1	0				
1	1				

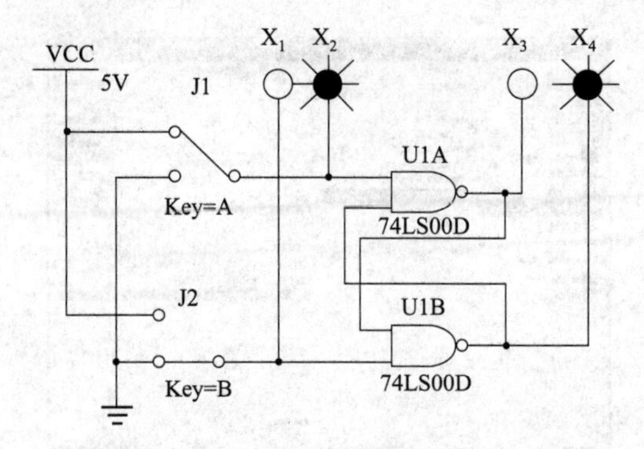

图 4-12-6 “与非”门构成的基本 RS 触发器

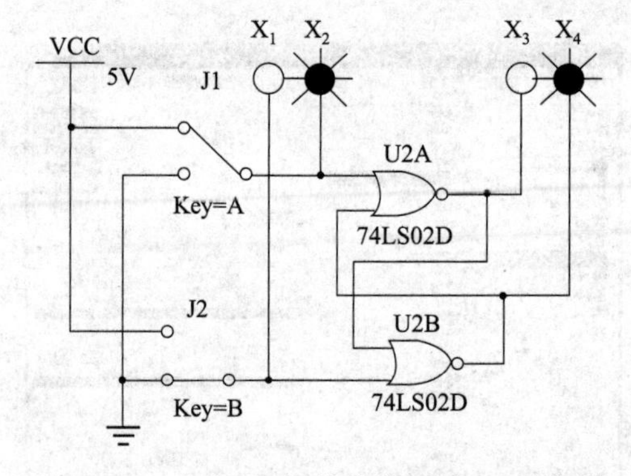

图 4-12-7 “或非”门构成的基本 RS 触发器

② 用“或非”门构成的基本 RS 触发器。按图 4-12-7 连接电路。按下仿真开关后，X_1、X_2 分别显示$\overline{R}_D$、$\overline{S}_D$ 的状态，X_3、X_4 显示 Q、$\overline{Q}$ 的状态。按表 4-12-2 中对输入电平的要求，把测量的输出结果填入表 4-12-2 相应的栏内。

表 4-12-2 用“或非”门构成的基本 RS 触发器逻辑功能测试表

J_1	J_2	X_1($\overline{R_D}$)	X_2($\overline{S_D}$)	X_3(Q)	X_4($\overline{Q}$)
0	0				
0	1				
1	0				
1	1				

(2) J-K 触发器的功能测试

按图 4-12-8 连接电路。按下仿真开关后，用切换开关来控制 J 和 K 的状态。用 X_1、X_2 分别显示 J 和 K 的状态，时钟信号由时钟脉冲电源提供，X_3、X_4 分别显示 J=K=1 时的输出 Q、$\overline{Q}$ 的状态。

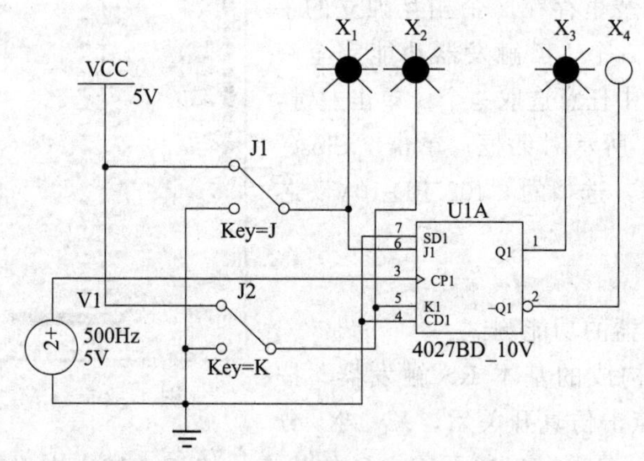

图 4-12-8 J-K 触发器功能测试电路

4.13 实验十三 555 定时器电路的仿真分析

4.13.1 实验目的

① 掌握应用 Multisim10 软件对 555 定时器构成的施密特触发器的仿真分析的方法，并

测试施密特触发器的功能。

② 掌握应用 Multisim10 软件对 555 定时器构成的占空比可调的多谐振荡器进行仿真分析的方法。

4.13.2 实验任务及步骤

(1) 编辑原理图

555 定时器在定时控制、各种报警、波形产生和波形变化等方面的应用非常广泛。

① 选择蜂鸣器（BUZZER）。单击指示器元件库按钮“Place Indicator”，弹出指示器元件库对话框，如图 4-13-1 所示。

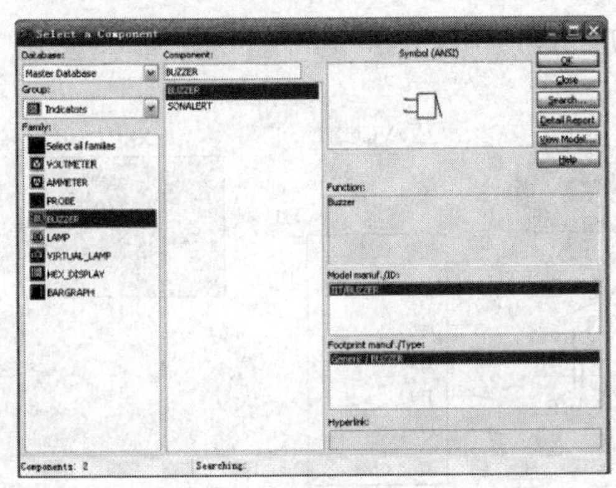

图 4-13-1 指示器元件库对话框

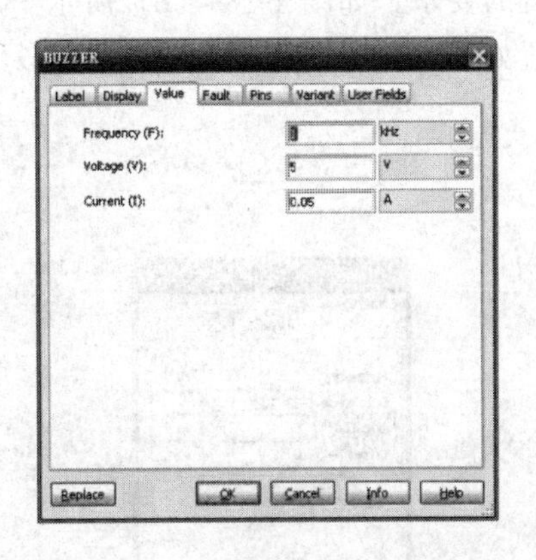

图 4-13-2 BUZZER 的设置页

该对对话框进行如下操作：“Database”栏选择“master Database”项；“Group”栏选择“Indicators”项；“Family”栏选择“BUZZER”（蜂鸣器）项；“Component”栏选择“BUZZER”项；单击“OK”按钮，即蜂鸣器被选中；单击左键，则会重新弹出图 4-13-1 所示对话框；单击“Close”按钮，关闭当前对话框，选择的蜂鸣器被放在电路工作区；双击“BUZZER”图标，打开其设置对话框，如图 4-13-2 所示，选择“Value”选项卡，将“Frequency”设置为 1kHz，“Voltage”设置为 5V。

② 选择 LM555CN 芯片。单击数模混合元件库按钮“Place Mixed”，弹出数模混合元件库选择对话框，如图 4-13-3 所示。

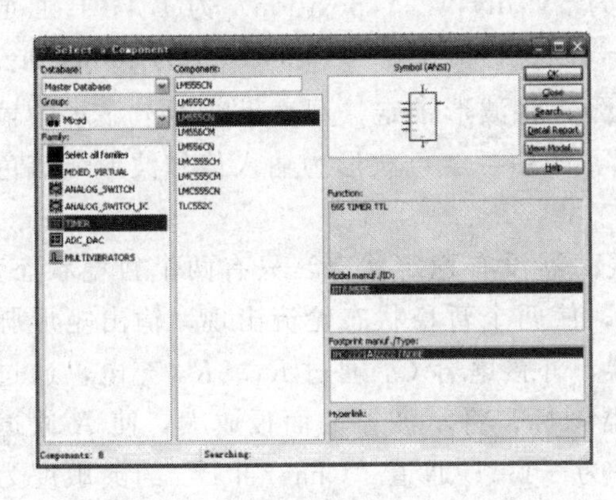

图 4-13-3 数模混合元件库对话框

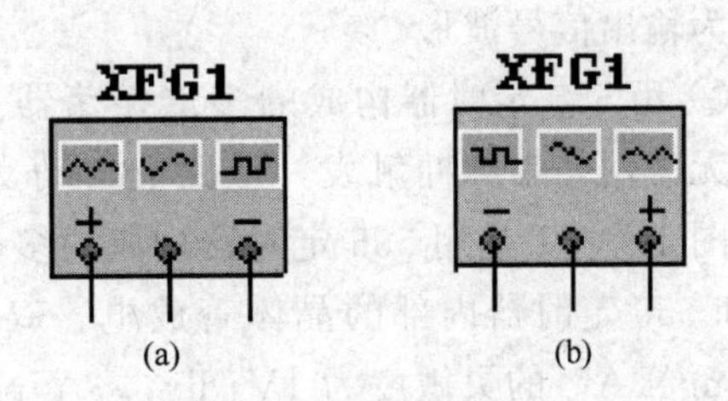

图 4-13-4 函数信号发生器图标

该对话框应做如下操作："Database"栏选择"Master Database"项；"Group"栏选择"Mixed"项；"Family"栏选择"TIMER"项；"Component"栏选择"LM555CN"项；单击"OK"按钮，即 LM555CN 被选中；单击左键，则重新弹出如图 4-13-3 所示对话框；单击"Close"按钮，关闭当前对话框，选择的 LM555CN 被放在电路工作区。

③ 选择函数信号发生器（Function Generator）。单击仪表工具栏中的"Function Generator"图标［图 4-13-4(a)］，将其拖到工作区合适位置单击左键，函数信号发生器即被放置在电路工作区。单点左键选中函数信号发生器图标，然后单击右键，在弹出的菜单中选择"Flip Horizontal"项，使函数信号发生器进行左右旋转，以满足实验电路中函数信号发生器放置的要求，如图 4-13-4(b) 所示。双击函数信号发生器图标，将弹出参数设置对话框，其设置如图 4-13-5 所示，频率为 1kHz，占空比为 50%，幅度为 $5V_P$。

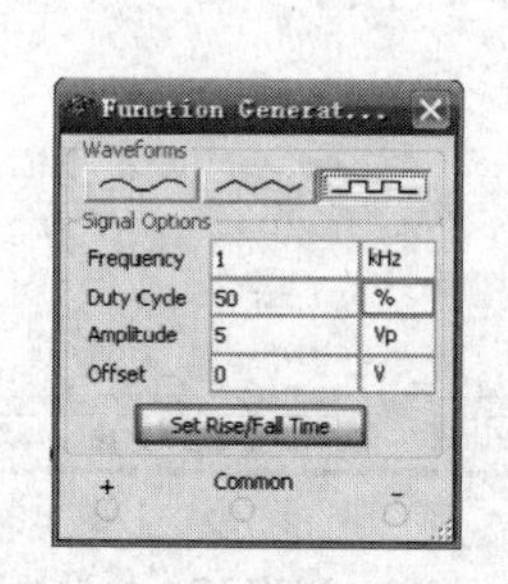

图 4-13-5 函数信号发生器面板

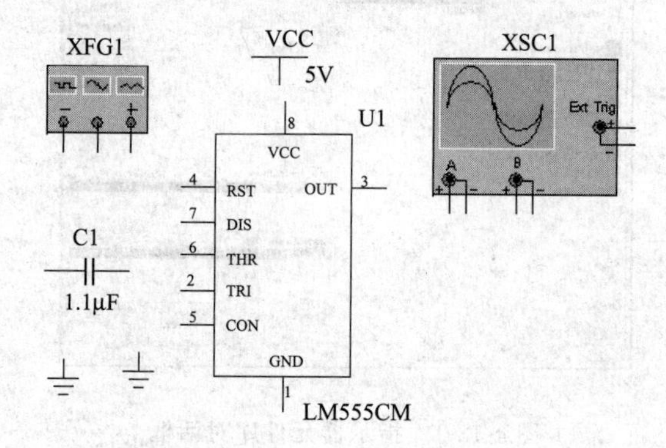

图 4-13-6 放置在电路工作区中的元件和仪表

④ 在电路的工作区放置元件和仪表，如图 4-13-6 所示。

(2) 仿真操作

① 用 LM555CN 组成施密特触发器电路，并测试施密特触发器的功能。连接如图 4-13-7 所示电路，该电路即为施密特触发器，利用函数信号发生器分别产生频率为 1kHz、占空比为 50%、幅度为 $5V_P$ 的正弦波、三角波和方波作为输入信号。用示波器观察不同波形输入情况下输出的波形。示波器 A 通道接施密特触发器电路输入端，将连线的颜色改为红色，B 通道接施密特触发器的输出端，将连线颜色改为蓝色。双击示波器图标，将示波器的面板放大，使 A 通道"Channel A"的灵敏度为 5V/div，"Y position"为 1.4；B 通道"Channel B"的灵敏度为 5V/div，"Y position"为－1.4；扫描速度"Timebase"为 500μs/div。按下仿真按钮，待电路稳定后，按下暂停按钮 ▐▐ ，将波形锁定，观察示波器上显示的输入、输出信号波形，如图 4-13-8～图 4-13-10 所示。图中，红色波形为输入信号波形，蓝色波形为输出信号波形。

② 用 555 定时器构成的多谐振荡器。多谐振荡器没有稳定状态，只有两个暂稳状态，而且无需用外来脉冲触发，电路能自动交替翻转，使两个暂稳状态轮流出现，输出矩形脉冲。图 4-13-11 是用 555 定时器构成的多谐振荡器，外接电容 C_1 通过 R_1、R_2 充电，通过 R_2 和 555 定时器内部的晶体管放电。双击示波器图标，将示波器的面板放大，使 A 通道"Channel A"的灵敏度为 1V/div，"Y position"为－1；B 通道"Channel B"的灵敏度为 5V/div，"Y position"为－2.2；扫描速度"Timebase"为 1ms/div。按下仿真按钮，待电

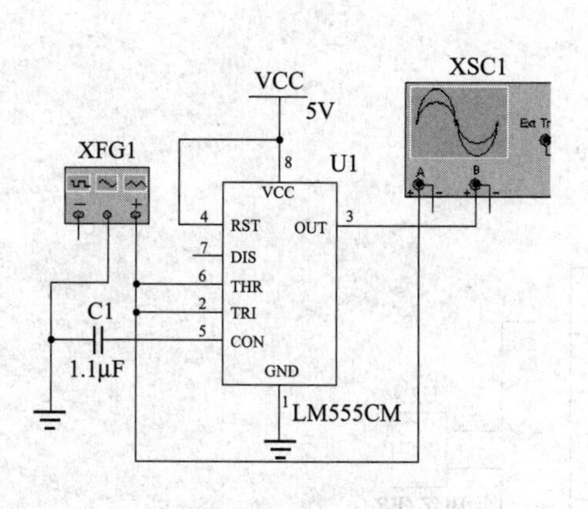

图 4-13-7 用 555 定时器组成的施密特触发器电路

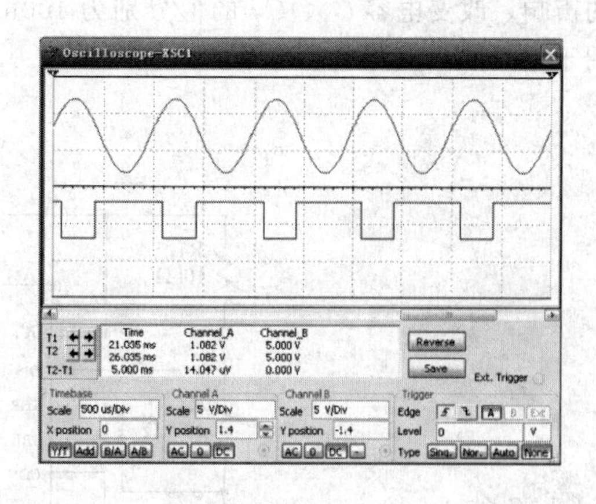

图 4-13-8 输入为正弦波时的输入和输出波形

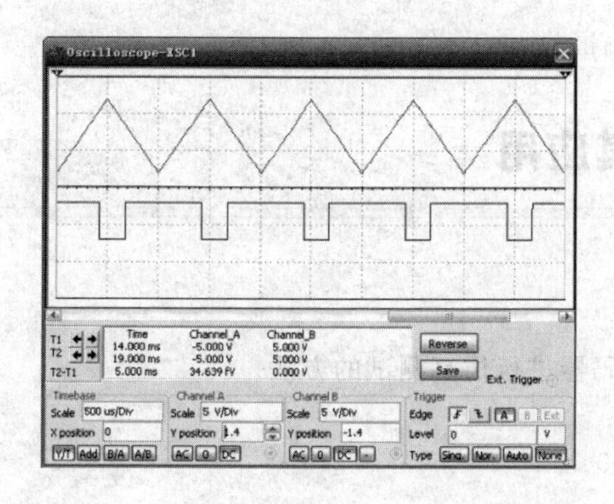

图 4-13-9 输入为三角波时的输入和输出波形

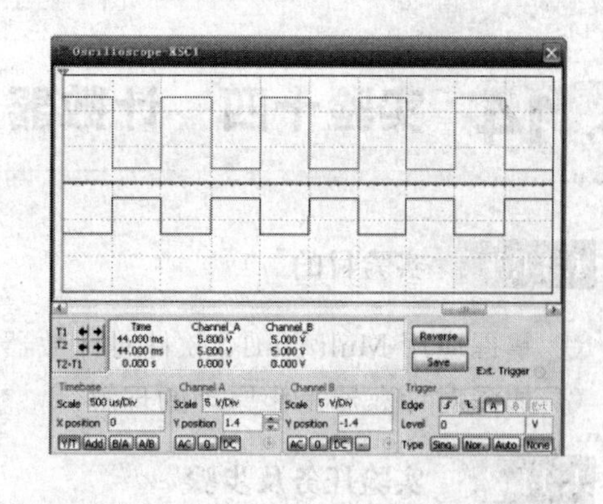

图 4-13-10 输入为方波时的输入和输出波形

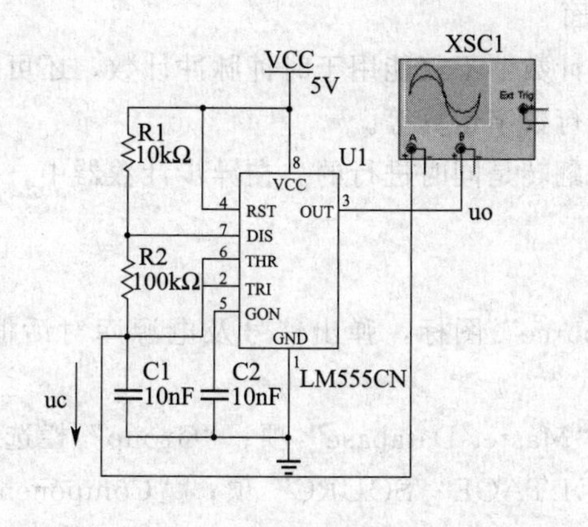

图 4-13-11 用 555 构成的多谐振荡器

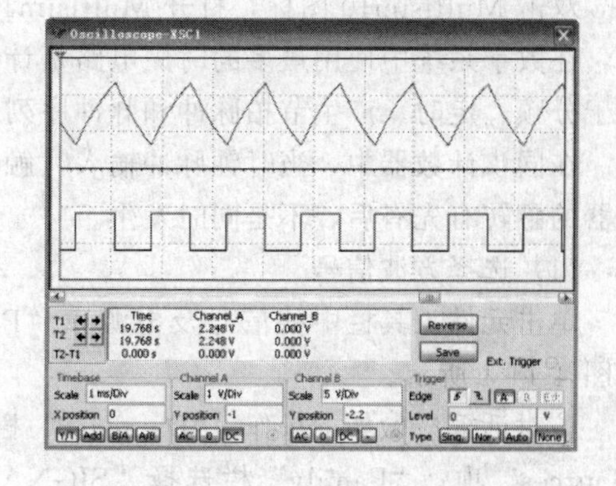

图 4-13-12 多谐振荡器的波形图

路稳定后，按下暂停按钮 [II]，将波形锁定，观察示波器上显示的 u_C 和 u_o 的波形，如图 4-13-12 所示，图中红色波形为电容电压波形 u_C，蓝色波形为输出信号波形 u_o。

③ 模拟声响电路。按图 4-13-13 电路连线，按下仿真按钮，蜂鸣器发出“滴、滴……”

的声响，改变电容 C_1、C_2 的值分别为 100nF、500nF，试听音响效果的变化。这种电路可用于定时催眠或游戏电路等。

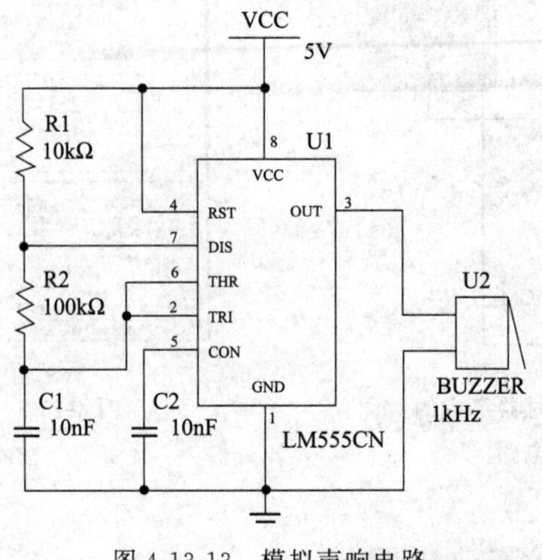

图 4-13-13　模拟声响电路

4.14 实验十四　计数器及其应用

4.14.1 实验目的

① 掌握应用 Multisim10 软件对计数器、译码器进行仿真测试的方法。

② 加深对计数器工作原理的理解。

4.14.2 实验任务及步骤

4.14.2.1　编辑原理图

双击 Multisim10 图标，打开 Multisim10 的界面。

在数字系统中使用最多的时序电路是计数器。计数器不仅能用于时钟脉冲计数，还可以用于分频、定时、产生节拍脉冲和脉冲序列以及进行数字运算等。

在同步计数器中，当时钟脉冲输入时触发器的翻转是同时进行的。在异步计数器中，触发器的翻转有先有后，不是同时发生。

(1) 选择方波信号

单击元件工具栏中的信号及电源库“Place Source”图标，弹出信号及电源库对话框，如图 4-14-1 所示。

该对话框应做如下操作：“Database”栏选择“Master Database”项；“Group”栏选择“Sources”项；“Family”栏选择“SIGNAL _ VOLTAGE _ SOURC”项；“Component”栏选择“CLOCK _ VOLTAGE”项；单击“OK”按钮，即方波信号被选中，单击左键，则会重新弹出图 4-14-1 所示对话框；单击“Close”按钮，关闭当前对话框，选择的方波信号被放在电路工作区；对准方波信号图标双击，在打开的属性对话框中设定所需的电压为 5V、频率为 100Hz 的方波信号。

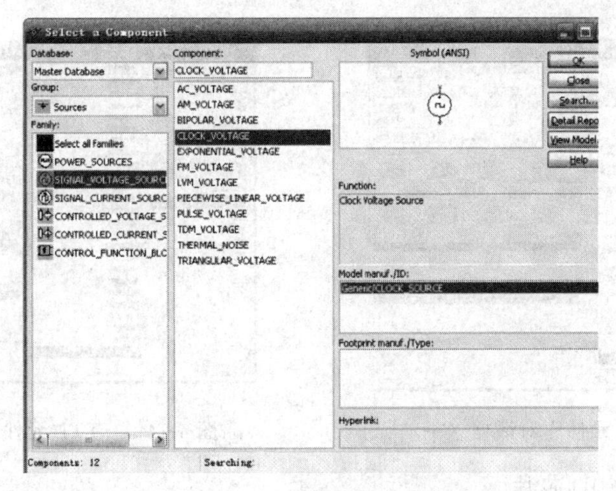

图 4-14-1　信号及电源库对话框

（2）选择开关

单击元件工具栏中的基本元件库按钮“Place Basic”，弹出基本元件库对话框，如图 4-14-2 所示。

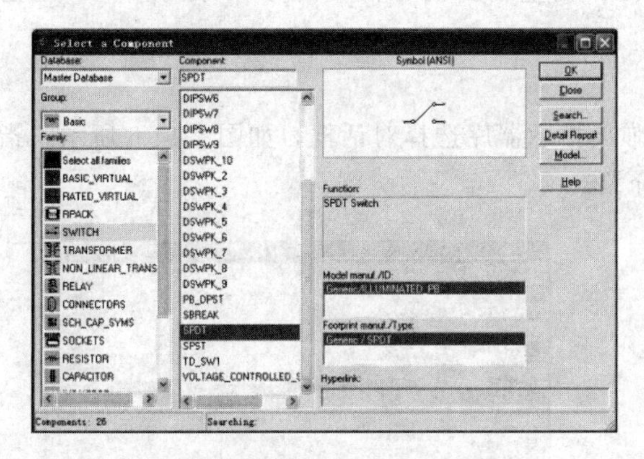

图 4-14-2　基本元件库对话框

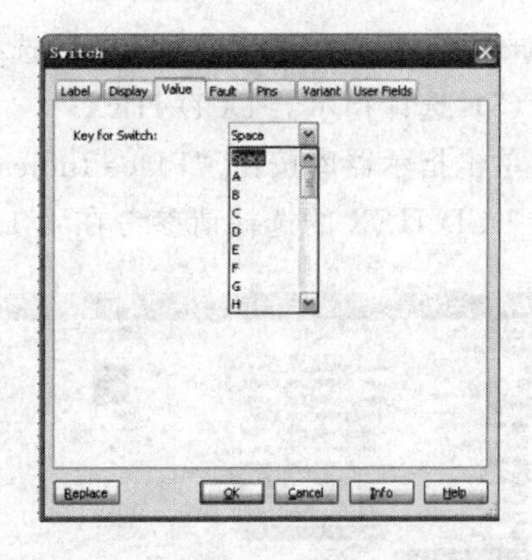

图 4-14-3　开关设置对话框

该对话框应做如下操作：“Database”栏选择“Master Database”项；“Group”栏选择“Basic”项；“Family”栏选择“SWITCH”项；“Component”栏选择“SPDT”项；单击“OK”按钮，即开关被选中，单击左键，则重新弹出如图 4-14-2 所示对话框；单击“Close”按钮，关闭当前对话框，选择的开关被放在电路工作区；选中开关后点右键，在弹出的对话框中选择“Flip Horizontal”项，使开关完成翻转（），以满足电路图中的要求；双击开关的 Key 属性选择为“Space”，打开的界面如图 4-14-3 所示，此时可分别对开关 J 进行设置（在这里将开关 J_3、J_4、J_5 设置为 0、9 和 A）。

（3）选择 74LS140D 芯片

单击 TTL 元件库按钮“Place TTL”，弹出 TTL 元件库对话框，如图 4-14-4 所示。

该对话框应做如下操作：“Database”栏选择“Master Database”项；“Group”栏选择“TTL”项；“Family”栏选择“74LS”项；“Component”栏选择“74LS160D”项；单击“OK”按钮，74LS160D 被选中，单击左键，则重新弹出如图 4-14-4 所示对话框；单击“Close”按钮，关闭当前对话框，选择的 74LS160D 被放在电路工作区。

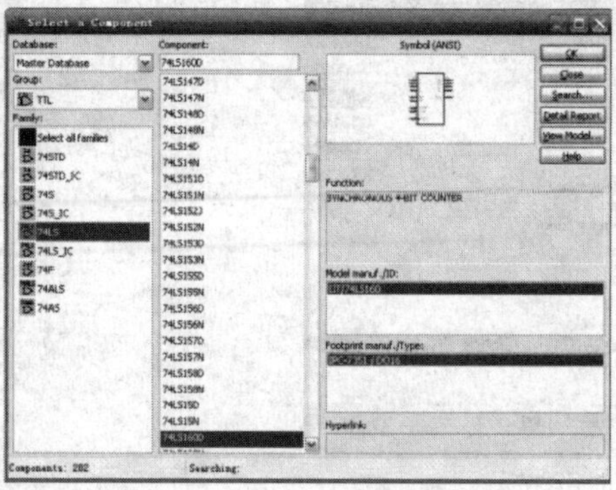

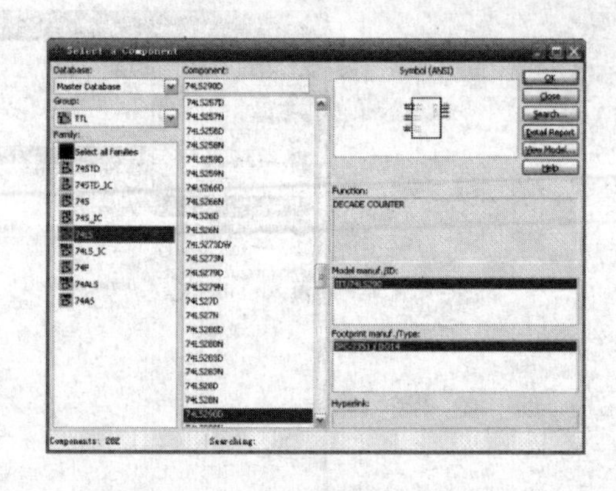

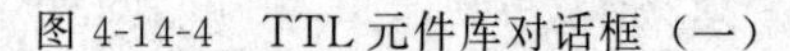

图 4-14-4　TTL 元件库对话框（一）

图 4-14-5　TTL 元件库对话框（二）

（4）选择 74LS290D 芯片

单击 TTL 元件库按钮 “Place TTL”，弹出 TTL 元件库对话框，如图 4-14-5 所示。

该对话框应做如下操作：“Database” 栏选择 “Master Database” 项；“Group” 栏选择 “TTL” 项；“Family” 栏选择 “74LS” 项；“Component” 栏选择 “74LS290D” 项；单击 “OK” 按钮，74LS290D 被选中，单击左键，则重新弹出如图 4-14-5 所示对话框；单击 “Close” 按钮，关闭当前对话框，选择的 74LS290D 被放在电路工作区。

（5）选择指示器 DCD-HEX

单击指示器库按钮 “Place Indicator”，弹出指示器库选择对话框，如图 4-14-6 所示。指示器 DCD-HEX 的选择请参考在 4.11 中的介绍。

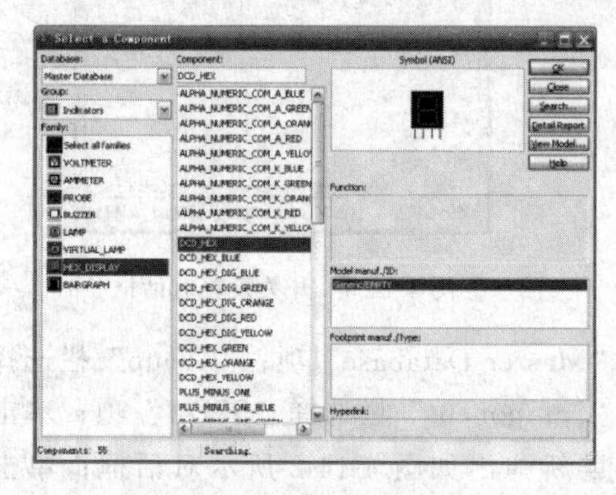

图 4-14-6　指示器库对话框（一）

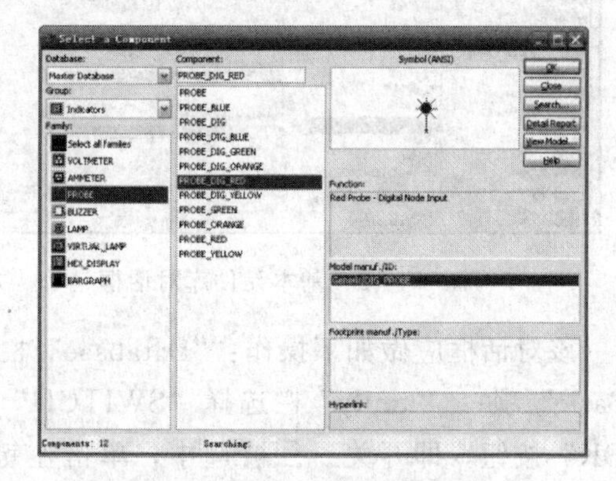

图 4-14-7　指示器库对话框（二）

（6）PROBE 的选择

单击指示器元件库按钮 “Place Indicator”，弹出选择对话框，如图 4-14-7 所示。PROBE 的选择请参考在 4.12 中的介绍。

4.14.2.2　仿真操作

（1）同步十进制加法计数器 74LS160D 的功能测试

按图 4-14-8 连接电路，同步置位端和异步清零端分别接用 J_1 和 J_2 来控制，用 LED 数码管来显示输出，进位信号端用指示灯显示，当计数到 9 时，数码管显示 9，并且指示灯亮，说明有进位信号输出。74LS160D 的计数规律为 0→1→2→3→4→5→4→7→8→9→0→1→…故为十进制加法计算器。

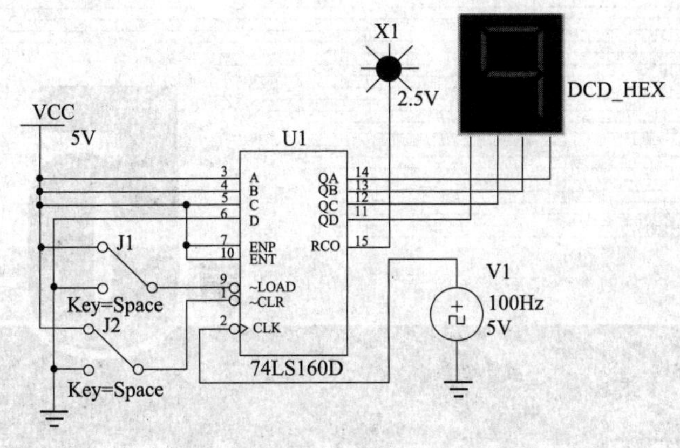

图 4-14-8　74LS160D 的功能测试电路

(2) 并行进位方式构成的一百进制的计数器

按图 4-14-9 连接电路，采用并行进位方式构成一百进制的计数器。

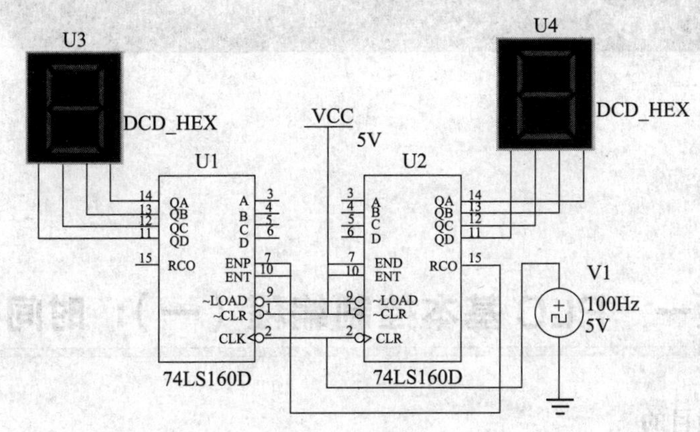

图 4-14-9　一百进制的计数器

(3) 异步二、五、十进制的加法计数器 74LS290D 的功能测试

按图 4-14-10 连接电路，0 键控制清零信号，9 键控制置 9 信号，A 键控制是否与 QA 连接，若与其连接，则从 INA 输入时钟信号构成十进制计数器。数码管从左至右分别为十进制、五进制和二进制计数的显示。

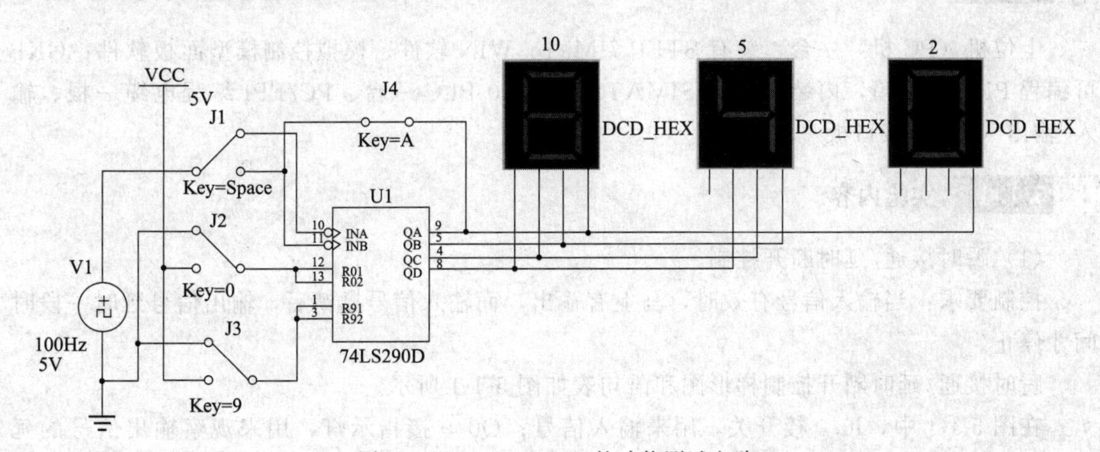

图 4-14-10　74LS290D 的功能测试电路

第5章 PLC控制操作实验

5.1 实验一 PLC基本控制编程（一）：时间控制

5.1.1 实验目的

① 掌握定时器指令的格式及应用。

② 掌握定时器的工作过程与应用。

③ 掌握常见的时间控制用法。

5.1.2 实验设备

上位机（PC机）一台，装有STEP 7-Micro/WIN软件、模拟控制模型面板软件；GKB可编程PLC实验箱，内装西门子SIMATIC S7-200 PLC一台、PC/PPI编程电缆一根、输入/输出（I/O）接口板一块。

5.1.3 实验内容

（1）瞬时接通/延时断开控制

控制要求：当输入信号有效时，马上有输出，而输入信号撤销后，输出信号延时一段时间才停止。

瞬时接通/延时断开控制梯形图和语句表如图5-1-1所示。

在图5-1-1中，I0.0接开关，用来输入信号；Q0.0接指示灯，用来观察输出信号的延时情况。其输入/输出分配表如表5-1-1所示。

I0.0　Q0.0　T37
IN　TON
30 PT　100ms
I0.0　T37　Q0.0
Q0.0

```
LDN   I0.0
A     Q0.0
TON   T37,30

LD    I0.0
O     Q0.0
AN    T37
=     Q0.0
```

图 5-1-1　瞬时接通/延时断开控制梯形图、语句表

表 5-1-1　输入/输出分配表

输入设备	PLC 输入继电器	接口板 OUT	输出设备	PLC 输出继电器	接口板 IN
开关	I0. 0	Y10	指示灯	Q0. 0	X00

分析图 5-1-1 中所示控制电路的工作过程，然后在图 5-1-2 中画出时序图。

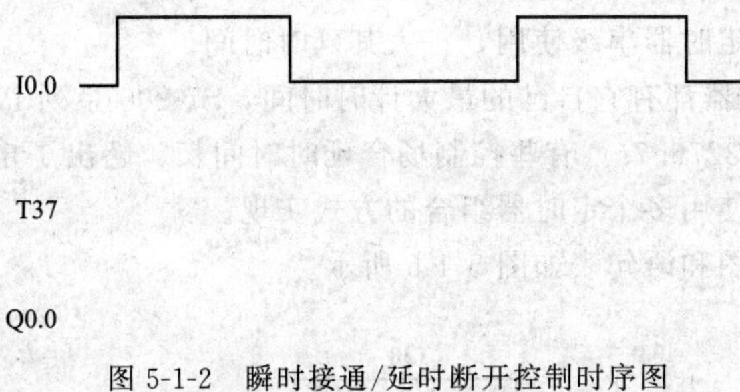

图 5-1-2　瞬时接通/延时断开控制时序图

(2) 延时接通/延时断开控制

控制要求：当输入信号有效时，停一段时间后有输出信号，而输入信号撤销后，输出信号延时一段时间才停止。与瞬时接通/延时断开控制相比，该控制电路多加了一个输入延时。

延时接通/延时断开控制梯形图和语句表如图 5-1-3 所示。

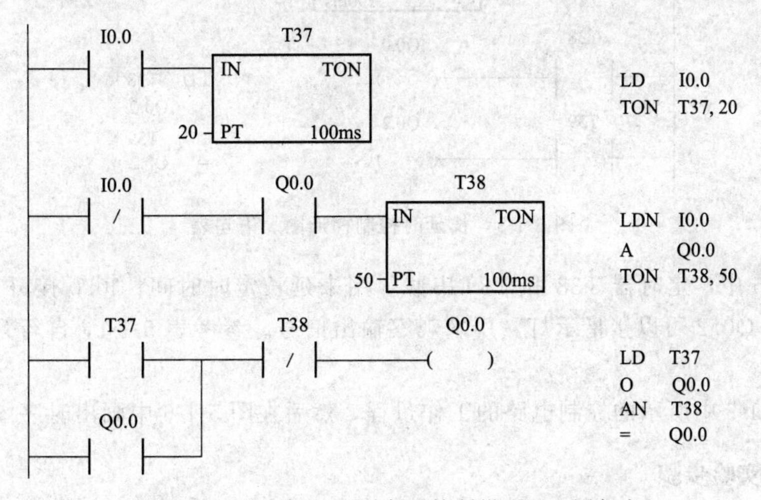

图 5-1-3　延时接通/延时断开控制梯形图、语句表

在图 5-1-3 中，I0.0 接开关，用来输入信号；Q0.0 接指示灯，用来观察输出信号。参考表 5-1-1，自行列出输入/输出分配表。

分析图 5-1-3 中所示控制电路的工作过程，然后在图 5-1-4 中画出时序图。

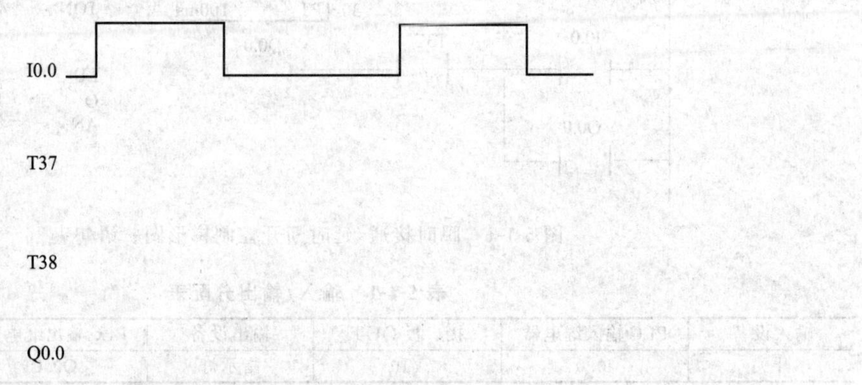

图 5-1-4　延时接通/延时断开控制时序图

（3）长延时控制

控制要求：通过将定时器串级使用，扩大其延时时间。

每一种 PLC 的定时器都有它自己的最大计时时间，S7-200 系列 PLC 接通或断开延时定时器的最大计时时间为 3276.7s。有些控制场合延时时间长，超出了定时器的定时范围，称为长延时，长延时可以使用多个定时器组合的方式实现。

长延时控制的梯形图和语句表如图 5-1-5 所示。

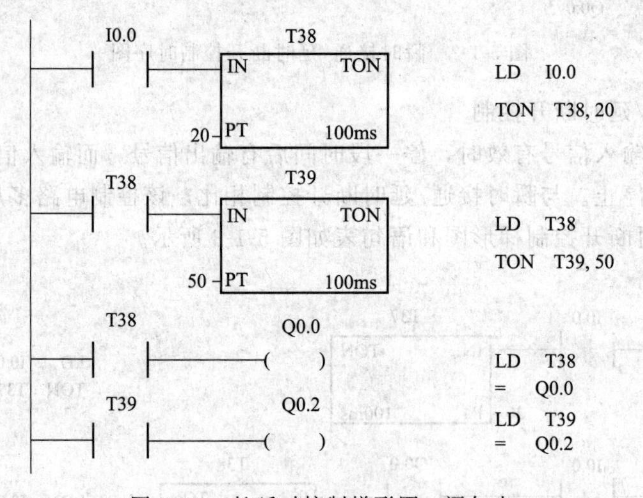

图 5-1-5　长延时控制梯形图、语句表

在图 5-1-5 中，定时器 T38 和 T39 串联，用来延长定时时间；I0.0 接开关，用来输入信号；Q0.0、Q0.2 可以接指示灯，用来观察输出信号。参考表 5-1-1，自行列出输入/输出分配表。

分析图 5-1-5 中所示的控制电路的工作过程，然后在图 5-1-6 中画出时序图。

5.1.4　实验步骤

实验前先确认 PLC 已通过电缆与主机相连。

图 5-1-6　长延时控制时序图

(1) 建立通信

① 接通 PLC 电源；打开计算机，运行 STEP 7-Micro/WIN 软件。

② 打开通信（Communications）模块，在通信对话框的右侧窗格中双击“刷新”(Double-Click to Refresh) 的图标。成功地建立了通信后，会显示一个设备列表（及其模型类型和站址）。

(2) 输入程序

① 打开符号表（Symbol Table）输入 I/O 注释。

② 打开程序块（Program Block）的主程序（Main）子项，在右侧的梯形图窗口中逐条输入控制指令。

③ 编译（Compile）程序。如果程序中有不合法的符号、错误的指令等情况，编译就不会通过，出错信息会出现在屏幕下方的状态栏里。根据出错信息更正错误，编译直至程序通过。

(3) 下载程序

① 将 PLC 设置为停止（STOP）模式。可以通过工具条中的“停止”按钮，或通过菜单选择“PLC”|“停止”命令。

② 下载程序到 PLC 中。单击工具条中的“下载”按钮，或通过菜单选择“PLC”|“下载”命令。若下载成功，会在状态栏里显示相应信息。

(4) 运行程序

① 将 PLC 从停止（STOP）模式切换到运行（RUN）模式。可以通过工具条中的“运行”按钮，或通过菜单选择“PLC”|“运行”命令。注意，实验箱中 PLC 上的状态开关也要打到相应的“RUN”位置。

② 根据前面的实验内容，接通输入，观察输出指示灯，验证是否达到控制要求。

5.1.5 实验报告要求

① 说明控制电路的工作过程并绘制时序图。

② 列出 I/O 分配表，画出 I/O 接线图。

③ 回答思考题。

5.1.6 思考题

① 设计一个长延时控制，用定时器和计数器组合来实现，绘出其梯形图。

② 设计用两个定时器来产生一个周期脉冲，其时序图如图 5-1-7 所示。

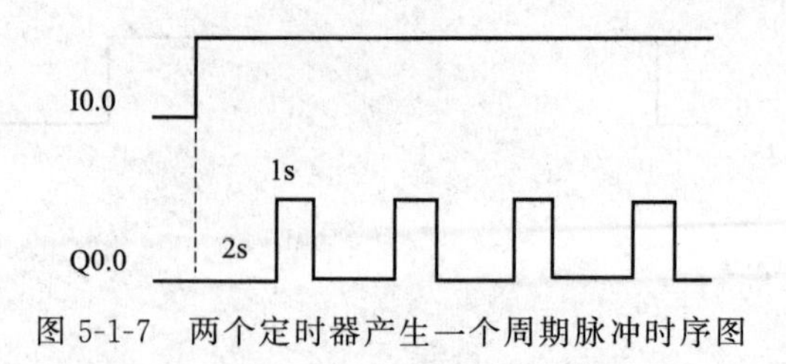

图 5-1-7　两个定时器产生一个周期脉冲时序图

5.2 实验二　PLC 基本控制编程（二）：脉冲发生控制

5.2.1 实验目的

① 掌握延时脉冲产生电路的控制原理。

② 掌握脉冲宽度可控制电路的控制原理。

③ 掌握二分频电路的控制原理。

5.2.2 实验设备

上位机（PC 机）一台，装有 STEP 7-Micro/WIN 软件、模拟控制模型面板软件；GKB 可编程 PLC 实验箱，内装西门子 SIMATIC S7-200 PLC 一台、PC/PPI 编程电缆一根、输入/输出接口板一块。

5.2.3 实验内容

（1）延时脉冲产生电路

控制要求：在输入信号后，停一段时间后产生一个脉冲。该电路常用于获取启动或关断信号。

延时脉冲产生电路梯形图和语句表如图 5-2-1 所示。

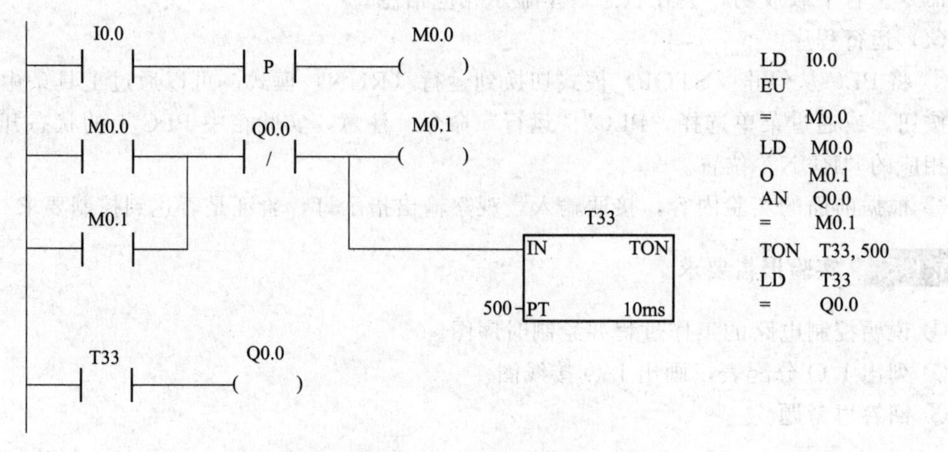

图 5-2-1　延时脉冲产生电路梯形图、语句表

在图 5-2-1 中，输入 I0.0 接开关，输出 Q0.0 接指示灯，其输入/输出分配表如表 5-2-1 所示。

表 5-2-1　输入/输出分配表

输入设备	PLC 输入继电器	接口板 OUT	输出设备	PLC 输出继电器	接口板 IN
开关	I0.0	Y10	指示灯	Q0.0	X00

分析图 5-2-1 中所示控制电路的工作过程，然后在图 5-2-2 中画出时序图。

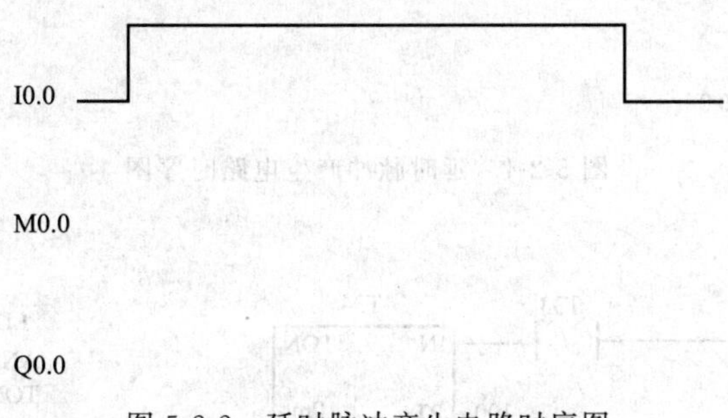

图 5-2-2　延时脉冲产生电路时序图

(2) 脉冲宽度可控制电路

控制要求：在输入信号宽度不规范的情况下，要求在每一个输入信号的上升沿产生一个宽度固定的脉冲，该脉冲宽度可调节。

需要注意的是，如果输入信号的两个上升沿之间的距离小于该脉冲宽度，则忽略输入信号的第二个上升沿。

脉冲宽度可控制电路的梯形图和语句表如图 5-2-3 所示。

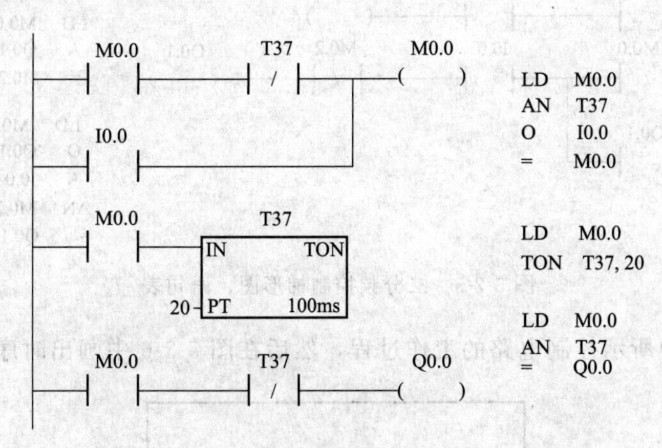

图 5-2-3　脉冲宽度可控制电路梯形图、语句表

在图 5-2-3 中，输入 I0.0 接按钮，输出 Q0.0 接指示灯。调节 T37 的设定值，观察输出脉冲的宽度如何变化。参考表 5-2-1，自行列出输入/输出分配表。

分析图 5-2-3 中所示的控制电路的工作过程，然后在图 5-2-4 中画出时序图。

(3) 二分频控制

控制要求：对控制信号进行分频。当开关 I0.0 按下后，Q0.0 输出一个周期为 2s、占空比为 50%的脉冲序列，而 Q0.1 的输出是将 Q0.0 的输出进行二分频。

二分频控制梯形图和语句表如图 5-2-5 所示。

在图 5-2-5 中，I0.0 接开关，用来输入信号；Q0.0、Q0.1 可以接指示灯，用来观察输出信号。参考表 5-2-1，自行列出输入/输出分配表。

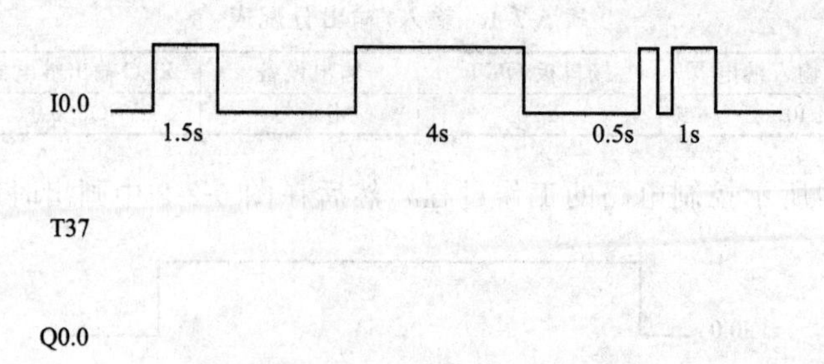

图 5-2-4 延时脉冲产生电路时序图

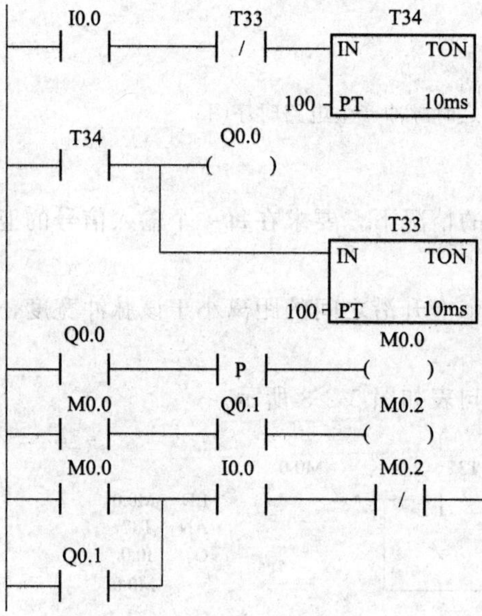

```
LD    I0.0
AN    T33
TON   T34, 100

LD    T34
=     Q0.0
TON   T33, 100

LD    Q0.0
EU
=     M0.0

LD    M0.0
A     Q0.1
=     M0.2

LD    M0.0
O     Q0.1
A     I0.0
AN    M0.2
=     Q0.1
```

图 5-2-5 二分频控制梯形图、语句表

分析图 5-2-5 中所示控制电路的工作过程，然后在图 5-2-6 中画出时序图。

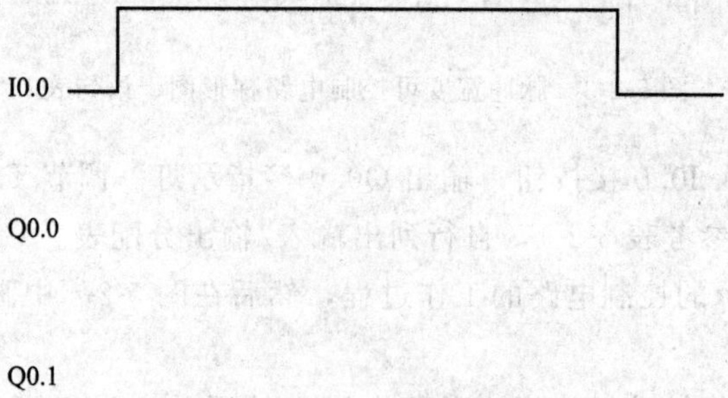

图 5-2-6 二分频控制时序图

5.2.4 实验步骤

实验前先确认 PLC 已通过电缆与主机相连。

（1）建立通信

① 接通 PLC 电源，打开计算机，运行 STEP 7-Micro/WIN 软件。

② 打开通信（Communications）模块，在通信对话框的右侧窗格中双击“刷新”（Double-Click to Refresh）的图标。成功地建立了通信后，会显示一个设备列表（及其模型类型和站址）。

（2）输入程序

① 打开符号表（Symbol Table）输入 I/O 注释。

② 打开程序块（Program Block）的主程序（Main）子项，在右侧的梯形图窗口中逐个输入控制指令。

③ 编译（Compile）程序。如果程序中有不合法的符号、错误的指令等情况，编译就不会通过，出错信息会出现在屏幕下方的状态栏里。根据出错信息更正错误，编译直至程序通过。

（3）下载程序

① 将 PLC 设置为停止（STOP）模式。可以通过工具条中的“停止”按钮，或通过菜单选择“PLC”|“停止”命令。

② 下载程序到 PLC 中。单击工具条中的“下载”按钮，或通过菜单选择“PLC”|“下载”命令。若下载成功，会在状态栏里显示相应信息。

（4）运行程序

① 将 PLC 从停止（STOP）模式切换到运行（RUN）模式。可以通过工具条中的“运行”按钮，或通过菜单选择“PLC”|“运行”命令。注意，实验箱中 PLC 上的状态开关也要打到相应的 RUN 位置。

② 根据前面的实验内容，接通输入，观察输出指示灯，验证是否达到控制要求。

5.2.5 实验报告要求

① 说明控制电路的工作过程，并绘制时序图。

② 列出 I/O 分配表，画出 I/O 接线图。

③ 回答思考题。

5.2.6 思考题

设计一个顺序脉冲的发生电路，其时序图如图 5-2-7 所示。

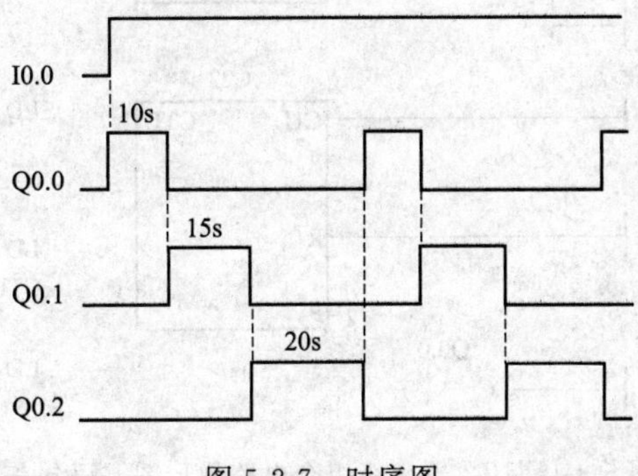

图 5-2-7　时序图

5.3 实验三 PLC 基本控制编程（三）：计数控制

5.3.1 实验目的

① 掌握计数器指令的格式及应用。

② 掌握计数器串联组合电路的控制原理。

③ 掌握计数器实现顺序控制的原理。

5.3.2 实验设备

上位机（PC 机）一台，装有 STEP 7-Micro/WIN 软件、模拟控制模型面板软件；GKB 可编程 PLC 实验箱，内装西门子 SIMATIC S7-200 PLC 一台、PC/PPI 编程电缆一根、输入/输出接口板一块。

5.3.3 实验内容

（1）计数器串级组合电路

控制要求：通过计数器串级组合，以扩大计数器的计数范围。

计数器也有最大计数值，S7-200 系列 PLC 的计数器的最大计数值为 32767。当需要计数的数值超过了这个最大计数值时，可以将两个或多个计数器串级组合来达到要求。

计数器串级组合电路梯形图和语句表如图 5-3-1 所示。

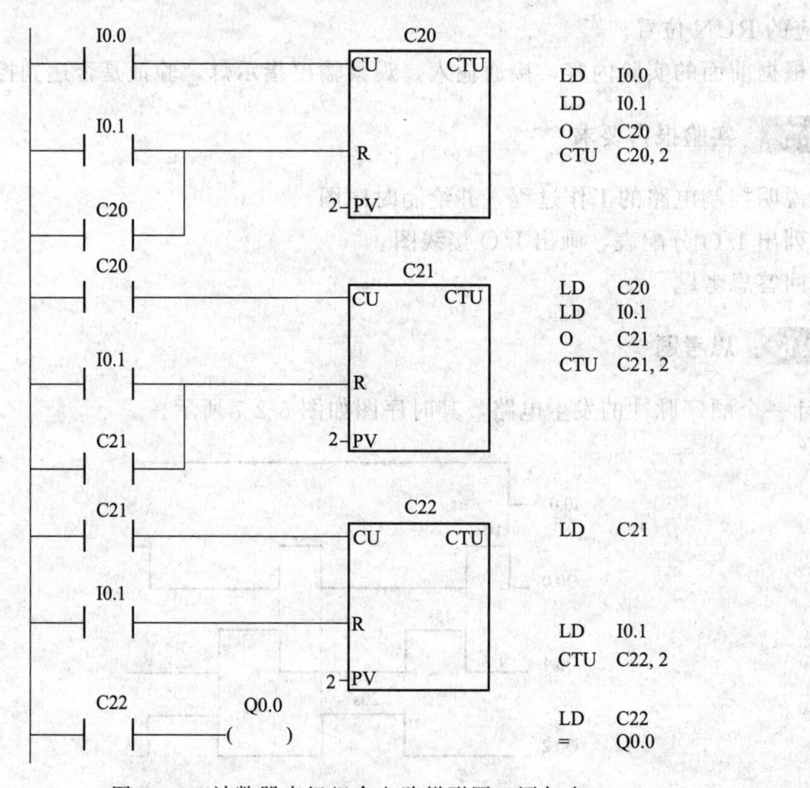

图 5-3-1 计数器串级组合电路梯形图、语句表

在图 5-3-1 中，I0.0、I0.1 接按钮，分别是计数脉冲输入端和复位端；Q0.0 接指示灯，用来观察输出信号。其输入/输出分配表见表 5-3-1。

表 5-3-1　输入/输出分配表

输入设备	PLC 输入继电器	接口板 OUT	输出设备	PLC 输出继电器	接口板 IN
按钮(计数)	I0.0	Y00	指示灯	Q0.0	X00
按钮(复位)	I0.1	Y01			

分析图 5-3-1 中所示控制电路的工作过程，然后在图 5-3-2 中画出时序图。

I0.0

Q0.0

图 5-3-2　计数器串级组合电路时序图

(2) 用计数器实现顺序控制

控制要求：当 I0.0 第一次闭合时，Q0.0 接通，第二次闭合时 Q0.1 接通，第三次闭合时 Q0.2 接通，第四次闭合时 Q0.3 接通，然后下一轮开始，如此往复，实现了顺序控制。

用计数器实现顺序控制的梯形图和语句表如图 5-3-3 所示。

```
LD    I0.0
LD    C40
A     I0.0
CTD   C40, 4

LDW=  C40, 3
=     Q0.0
LDW=  C40, 2
=     Q0.1
LDW=  C40, 1
=     Q0.2

LDW=  C40, 0
OW=   C40, 4
=     Q0.3
```

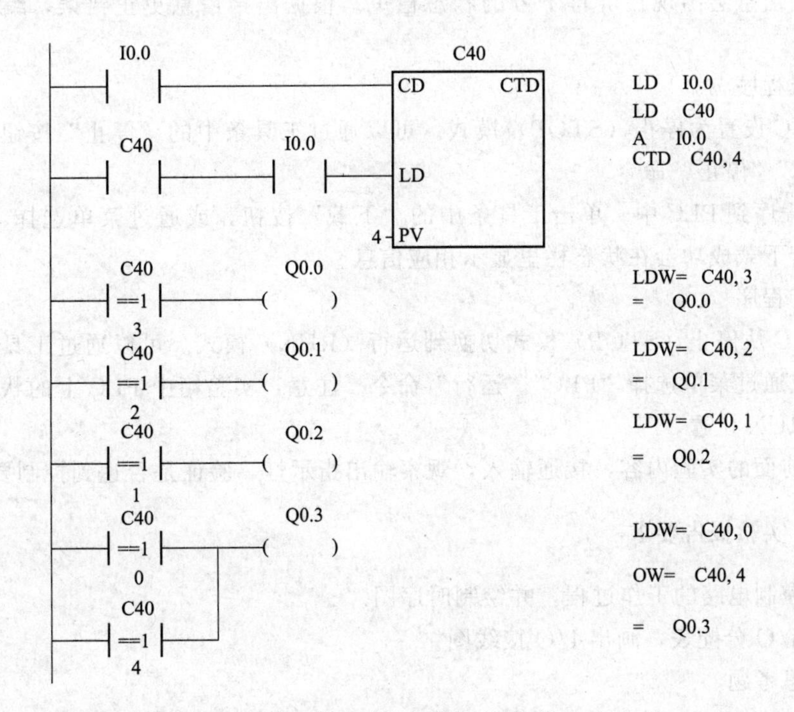

图 5-3-3　用计数器实现顺序控制的梯形图、语句表

该程序利用减 1 计数器 C40 进行计数，由控制触点 I0.0 闭合的次数驱动计数器计数，结合比较指令，将计数器的计数过程中间值与给定值比较，确定被控对象在不同时间点上的启停，从而实现控制各输出接通的顺序。

在图 5-3-4 中，I0.0 接按钮，用来输入信号；Q0.0～Q0.3 接指示灯，用来观察输出信号。参考表 5-3-1，自行列出输入/输出分配表。

分析图 5-3-4 中所示控制电路的工作过程，然后在图 5-3-4 中画出时序图。

I0.0

Q0.0

图 5-3-4　用计数器实现顺序控制的时序图

5.3.4 实验步骤

实验前先确认PLC已通过电缆与主机相连。

(1) 建立通信

① 接通PLC电源，打开计算机，运行STEP 7-Micro/WIN软件。

② 打开通信（Communications）模块，在通信对话框的右侧窗格中，双击“刷新”（Double-Click to Refresh）的图标。成功地建立了通信后，会显示一个设备列表（及其模型类型和站址）。

(2) 输入程序

① 打开符号表（Symbol Table）输入I/O注释。

② 打开程序块（Program Block）的主程序（Main）子项，在右侧的梯形图窗口中逐个输入控制指令。

③ 编译（Compile）程序。如果程序中有不合法的符号、错误的指令等情况，编译就不会通过，出错信息会出现在屏幕下方的状态栏里。根据出错信息更正错误，编译直至程序通过。

(3) 下载程序

① 将PLC设置为停止（STOP）模式。可以通过工具条中的“停止”按钮，或通过菜单选择“PLC”|“停止”命令。

② 下载程序到PLC中。单击工具条中的“下载”按钮，或通过菜单选择“PLC”|“下载”命令。若下载成功会在状态栏里显示相应信息。

(4) 运行程序

① 将PLC从停止（STOP）模式切换到运行（RUN）模式。可以通过工具条中的“运行”按钮，或通过菜单选择“PLC”|“运行”命令。注意，实验箱中PLC上的状态开关也要打到相应的RUN位置。

② 根据前面的实验内容，接通输入，观察输出指示灯，验证是否达到控制要求。

5.3.5 实验报告要求

① 说明控制电路的工作过程，并绘制时序图。

② 列出I/O分配表，画出I/O接线图。

③ 回答思考题。

5.3.6 思考题

用定时器和计数器组合来实现一个长延时控制。

5.4 实验四 楼梯灯的PLC控制

5.4.1 实验目的

掌握楼梯灯的PLC控制原理。

5.4.2 实验设备

上位机（PC机）一台，装有STEP 7-Micro/WIN软件、模拟控制模型面板软件；GKB可编程PLC实验箱，内装西门子SIMATIC S7-200 PLC一台、PC/PPI编程电缆一根、输入/输出接口板一块。

5.4.3 实验内容

（1）控制要求

只用一个按钮控制楼梯灯。当按一次按钮时，楼梯灯亮6min后自动熄灭；当连续按两次按钮时，灯长亮不灭；当按下按钮的时间超过2s时，灯熄灭。

楼梯灯控制梯形图如图5-4-1所示。

（2）PLC的I/O配置

PLC的I/O配置如表5-4-1所示。

表5-4-1 PLC的I/O配置

输入设备	PLC输入继电器	接口板OUT	输出设备	PLC输出继电器	接口板IN
按钮	I0.0	Y00	楼梯灯	Q0.0	X00

（3）梯形图

梯形图如图5-4-1所示。

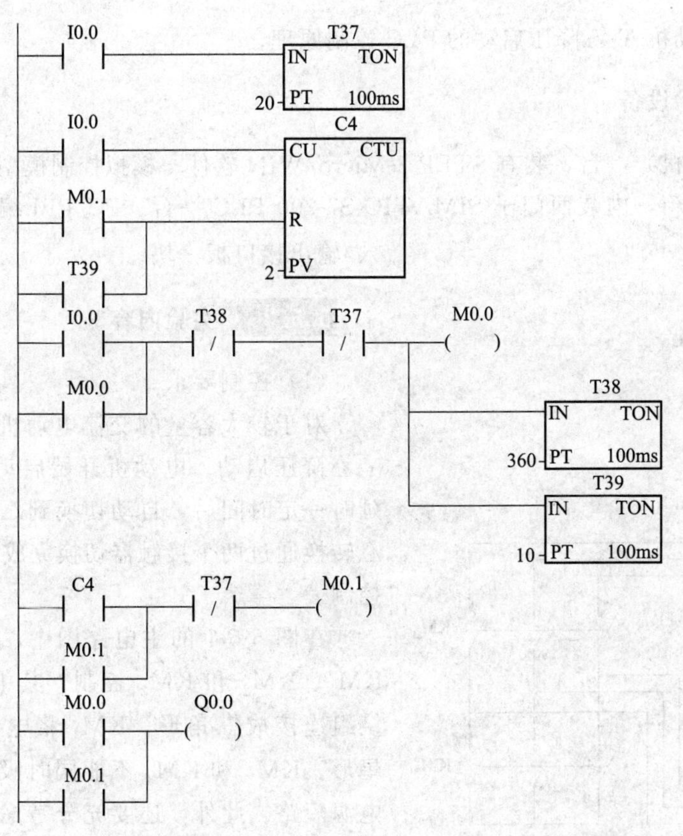

图5-4-1 楼梯灯控制梯形图

5.4.4 实验步骤

具体可参考前面基本控制编程实验中列出的详细步骤。

5.4.5 实验报告要求

① 根据 I/O 分配表，绘制 I/O 接线图。
② 根据梯形图列出语句表。
③ 说明控制电路的工作过程，绘出顺序功能图。

5.4.6 思考题

用一个按钮实现同时对两台电动机的控制。要求如下。
① 第一次按下按钮，1 号电动机启动。
② 第二次按下按钮，1 号电动机停止，2 号电动机启动。
③ 第三次按下按钮，2 号电动机也停止。

5.5 实验五 交流电动机 Y-△降压启动的 PLC 控制

5.5.1 实验目的

掌握交流电动机 Y-△降压启动的 PLC 控制原理。

5.5.2 实验设备

上位机（PC 机）一台，装有 STEP 7-Micro/WIN 软件、模拟控制模型面板软件；GKB 可编程 PLC 实验箱，内装西门子 SIMATIC S7-200 PLC 一台、PC/PPI 编程电缆一根、输入/输出接口板一块。

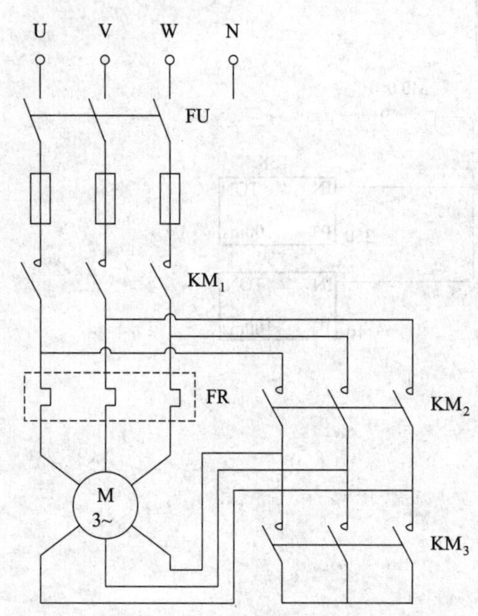

图 5-5-1 电动机 Y-△降压启动的主电路图

5.5.3 实验内容

（1）控制要求

对于较大容量的交流电动机，启动时可采用 Y-△降压启动。电动机开始启动时为 Y 形连接，延时一定时间后，自动切换到△形连接运行。Y-△转换通过两个接触器切换完成，由 PLC 输出点控制。

在图 5-5-1 的主电路图中，电动机由接触器 KM_1、KM_2 和 KM_3 控制，其中 KM_2 将电动机绕组连接成三角形，KM_3 将电动机绕组连接成星形。KM_2 和 KM_3 不能同时吸合，否则将产生电源短路。此外，还要充分考虑由星形向三角形切换的时间，即由 KM_3 完全断开（包括灭弧时间）到 KM_2 接通这段时间应相互锁住，以防电源短路。

（2）PLC 的 I/O 配置

PLC 的 I/O 配置如表 5-5-1 所示。

表 5-5-1　PLC 的 I/O 配置

输入设备		PLC 输入继电器	接口板 OUT	输出设备		PLC 输出继电器	接口板 IN
SB_1	停止按钮	I0.0	Y00	KM_1	主接触器	Q0.1	X00
SB_2	启动按钮	I0.1	Y01	KM_2	△接触器	Q0.2	X01
				KM_3	Y 接触器	Q0.3	X02

（3）梯形图

梯形图如图 5-5-2 所示。

根据图 5-5-2 所示的程序，按下 SB_2 启动按钮后，定时器 T37、T38 接通，Q0.3 接通，KM_3 接触器通电，T38 定时 1s 后，Q0.1 接通，KM_1 接触器通电，此时，电动机进入星形降压启动；星形降压启动 5s 后，定时器 T37 已定时 6s，KM_3 接触器断电，定时器 T39 开始计时，计时 0.5s 后，Q0.2 接通，KM_2 通电，电动机进入三角形连接的正常工作状态。

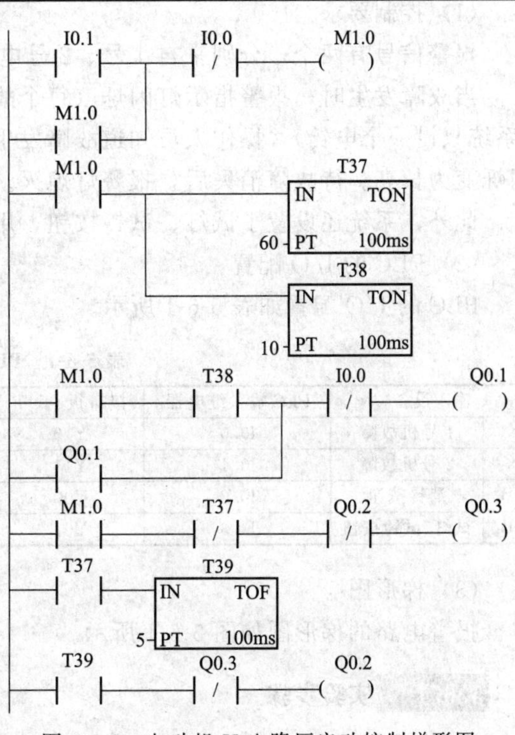

图 5-5-2　电动机 Y-△降压启动控制梯形图

5.5.4　实验步骤

具体可参考前面基本控制编程实验中列出的详细步骤。

5.5.5　实验报告要求

① 根据 I/O 分配表，绘制 I/O 接线图。

② 根据梯形图，列出语句表。

③ 说明控制电路的工作过程，绘出顺序功能图。

5.5.6　思考题

设计电动机循环正反转控制。要求如下。

① 用两个按钮控制启停，按下启动按钮后，电动机开始正转。

② 正转 20s 后，停 5s，然后开始反转。

③ 反转 30s 后，停 10s，再正转，依次循环。

④ 当按下停止按钮后，电动机停止运行（不管当前是处于正转还是反转）。

5.6 实验六　报警电路的 PLC 控制

5.6.1　实验目的

掌握报警电路的 PLC 控制原理。

5.6.2 实验设备

上位机（PC机）一台，装有STEP 7-Micro/WIN软件、模拟控制模型面板软件；GKB可编程PLC实验箱，内装西门子SIMATIC S7-200 PLC一台、PC/PPI编程电缆一根、输入/输出接口板一块。

5.6.3 实验内容

（1）控制要求

报警信号有两个，分别来自1号、2号电动机的过载信号。

当故障发生时，报警指示灯闪烁（每个故障单独对应一个报警指示灯），报警电铃鸣响（系统只设一个电铃）。操作人员知道故障发生后，按消铃按钮，把电铃关掉，报警指示灯从闪烁变为长亮。待故障消失后，报警灯熄灭。

此外，系统还设置了试灯、试铃按钮，用于平时检测报警指示灯和电铃的好坏。

（2）PLC的I/O配置

PLC的I/O配置如表5-6-1所示。

表5-6-1 PLC的I/O配置

输入设备		PLC输入继电器	接口板OUT	输出设备		PLC输出继电器	接口板IN
K_1	1号机故障	I0.0	Y10	HL_1	1号机故障指示灯	Q0.0	X00
K_2	2号机故障	I0.1	Y11	HL_2	2号机故障指示灯	Q0.1	X01
SB_1	消铃按钮	I0.2	Y00	HA	报警电铃	Q0.2	X02
SB_2	试灯、试铃按钮	I0.3	Y01				

（3）梯形图

报警电路的梯形图如图5-6-1所示。

5.6.4 实验步骤

具体可参考前面基本控制编程实验中列出的详细步骤。

5.6.5 实验报告要求

① 根据I/O分配表，绘制I/O接线图。

② 根据梯形图列出语句表。

③ 说明控制电路的工作过程，绘出顺序功能图。

5.6.6 思考题

设计抢答器的PLC控制电路。要求如下。

① 有三组参赛者，每组桌上有一个抢答按钮和一个抢答指示灯。

② 主持人按下开始抢答按钮后，代表开始抢答的绿色指示灯亮，允许各组开始抢答。

③ 如果10s内有人抢答，则最先按下抢答钮的有效，其桌上的抢答指示灯亮。

④ 如果10s内无人抢答，则代表撤销抢答的红色指示灯亮。

⑤ 当主持人再次按下开始抢答按钮，则所有指示灯熄灭。

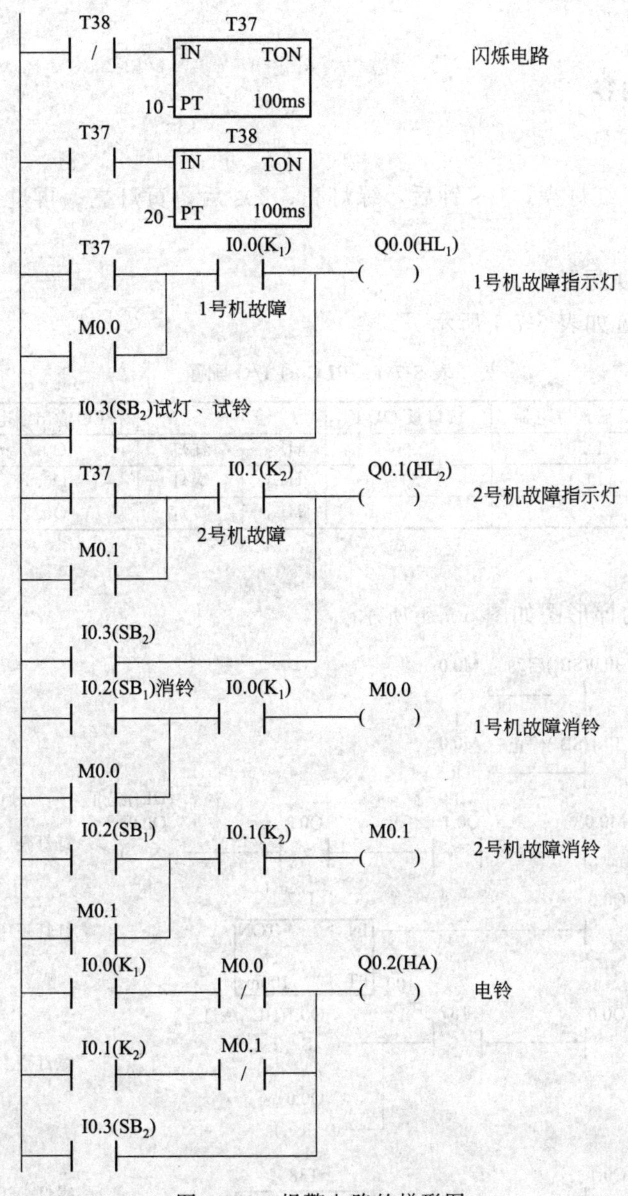

图 5-6-1 报警电路的梯形图

5.7 实验七 彩灯循环的 PLC 控制

5.7.1 实验目的

掌握彩灯电路的 PLC 控制原理。

5.7.2 实验设备

上位机（PC 机）一台，装有 STEP 7-Micro/WIN 软件、模拟控制模型面板软件；GKB 可编程 PLC 实验箱，内装西门子 SIMATIC S7-200 PLC 一台、PC/PPI 编程电缆一根、输入/输出接口板一块。

5.7.3 实验内容

（1）控制要求

按下启动按钮，红灯亮；10s 钟后，绿灯亮；20s 后，黄灯亮；再过 10s 后返回红灯亮，如此循环。

（2）PLC 的 I/O 配置

PLC 的 I/O 配置如表 5-7-1 所示。

表 5-7-1 PLC 的 I/O 配置

输入设备		PLC 输入继电器	接口板 OUT	输出设备		PLC 输出继电器	接口板 IN
SB_1	启动按钮	I0.0	Y00	HL_1	红灯	Q0.0	X00
SB_2	停止按钮	I0.1	Y01	HL_2	绿灯	Q0.1	X01
				HL_3	黄灯	Q0.2	X02

（3）梯形图

彩灯循环电路的梯形图如图 5-7-1 所示。

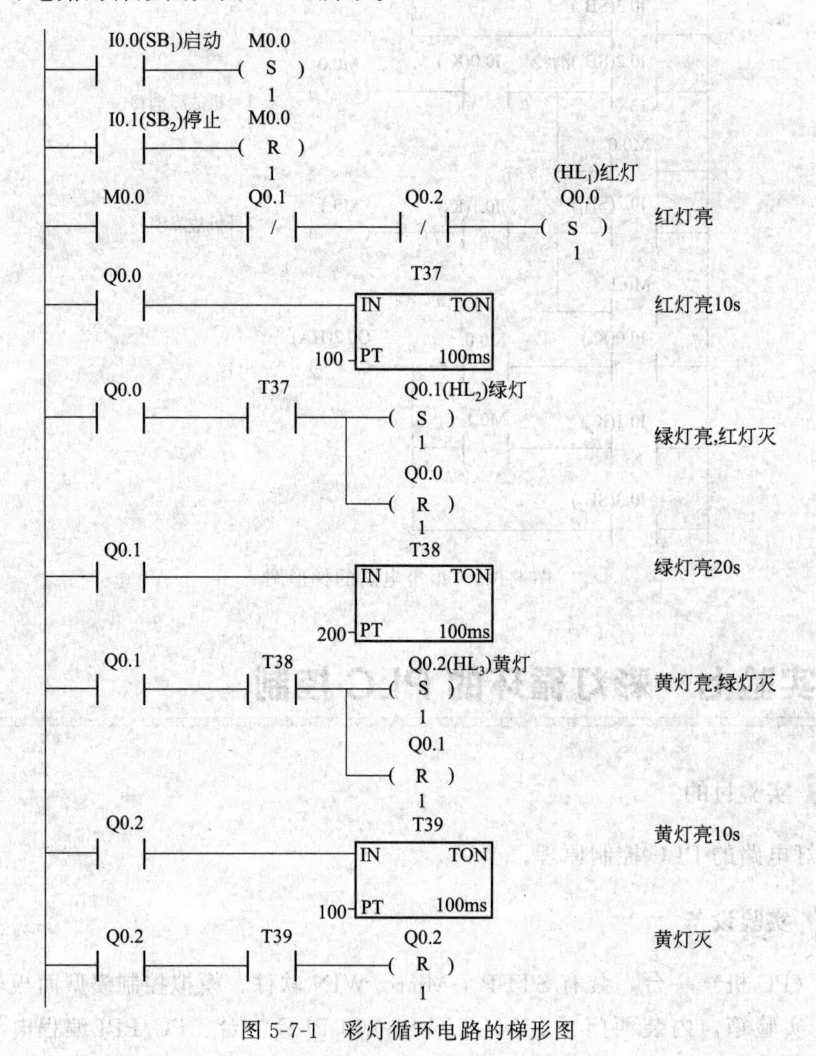

图 5-7-1 彩灯循环电路的梯形图

5.7.4 实验步骤

具体可参考前面基本控制编程实验中列出的详细步骤。

5.7.5 实验报告要求

① 根据 I/O 分配表，绘制 I/O 接线图。
② 根据梯形图列出语句表。
③ 说明控制电路的工作过程，绘出顺序功能图。

5.7.6 思考题

设计一个彩灯循环闪亮的控制电路。要求如下。
① 按下启动按钮后，A、B、C、D 四盏彩灯间隔 2s 依次点亮。
② 然后四盏灯以同样的频率同时闪烁 1 次，再依次点亮，如此循环往复。
③ 按下停止按钮后，四盏灯全部熄灭。

附录 A 电工电子系列实验系统

电工电子系列实验系统（台），是依据“电工学”、“电路”、“电路分析基础”和“工厂电气控制技术”等课程实验教学改革要求，而研制的新型实验设备，适用于高等院校电类本科、专科以及中专、技校、职业学校等不同层次的院校开设相应实验课程的需要。

书中所有动手实验都可以在“GDDS-2C. NET 电工与 PLC 智能网络型实验台”和“MSDZ-6 电工技术直流实验箱”、“JDS 交流电路实验箱”中完成。该产品采用智能网络型设计，结构简单，接插方便，保护功能完善，可完成“电路”、“电工学”和“电路分析基础”等课程的全部实验内容。

A1 GDDS-2C. NET 电工与 PLC 智能网络型实验系统

GDDS-2C. NET 电工与 PLC 智能网络型实验台面板如图 A1-1 所示。

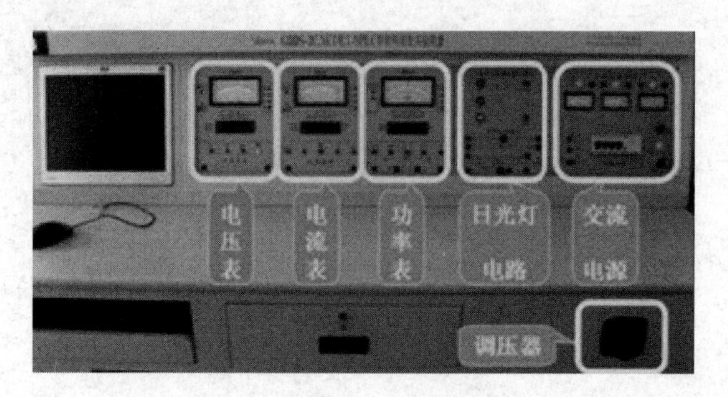

图 A1-1 GDDS-2C. NET 电工与 PLC 智能网络型实验台面板图

GDDS-2C. NET 电工与 PLC 智能网络型实验装置面板包含电压表、电流表、功率表、交流电源调压器和计算机等。面板装置为各实验单元箱提供了必备的交流电源，包含了三相四线制电源、三相电源控制与保护、日光灯实验单元等，该装置为交流实验单元提供必备的三相、单相交流电源，配有必要的保护、显示、操作功能，是实验室必备的设备。

（1）电压表

图 A1-2 所示是电压表面板图。该仪表具有精度高、双显示、读数锁存、仪表记忆和超限记录与保护等特点。

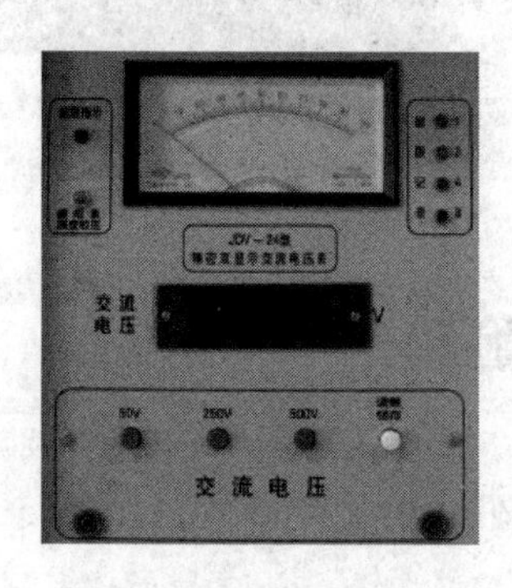

图 A1-2　电压表面板图

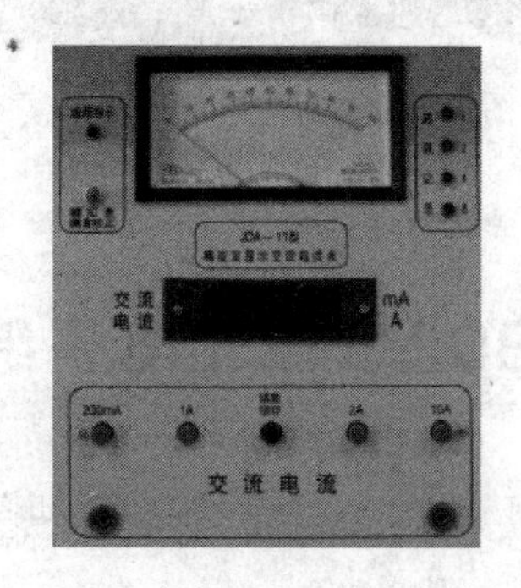

图 A1-3　电流表面板图

（2）电流表

图 A1-3 所示是电流表面板图。该仪表具有精度高、双显示、读数锁存、仪表记忆和超限记录与保护等特点。

（3）功率表

图 A1-4 所示是功率表面板图。该仪表具有精度高、读数锁存、可同时测取功率和功率因数、有仪表记忆和超限记录与保护等特点。

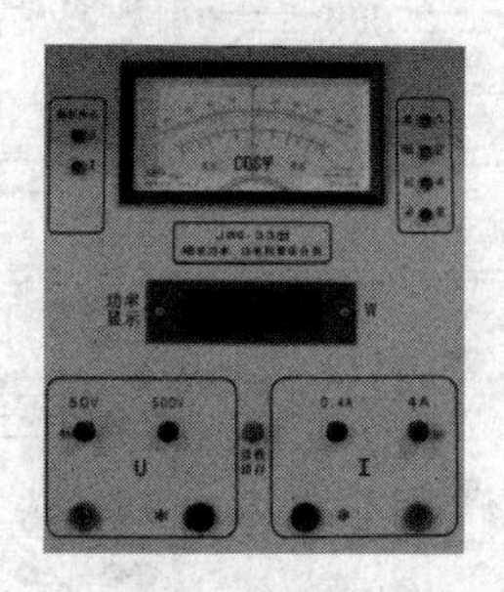

图 A1-4　功率表面板图

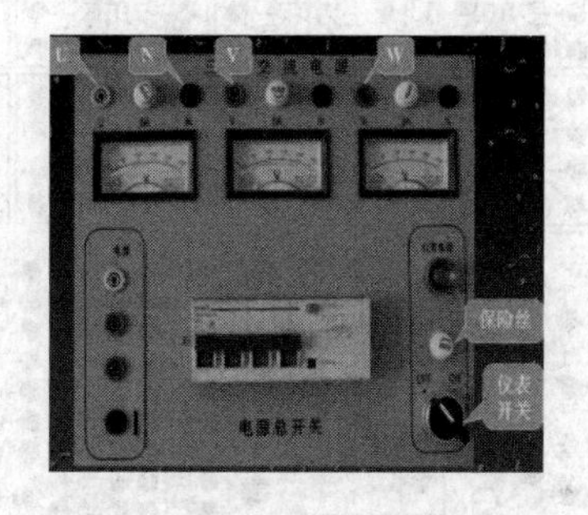

图 A1-5　交流电源面板图

（4）交流电源

图 A1-5 所示是交流电源面板图。三相交流电源仪表上显示的电压为相电压。

（5）调压器

图 A1-6 所示是调压器面板图。交流电路实验所用电源（三相、单相）均由调压器给出。

（6）三相交流电源控制与保护和日光灯实验单元

图 A1-7 是三相交流电源控制与保护和日光灯实验单元图。实验单元面板上所标序号为日光灯电路的连线图号，实验时开关拨向实验位置，电源按钮的功能已经正确标出。

图 A1-6　调压器面板图

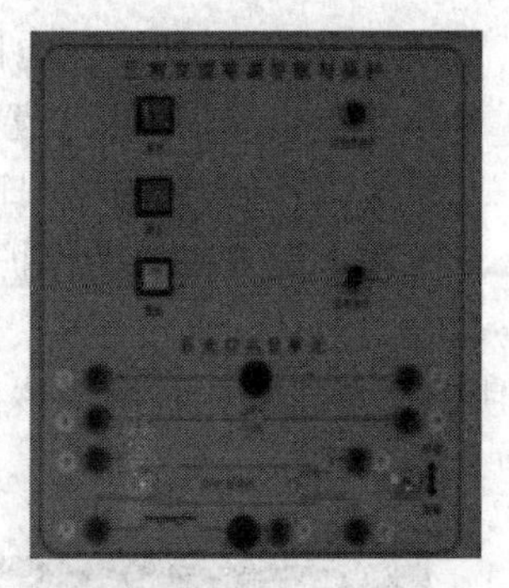

图 A1-7　三相交流电源控制与保护和日光灯实验单元图

A2　YB02-8 电工电子综合实验箱

YB02-8 电工电子综合实验箱面板如图 A2-1 所示。

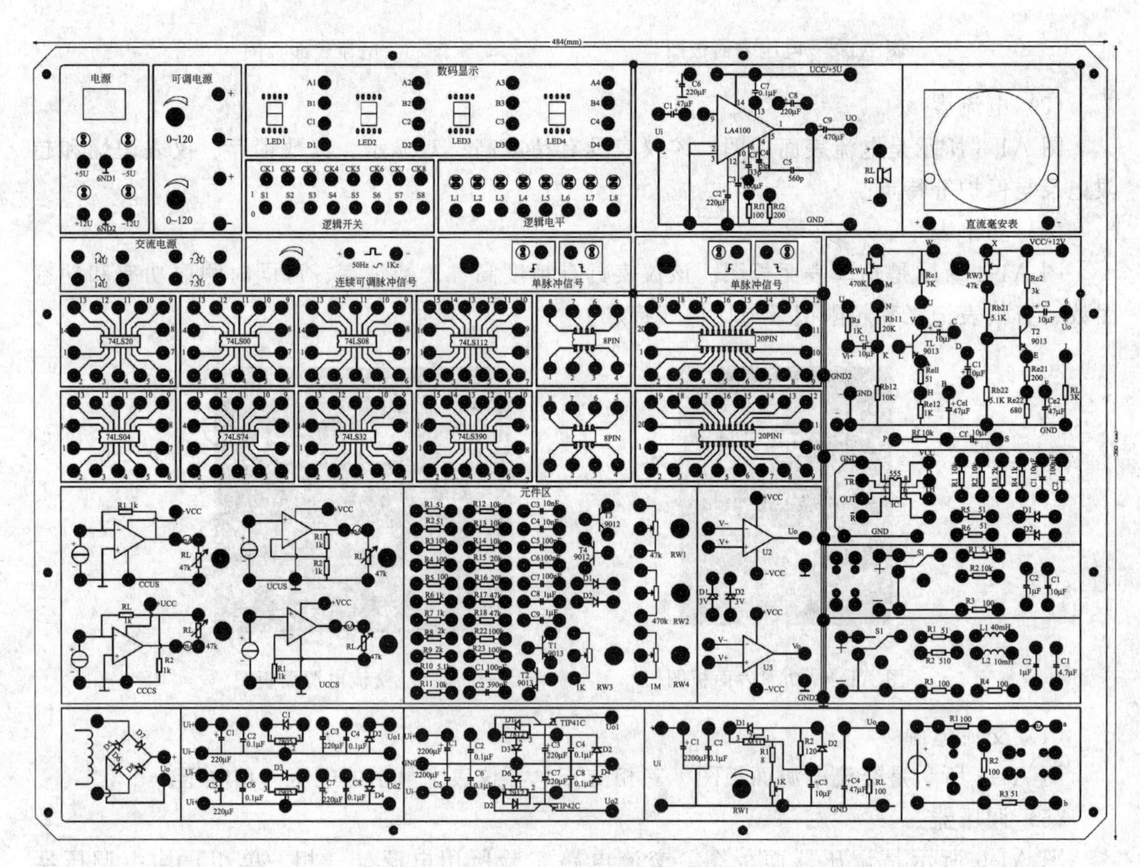

图 A2-1　YB02-8 电工电子综合实验箱面板

利用该实验箱可进行直流电路基本实验和应用实验。该实验箱由电源（稳压源及可调稳压源）、电阻器、电容、电感、电位器、二极管、三极管、一阶电路、二阶电路、单管放大电路、集成运放电路等单元组成，可与万用表、示波器、信号源配套使用。

A3 交流电路实验箱

交流电路实验箱面板如图 A3-1 所示。

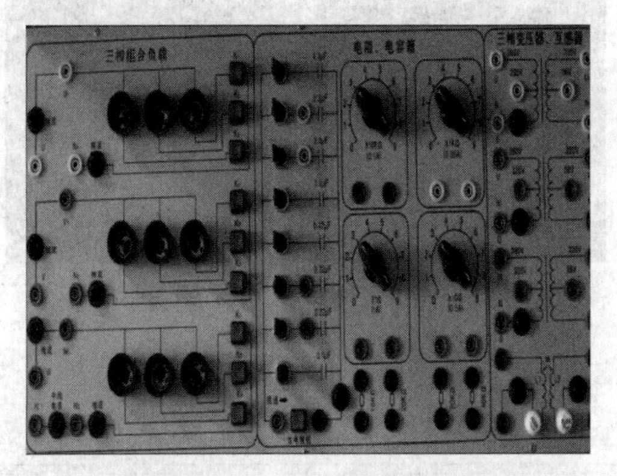

图 A3-1　交流电路实验箱面板图

该实验装置采用台式结构，面板上含有三相负载电路、电阻器、电容器、互感器、三相变压器等，外接功率表、电流表、电压表、信号源、示波器等，可进行交流参数测量方面的实验。

A4 电气控制实验箱

电气控制实验箱面板如图 A4-1 所示。利用该实验装置可完成两地控制电动机正反转实验、Y/△自动切换实验、多点顺序控制实验。装置采用台式结构，元器件全部置于装置表面，操作方便、安全可靠，器件全部采用新型的电器元件和符号标准。面板上有按钮 6 个、接触器 3 个、时间继电器 2 个、行程开关 2 个、热继电器 1 个，与电源装置及电动机组配套使用。电气控制实验箱的另一个特点是可作为 PLC 外围接口实验装置，以控制电动机的运动。

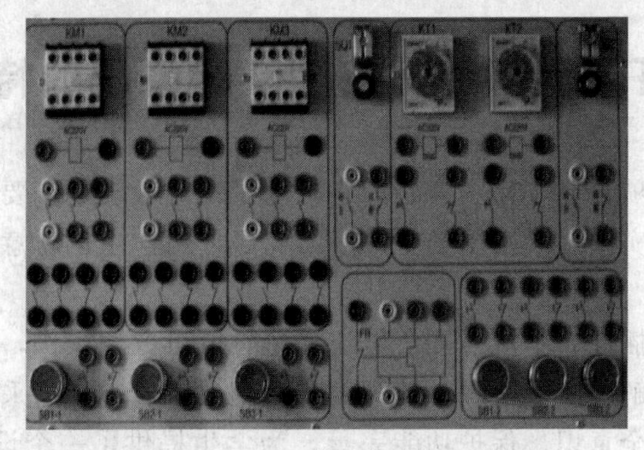

图 A4-1　电气控制实验箱面板图

A5 PLC 实验箱

PLC 实验箱面板如图 A5-1 所示。可以把梯形图通过编程器输入到可编程控制器中并按电路连线，以观察运行结果。

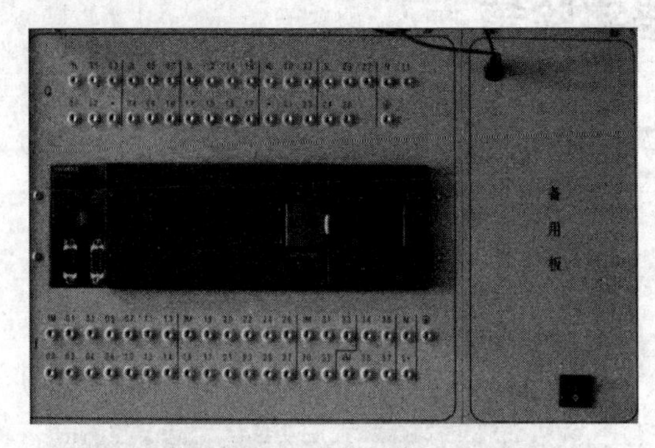

图 A5-1 PLC 实验箱面板图

A6 电动机

电动机外形如图 A6-1 所示。

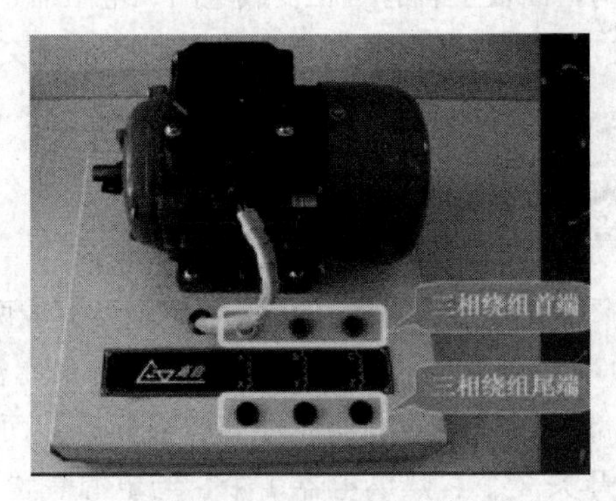

图 A6-1 电动机外形图

A7 电工与 PLC 智能网络型实验系统的特点

该系统拓宽了实验项目，丰富了实验内容，除了满足教学大纲要求的实验内容外，还增加了设计、综合等多项实验，激发了学生的学习兴趣，对学生创新意识和实践能力的培养发挥了较大作用。

该系统引入自锁紧插件、电流插孔、电流插笔，既可方便操作，又可保护仪器仪表，节省了连接导线的时间，解决了实验教学的深度与时间的矛盾。产品采用模块化设计、构思新颖、接插方便、突出安全意识、保护功能完善，为学生提供了一个设计、综合的设计平台，可供学生自行设计、论证有关综合电路，以提高学生分析问题、解决问题的能力。

该系统的主要特点如下。

① 充分发挥网络优势。学生可在实验中心网站上进行查询、预约，系统采用全开放的管理模式，为学生动手能力的提高在时间上提供保证。

② 突出安全意识，保护功能完善。针对其强电 220V、380V 的实验，在电源装置上安

装了启动按钮、漏电保护器、急停开关，能迅速切断电源，这样可确保强电实验的安全进行。

③ 拓宽了实验项目，丰富了实验内容。除常规的实验项目之外，还增加了设计型、综合型等多项实验，有利于激发学生的学习兴趣，培养学生的创新意识和实践能力，以提高实验教学质量。

④ 设计新颖直观。在设计过程中，经反复论证修改，让元器件尽量置于装置表面，使学生在方便实验的同时能直观地看到元器件，增强了学生的感性认识。

⑤ 采用模块化设计，结构简单。为确保导线连接可靠，采用了自锁紧插件；外形美观、易于操作，解决了实验教学的深度与时间的矛盾。

⑥ 引入了电流插孔、电流插笔，既可方便操作、保护仪器仪表，又可提高安全性。

⑦ 便于维修和管理，减轻了实验人员的劳动强度，故障率低，可保证多班级实验的正常进行。

⑧ 该装置元器件多、功能齐全，为教师进行教学研究提供了方便。

A8 电工与 PLC 智能网络型实验系统使用中的注意事项

① 实验前，要认真预习实验教材的有关部分。通过预习，充分了解本次实验的目的、原理、步骤和有关仪器、仪表的使用方法，并将实验电路及实验数据表画好。

② 根据实验电路图，选择相应的长、短接插导线相连，连接导线尽可能少，力求简捷、清楚，尽量避免导线间的交叉。插头要插紧，保证接触可靠，在插头拔出时，因插头为自锁紧专利插件，在拔起的同时，顺时针稍加旋转，向上用力，方可将插件拔出，不能直接拽导线向上用力拔，这样容易使导线断裂。

③ 进行强电实验时，接插、拆除导线均要在断电情况下进行。在实验过程中，如要改变接线，必须先切断电源。待改完线路，再次进行检查后，方可接通电源继续进行实验。

④ 为避免电路电流过度冲击电流表和功率表的电流线圈而使仪表损坏，一般情况下，电流表和功率表的电流线圈并不接死在电路中，而是用电流测量插口来代替，这样既可以保护仪表不受意外损坏，又可以提高仪表的利用率。电流测量的插口采用“双声道”插座，它本身是导通的，当插头插入插口时，电流表串入其中，插头拔出时，电路又自动闭合，如图 A8-1 所示。

⑤ 线路接通后，仔细检查，确认无误方可接通电源。

⑥ 交流实验中的电源电压为 220V 或 380V，所以实验前必须检查所用导线是否断裂、破损，避免用手触及裸露部分。

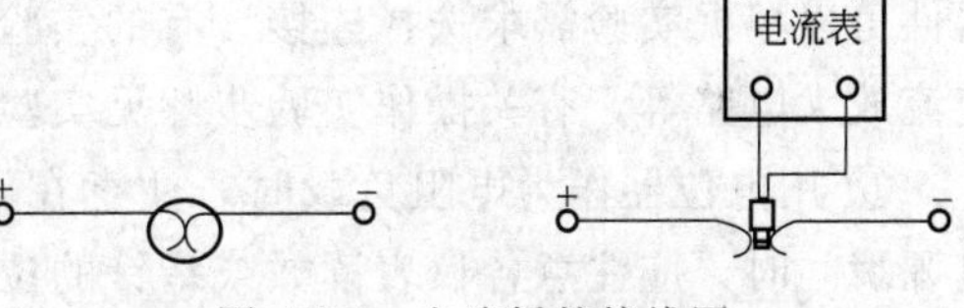

图 A8-1　电流插笔接线图

⑦ 注意安全用电。实验中应严肃、认真、细心，强电实验电压一般为 220V 或 380V，所以不得用手触及电路中的裸露部分或未绝缘的电源部分。

⑧ 闭合电源应果断，同时要用目光监视仪表指示灯和负载有无异常现象，例如仪表有无读数，指针是否有反偏或量程超限现象，有无发热、冒烟现象，如有这些现象应立即切断电源，停止实验，进行检查。

⑨ 电源接通后，应培养单手操作习惯，能用单手操作的尽量不用双手操作。

⑩ 实验结束时，要全面检查实验数据和波形。确认已按实验要求完成实验任务后，在计算机上进行提交。

⑪ 实验结束后，应先切断电源，将调压器归零，然后再拆除装置上的电路连线，并整理好工作台。

⑫ 使用计算机时，还需要注意：

a. 退出实验系统后计算机会自动关闭，不要强制关机；

b. 实验测量的波形需进行复制、粘贴。

A9 电工与 PLC 智能网络型实验系统的使用说明

(1) GDDS-2C. NET 实验台的使用说明

① 向上推上组合开关，按下电源按钮，调节调压器，通过电源仪表观察，当电源仪表上读数为 220V 时，即相电压为 220V，此时 U、V、W 之间电压即 380V 线电压。

② 打开仪表电源开关，双显示仪表的读数或指针应在零位，根据被测实验的额定值，选择合适的量程。电压表和功率表电压线圈并联在电路中使用，电流表和功率表电流线圈通过电流插口串入电路中使用。

③ 正确使用电压表、电流表和功率表。交流电压表可指示电源箱电压，也可指示外接交流输入电压。

(2) YB02-8 电工电子综合实验箱使用说明

① 将电源引入实验箱电源插座中，实验箱通电，按下实验箱左上角电源开关，实验箱通电。此时有稳压电源±12V、5V 电压输出，另一组 0～12V 可调稳压电源通过调节电位器产生可调电压。

② 将直流电压表的正极（红色）、负极（黑色）端分别接至可调稳压电源 0～12V 的＋、－输出端，调节电位器，可产生满足实验要求的各种电压值，电压表并联在电路中使用。

③ 直流电流表的测量范围为 2～200mA、1～5A，使用时将电流表通过电流插口串入电路中，电流表的正极（＋）接电位高的一端，负极（－）接电位低的一端，这样电流从电位高的一端流向电位低的一端，电流表正偏，反之电流表将反偏。

④ 实验箱面板上的电阻、电感、电容、二极管、三极管、集成电路芯片、计数器等元器件可以根据实验需求选择连接，有的实验可直接采用实验箱上的电路，如一阶电路、单级交流放大电路等，有关操作实验步骤见实验教程。

⑤ 用电位器作为电阻负载时，注意在电路中所起的作用，电阻值从最大值开始，接通电源瞬间时，应注意各仪表读数或指针的位置，如有反偏，应切断电源，重新检查接线。

⑥ 面板上的虚线符号是表示反面没有连线，需外接仪表或电源。

⑦ 信号采集区可以帮助稳定信号电源的输入、输出，提高多个参数的同步测试及连接导线的可靠性。

(3) 交流电路实验箱的使用说明

① 本实验箱为交流电路实验箱，使用电压为 380V、220V，因此使用时注意安全。插接导线时应在断电情况下进行。

② 实验电路导线连接好后，应仔细检查，确保无误后再通电，通电时注意电源、仪器、仪表的状况（如指针偏转），是否报警等。

③ 电流插孔状态为相通状态，当电流插头插入时，就将电流表串入电路。

④ 并联谐振及功率因数提高实验中所使用的器件，均已将其各端子在实验台日光灯实验单元引出，并用符号和序号表示，实验时按教程中的实验电路及实验步骤相连接即可。

⑤ RLC串联电路的元器件已布置在面板上，实验时按实验电路图实际连接即可。

⑥ 做星形（Y）负载实验时，负载两端电压为220V；当进行三角形（△）负载实验时，负载两端电压为380V。

（4）电气控制实验箱的使用说明

① 实验线路较复杂时，要按照“先主后控、先上后下、先左后右、先串后并”的接线规则规范接线。

② 控制电路连接元件多，跨度大，当需两根导线连接使用时，其连接点不能悬空，要利用交流接触器中暂时不用的辅助触点过渡一下，以保证安全。

③ 时间继电器在接线时，一定要根据设计要求，记住把延时时间整定好。

④ 热继电器额定电流的选择，要根据电动机的型号、规格和特性进行考虑，以保证电动机能够实现过载保护。

附录 B　常用电工仪表及电子仪器

B1　万用表

万用表又称万能表，有多种量程，常用来测量直流电流、直流电压、交流电压和电阻等。有的万用表还可以测量交流电流、电容、电感以及用于晶体管的简易测试等。万用表按指示方式可以分为指针式万用表和数字式万用表。下面以指针式万用表为例，介绍其使用方法及使用注意事项。

(1) 使用方法

① 调零　将万用表水平放置，表头指针应处于交直流挡标尺的零刻度线上。若不在零位，应通过机械调零的方法（即使用小螺丝刀调整表头下方机械调零螺钉）使指针回到零位，否则读数误差会较大。

② 测量直流电压　先将 2 根表笔插在“+”、“−”相应插孔中，选择开关旋到直流电压挡相应的量程上。测量时，应将电表并联在被测电路上，并注意正、负极性。如果不知被测电压的极性和大致数值，应选择直流电压挡最大量程，进行试探测量（如果指针不动则说明表笔接反，若指针顺时旋转，则表示表笔极性正确），然后再调整极性和合适的量程。测量方法如图 B1-1 所示。

③ 测量交流电压　将选择开关旋至交流电压挡位并选择相应的量程进行测量。测量方法如图 B1-2 所示。

④ 测量直流电流　电表必须按照电路的极性正确地串联在电路中，选择开关旋在“mA”或“μA”和相应的量程上。特别要注意的是不能用电流挡测量电压，以免烧坏电表。测量方法如图 B1-3 所示。

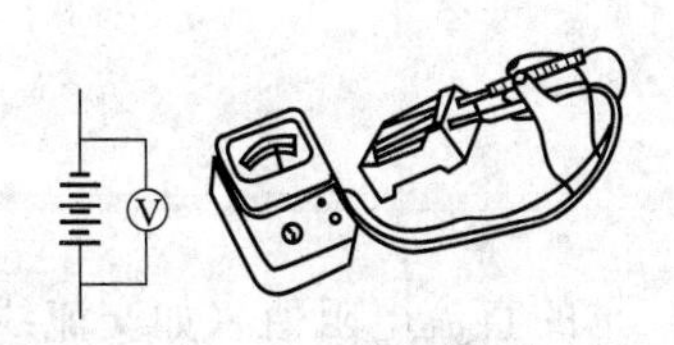

图 B1-1　用万用表测量直流电压

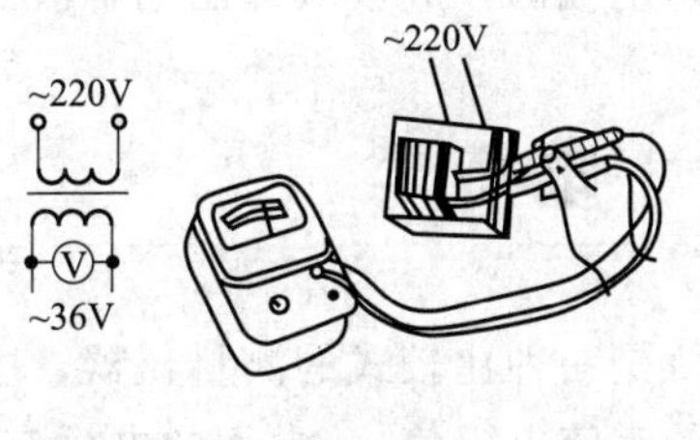

图 B1-2　用万用表测量交流电压

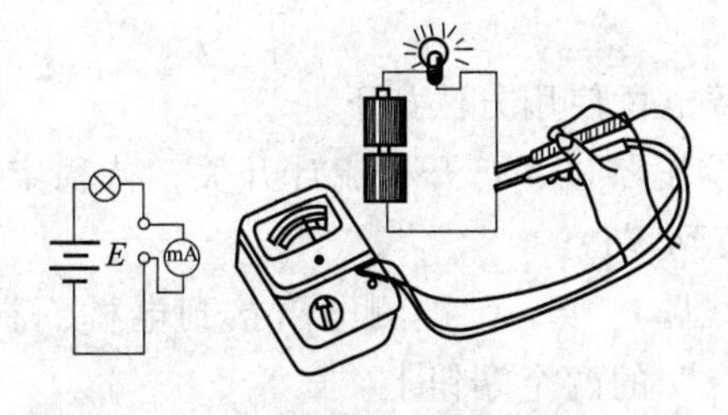

B1-3　用万用表测量直流电流

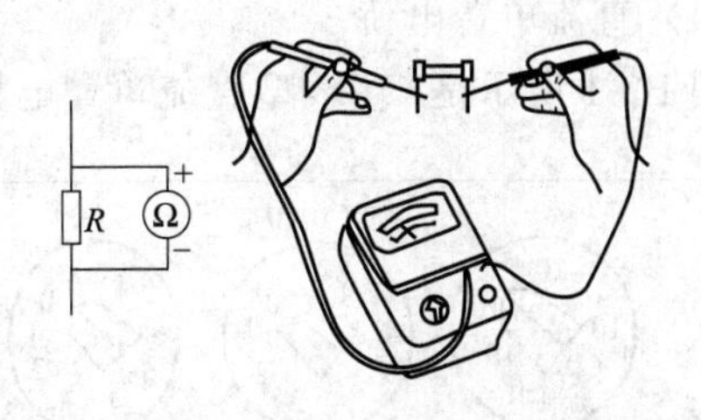

图 B1-4　用万用表测量电阻

⑤ 测量电阻　将选择开关旋在“Ω”挡的适当量程上，将 2 根表笔短接，则指针应指向零欧姆处，若不指向零欧姆，调节欧姆挡零点调整旋钮，使指针指在零欧姆处，然后分开表笔，接触被测电阻器两端进行测量，如图 B1-4 所示。每换一次量程，欧姆挡的零点都需要重新调整一次。

测量电阻时，严禁被测电阻处于带电状态，即使是电容器上的残余电荷也应事先放电后再进行测量，否则容易损坏测量仪表。同时在测量电阻时，双手不应触及电阻两端，否则会将人体电阻并联在被测电阻两端，引起测量误差。

万用表要平放在工作台上适当位置，便于测量时接线选挡、观察表盘指针的摆动和正确读数。待指针稳定后，从标尺刻度上读取测量结果，注意记录数据要带上计量单位。

（2）使用注意事项

① 进行测量前，先检查红、黑表笔连接位置是否正确。红色表笔接到红色接线柱或标有“＋”号的插孔内，黑色表笔接到黑色接线柱或标有“－”号的插孔内，不能接反，否则在测量直流电量时会因正负极接反而使指针反偏，损坏表头部件。

② 在表笔连接被测电路之前，一定要查看所选挡位与测量对象是否相符，如果挡位和量程选择错误，不仅得不到测量结果，还会损坏万用表。

③ 测量时，应用右手握住两支表笔，手指不要触及表笔的金属部分和被测元器件，如图 B1-5(a) 所示。图 B1-5(b) 的握笔方法是错误的。

④ 测量中如需转换量程，必须在表笔离开电路后才能进行，否则选择开关转动产生的电弧易烧坏选择开关的触点，造成接触不良的事故。

⑤ 测量前，应根据每次测量任务将选择开关转换到相应的挡位和量程，这是初学者最容易忽略的环节。

⑥ 测量结束后，应把选择开关拨到交流电压最高量程的位置，防止下次使用时因不慎而损坏万用表。

⑦ 如以后较长时间不用万用表，应将表内电池取

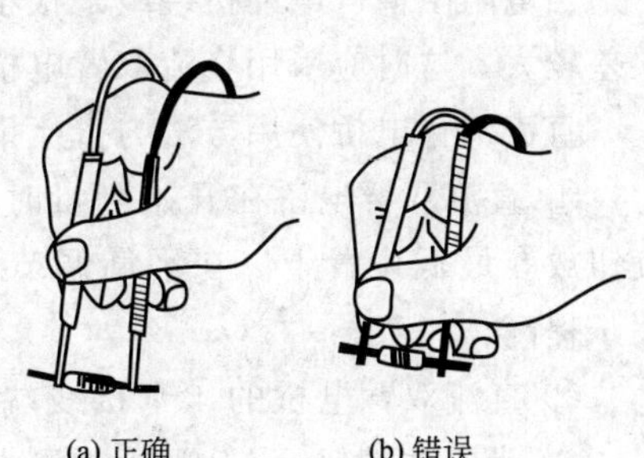

(a) 正确　(b) 错误

图 B1-5　万用表表笔的握法

出，以防电池因存放较久漏出电解液而腐蚀表内电路。

B2 电桥

电桥是一种比较式的测量仪器，主要用于精确测量较小的直流电阻值（如交流线圈或电机线圈的直流电阻值）。常用的电桥有直流单臂电桥（测量范围 $1\sim10^7\Omega$）和直流双臂电桥（测量范围 $10^{-6}\sim11\Omega$）。

（1）直流单臂电桥

图 B2-1 所示是 QJ23 型直流单臂电桥。直流单臂电桥使用方法如下。

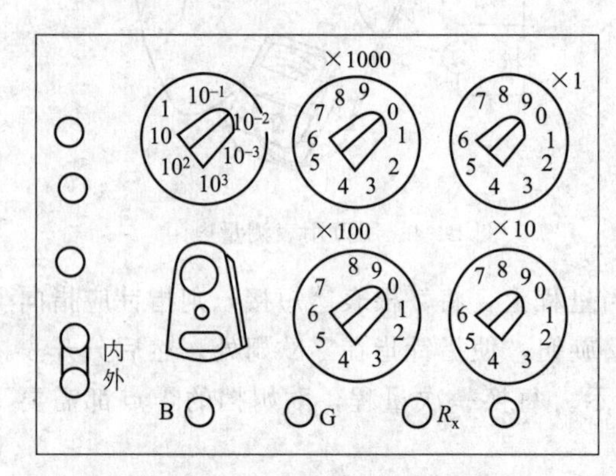

图 B2-1 QJ23 型直流单臂电桥

① 校正零位。打开检流计开关，待稳定后，将指针校到零位。

② 线路连接。将被测电阻接到电桥面板上标有“R_x”的两个端钮上。

③ 倍率选择。先用万用表估计被测电阻值，然后选择倍率，以减少测量时间，获得准确的测量结果。

④ 电桥平衡调节。先按下按钮 B 接通电源，再按下按钮 G 接通检流计。若这时检流计指针顺时针方向偏转，应增加比较臂电阻；反之，减少比较臂电阻。这样反复调节，直至检流计指针指向零位，说明电桥已达到平衡。在平衡调节过程中，不能将按钮 G 锁住，只能在每次调节时短时按下，观察平衡情况。当检流计偏转不大时，才可锁住按钮 G 进行调节。

⑤ 测量后操作。应先松开按钮 G，再松开按钮 B，否则当被测电阻的阻值较大时，易损坏检流计。

⑥ 被测电阻计算。

$$R_x = 倍率 \times 比较臂读数\ (\Omega)$$

⑦ 使用完毕后处理。先将检流计上的开关锁住，并将检流计连接线放在“内接”位置上。

（2）直流双臂电桥

当电阻阻值（电动机绕组）很小时，利用万用表和直流单臂电桥测量对测量结果带来的误差较大，这时应采用直流双臂电桥进行测量。

直流双臂电桥使用方法与直流单臂电桥基本相同，其差别如下。

① 直流双臂电桥在开始测量时，应将控制检流计灵敏度的旋钮放在最低位置上。在平衡调节过程中，若灵敏度不够，可逐步提高。

② 直流双臂电桥的 4 个接线端钮中，C_1、C_2 为电流端钮；P_1、P_2 为电位端钮；AB 间为被测电阻，如图 B2-2 所示。

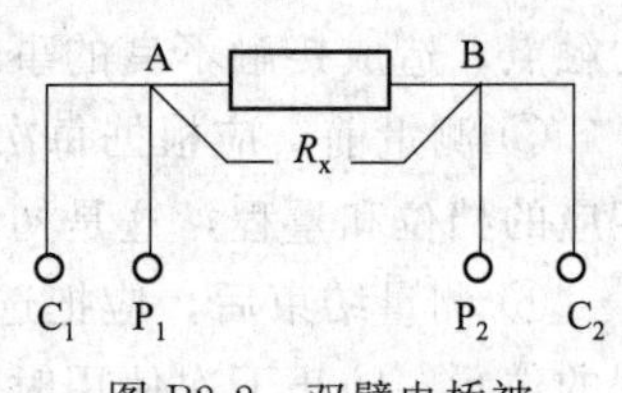

图 B2-2 双臂电桥被测电阻接法

电桥所用连接线应尽量选择较粗的导线，且导线接头与接线端钮应接触良好。

B3 钳形电流表

钳形电流表是常用的测量仪表之一，使用方便，测量时无需断开电路。钳形电流表通常用来测量动力传输线中的电流（如用来测量电动机的启动电流和工作电流），常用钳形电流表如图 B3-1 所示。

（1）钳形电流表的测量原理

由图 B3-1 可以看出，钳形电流表是由一个穿心式电流互感器和一个磁电式电流表所组成。互感器的二次绕组与电流表串联，互感器的铁芯像一把钳子的钳头，可由手柄处控制其张开，将导线夹入钳口内，使钳口关闭，被测载流导线便构成了互感器的一次绕组，铁芯便形成闭合磁路。当被测电流导线中有电流通过时，二次绕组中便产生互感电流，并由电流表读出。

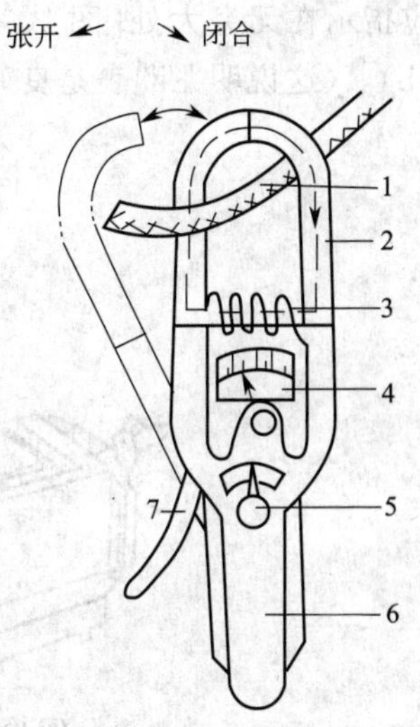

图 B3-1　钳形电流表
1—载流导线；2—铁芯；3—二次绕组；4—表头；5—量程转换开关；6—胶木手柄；7—扳手

有的钳形电流表还能测量电压，这种钳形电流表的手柄上有一个转换开关，可根据不同要求选择不同测量项目和量程。

（2）钳形电流表的使用注意事项

① 为使钳形电流表读数准确，钳口铁芯两个表面应紧密闭合。如有杂声，将钳口重新分合一次；如铁芯仍有杂声，则应将钳口铁芯两表面的污垢擦净后再进行测量。

② 若所测导线电流过小，可将导线在钳形铁芯上绕 n 圈，然后将表头读出的数除以圈数 n，即为被测导线中的电流。

③测量结束后，应将量程选择开关放在最大挡位上，避免再次测量时，由于未选好合适量程而损坏表头。

④ 钳形电流表是低电压测量仪表，测量范围在 110～600V 之间，切勿用于测量高压设备。

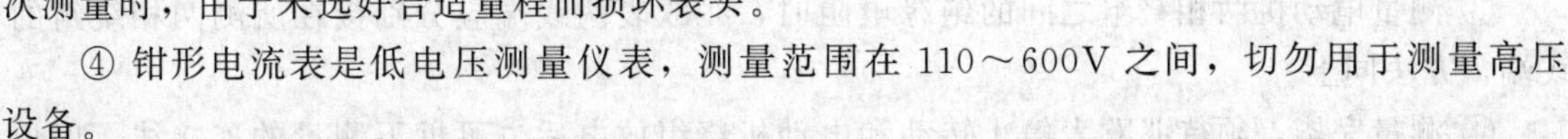

B4 兆欧表

兆欧表俗称摇表，是一种测量电路和电气设备绝缘电阻的常用仪表。

（1）兆欧表的选择

兆欧表的选择主要考虑它的输出电压及测量范围。兆欧表的常用规格有 100V、250V、500V、1000V、2500V 和 5000V 等几种。选用时，要使兆欧表的输出电压高于被测设备的额定电压，但不能过高，否则在测试中可能损坏被测电气设备的绝缘。一般对于测量额定电压在 500V 以下的电路和电气设备，要用 500V 或 1000V 的兆欧表；而测量母线、瓷瓶和闸刀开关等设备，要选择 2500V 以上的兆欧表。

对于兆欧表的测量范围的选择，要注意不使其测量范围过多地超出所需测定的绝缘电阻值，以免读数产生较大误差。

（2）欧姆表的使用

测量时，应先将被测电动机的电源切断，并进行短路放电，然后将兆欧表（图 B4-1）接线“L”端与绕组接线端相连接，接地“E”端与电动机外壳相连接，以 120r/min 转速均匀摇动手柄（切忌忽快忽慢，影响测量准确度），待指针稳定后，从表头读出的数值即为电动机绕组对机壳的绝缘电阻值。

（3）欧姆表使用时的注意事项

① 使用前，应先检查兆欧表是否完好。方法是将兆欧表两线端分开，摇动手柄，指针应指示在无穷大处[图 B4-1(a)]；然后再将两线端短接一下，指针应指示在零处[图 B4-1(b)]（这说明兆欧表是良好的）。

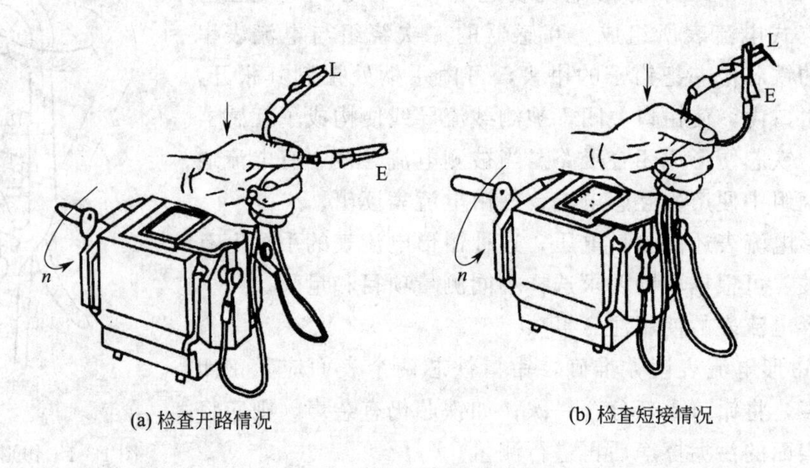

(a) 检查开路情况　　(b) 检查短接情况

图 B4-1　兆欧表使用前的检查

② 摇动手柄时，不要时快时慢，一般要求转速满足 $90\text{r/min} < n < 150\text{r/min}$ 且摇动均匀即可。

③ 测量电动机两相绕组之间的绝缘电阻时，兆欧表两线端应分别接在所测两相绕组的线端，方法同上。

④ 测量完毕，须待兆欧表停止转动和电动机绕组放电后方可拆下测量的连接线，以免触电和打坏兆欧表。

⑤ 兆欧表应定期校验，方法为直接测量有确定值的标准电阻，检查其测量误差。

B5 交流毫伏表

交流毫伏表是一种交流电压表，用它可以测量交流电压的有效值。这里介绍两种型号的交流毫伏表。

B5.1 DA-16 型晶体管交流毫伏表

（1）工作原理

DA-16 型晶体管交流毫伏表的组成如图 B5-1 所示，其各部分工作原理如下。

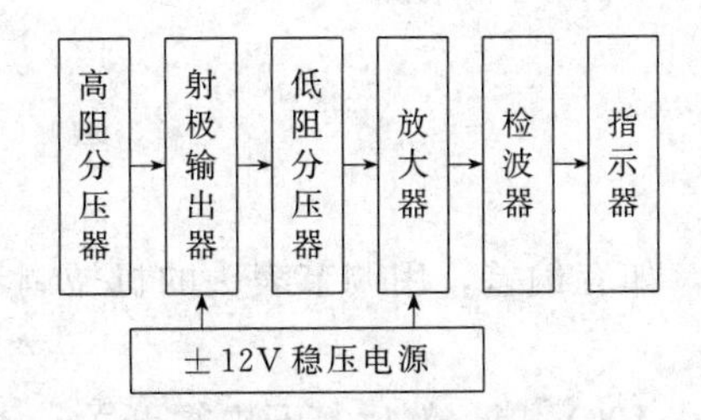

图 B5-1　DA-16 型晶体管交流毫伏表原理框图

① 射极输出器：由于毫伏表的输入阻抗越高越好，所以利用射极输出器输入阻抗高、输出阻抗低的特点，采用射极输出器为输入级。该电路使用 2 个晶体管串联，使输入阻抗更高。为了提高高阻分压器频率响应，该电路将 0.3V 以下信号变换成低阻抗电压进行分压；对大于 0.3V 的信号，为避免输出失真及烧坏晶体管，在前级经衰减后再进入射极输出器。

② 放大器：由 5 个三极管组成，电压增益约为 60。第 1 级采用射极输出器，以减小对前级低阻分压器的影响。放大器具有反馈式线性补偿和频响补偿，有效地克服了检波二极管的非线性及温度系数，并改善了毫伏表的频率响应特性。

③ 检波器：其电路为桥式全波整流。

④ 稳压电源：输出直流电压为＋12V，作为射级输出器和放大器的偏置。

(2) 技术性能

① 交流电压测量范围：100μV～300V；量程为 1mV、3mV、10mV、30mV、300mV、1V、3V、10V、30V、300V 共 10 挡。

② 被测电压频率范围：20Hz～1MHz。

③ 固有误差：小于各挡量程满刻度值的±6%。

④ 工作误差：20Hz～1MHz 为小于等于±8%（相对于各量程满度值）。

⑤ 输入阻抗：在 1kHz 时输入电阻大于 1MΩ；1～300mV 各挡输入电容约 70pF，1～300V 各挡输入电容约 50pF。

⑥ 使用电源：220V±2.2V，50Hz±2Hz，消耗功率 3W。

B5.2　YB2172 型交流毫伏表

(1) 面板控制功能

图 B5-2 所示为 YB2172 型交流毫伏表面板示意图，其主要部件及控制功能如下所述。

① 表头：用于读出输入信号的电压有效值或“dB”值；

② 零点调节：对指针进行零点调节的旋钮。

③ 量程转换开关：根据测量范围选择合适量程。

④ 输入端子：被测量信号由输入端子送入本机。

⑤输出端子：当本机作为一个前置放大器时，由输出口向后级放大器提供输入信号；当量程转换开关在 100mV 时，本机输出电压约等于输入电压；量程转换开关设置在其他量程时，放

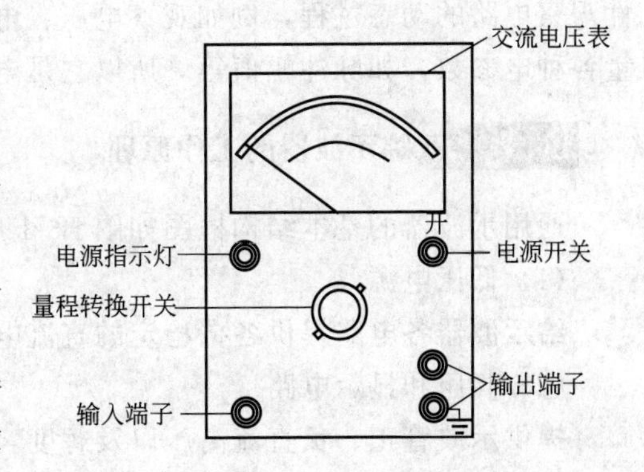

图 B5-2　YB2172 型交流毫伏表面板示意图

大系数分别以 10dB 增加或减少。

(2) 电压测量操作方法

① 关闭电源开关。

② 检查指针是否在零点，如有偏差，用调节表头的机械调零装置使指针指向零点。

③ 接通交流电源。

④ 将量程转换开关设置在 100V 挡，然后打开电源开关。

⑤ 将被测信号接入本机输入端子。

⑥ 拨动量程转换开关，使表头指针所指的位置在大于或等于满度的 1/3 处，以便能方便地读出读数。

(3) 技术性能

① 交流电压测量范围：100μV～100V。

② 电压量程：1mV、3mV、10mV、30mV、100mV、300mV、1V、3V、10V、30V、100V、300V 共 12 挡。

③ "dB" 量程：－60dB、－50dB、－40dB、－30dB、－20dB、－10dB、0dB、10dB、20dB、30dB、40dB、50dB 共 12 挡。

④ 电压固有误差：满刻度的±2％（1kHz）。

⑤ 基准条件下的频率影响误差（以 1kHz 为基准）：5Hz～2MHz 为±10％、10Hz～500kHz 为±5％、20Hz～100kHz 为±2％。

⑥ 输入电阻：1～300mV，6MΩ±6MΩ×10％；1～300V，10MΩ±10MΩ×10％。

⑦ 输入电容：1～300mV，小于 45pF；1～300V，小于 3pF。

B5.3 GB-9B 型真空管毫伏表

GB-9B 型真空管毫伏表使用时，需要预热 5min，然后才能正常工作。其他使用方法与晶体管毫伏表相同。

B6 YB43020D 型双踪示波器

电子示波器是一种能直接观察和真实显示被测信号的综合性电子测量仪器。它不仅能定性观察电路的动态过程，例如观察电压、电流或经过转换的非电量等变化过程，还能定量测量各种电参数，如脉冲幅值等，所以它是电工学实验中的重要仪器之一。

B6.1 双踪示波器的工作原理

通用示波器的基本结构框图如图 B6-1 所示。其主要由以下几部分电路组成。

(1) 低压电源

给示波器各电路提供各挡稳定的直流电压。

(2) 高压和显示电路

提供示波管正、负直流高压以及辉度、聚焦和辅助聚焦调节等直流控制电压。

(3) *Z* 轴电路

输出扫描增辉脉冲放大信号，使屏幕上扫描正程期间显示的波形加亮，以清晰地显示测

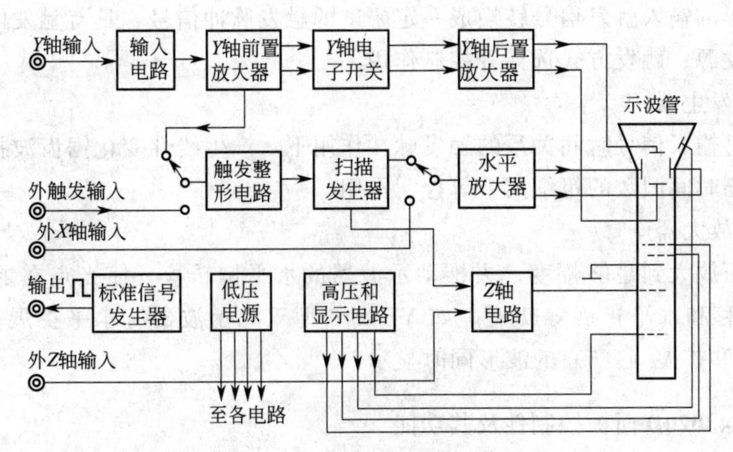

图 B6-1　示波器电路基本结构框图

量的波形。也可用外 Z 轴输入。

（4）标准信号发生器

是机内的校准信号源，用来产生一个幅度和频率准确的信号（通常是对称方波），对 Y 轴灵敏度、扫描时间因数或探极进行校正。

（5）输入电路

包括信号输入直流耦合开关、高阻输入衰减器、阻抗变换器等电路，还具有灵敏度粗调、直流平衡等控制作用。

（6）前置放大器

可将 Y 轴输入信号进行适当放大，单端输入信号转换成推挽输出信号，并从中取出内触发信号，还具有灵敏度微调和校正、Y 轴位移等控制作用。

（7）Y 轴电子开关

用来控制垂直系统各前置放大器的工作状态，使被测信号导通或断开。例如，YB4249 型双踪示波器垂直工作方式如下。

① CH1 通道显示。

② CH2 通道显示。

③ ADD 显示 2 个通道输入信号的代数和。

④ DUAL 显示 CH1、CH2 通道信号，由电子开关切换显示方式，又分为交替方式和断续方式。

当“时间/格”开关置于高于或等于“2ms/div”位置时实行断续方式显示。在此种方式下，Y 轴的电子开关以约 100kHz 的重复频率自激振荡去切换二极管门电路，使得无论何种扫描速度，示波器都以 100kHz 的重复频率断续显示 2 个通道的输出信号。断续工作方式一般是同时观察 2 个通道输入波形的低频信号。

（8）后置放大器

将前级推挽信号放大到足够幅度，用以驱动示波器垂直偏转，使光点在屏幕垂直方向按信号幅度移动。

（9）内触发放大器

对内触发信号适当放大（并提出相应的直流电平），以满足整形电路输入灵敏度的要求。

（10）触发整形电路

将不同波形的输入触发信号转换成一定幅度的触发脉冲信号，具有触发电平调节、触发极性转换、触发源、触发方式选择等控制作用。

(11) 扫描发生器

在对应垂直输入信号时间关系的触发脉冲作用下，产生线性变化锯齿波扫描电压和增辉脉冲，具有扫描时间因数的粗细调节等控制作用。

(12) 水平放大器

将扫描电压放大到足够幅度，去推动示波器的水平偏转板，使光点在屏幕水平方向偏转，具有 X 位移和水平扩展等功能。如 YB4249 型双踪示波器有水平扩展交替显示功能，即常态（×1）和扩展（×5）的波形同时显示。

B6.2 YB43020D 面板控制件及其功能

不同的示波器有其不同的面板控制件。YB43020D 型双踪示波器面板控制件如图 B6-2 所示。

各控制件的作用如下。

① 电源开关（POWER）：按下此开关，接通仪器电源，指示灯亮。

② 亮度（INTENSITY）：可进行亮度调节，顺时针方向旋转按钮，光迹亮度增高。

③ 聚焦（FOCUS）：调节亮度控制按钮使亮度适中，然后调节聚焦控制按钮直至轨迹达到最清晰的程度。

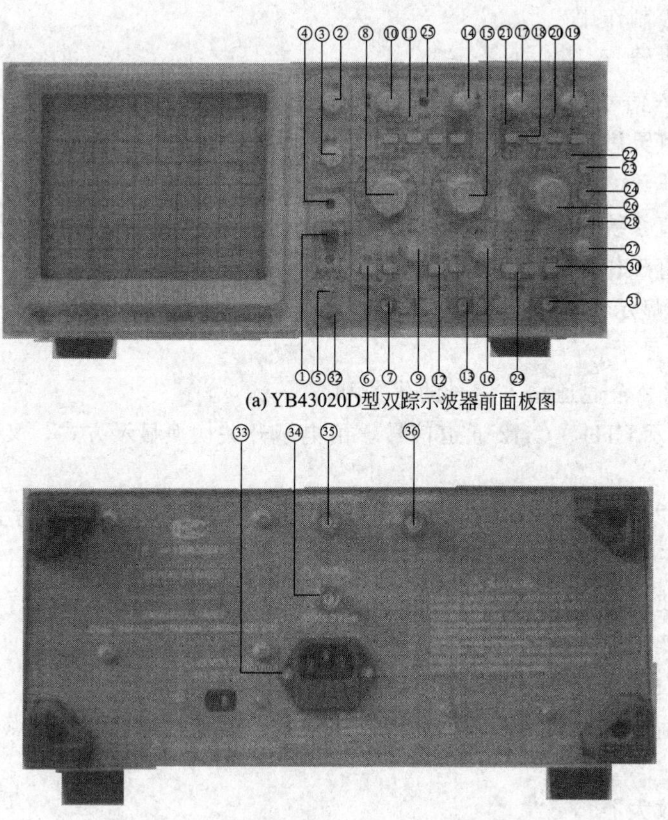

(a) YB43020D型双踪示波器前面板图

(b) YB43020D型双踪示波器后面板图

图 B6-2 YB43020D 型双踪示波器面板图

④ 光迹旋转（TRACE ROTATION）：该按钮用于调节光迹与水平刻度线平行。

⑤ 校准信号（PROBE ADJUST）：该端口输出幅度为0.5V、频率为1kHz的方波信号，用以校准Y轴偏转系数和扫描时间系数。

⑥ 耦合方式（AC、GND、DC）：垂直通道1的输入耦合方式选择。AC：信号中的直流分量被隔开，用来观察信号中的交流成分。DC：信号与仪器通道直接耦合，当需要观察信号的直流分量或被测信号的频率较低时应选用这种方式。GND：输入端处于接地状态，用来确定输入端为零电压时光迹所在位置。

⑦ 通道1输入插座（CH1或X）：双功能端口。常规使用时，此端口作为垂直通道1的输入口；当仪器工作在X-Y方式时，此端口作为水平轴信号输入口。

⑧ 通道1灵敏度选择开关（VOLTS/DIV）：选择垂直轴的偏转系数，从2mV/div～10V/div，分12个挡级调整，可根据被测信号的电压幅度进行选择。

⑨ 微调（VARIABLE）：用以连续调节垂直轴的CH1偏转系数，调节范围≥2.5倍，该旋钮逆时针旋足时为校准位置。可根据“VOLTS/DIV”开关位置和屏幕显示幅度读取该信号的电压值。

⑩ 垂直位移（POSITION）：用以调节光迹在CH1垂直方向的位置。

⑪ 垂直方式（MODE）：选择垂直系统的工作方式。CH1：只显示CH1通道的信号。CH2：只显示CH2通道的信号。交替：用于同时观察两路信号，此时两路信号交替显示，该方式适合于在扫描速率较快时使用。断续：两路信号断续工作，适合于在扫描速率较慢时同时观察两路信号。叠加：用于显示两路信号相加的结果，当CH2极性开关被按下时，则两信号相减。CH2反相：该按键未按下时，CH2的信号为常态显示，当该键被按下时，CH2的信号被反相。

⑫ 耦合方式（AC、GND、DC）：作用于CH2通道，功能同⑥。

⑬ 通道2输入插座：垂直通道2的输入端口。在X-Y方式时，作为Y轴输入口。

⑭ 垂直位移（POSITION）：用来调节光迹在垂直方向的位置。

⑮ 通道2灵敏度选择开关：功能同⑧。

⑯ 微调（VARIABLE）：功能同⑨。

⑰ 水平位移（POSITION）：用以调节光迹在水平方向的位置。

⑱ 极性（SLOPE）：用以选择被测信号在上升沿或下降沿触发扫描。

⑲ 电平（LEVEL）：用以调节被测信号在变化至某一电平时触发扫描。

⑳ 扫描方式（SWEEP MODE）：选择产生扫描的方式。自动（AUTO）：当无触发信号输入时，屏幕上显示扫描光迹，一旦有触发信号输入，电路自动转换为触发扫描状态，调节电平可使波形稳定地显示在屏幕上，此方式适合观察频率在50Hz以上的信号。常态（NORM）：无信号输入时，屏幕上无光迹显示，有信号输入且触发电平旋钮在合适位置上，电路被触发扫描。注意，当被测信号频率低于50Hz时，必须选择常态方式。锁定：仪器工作在锁定状态后，无需调节电平即可使波形稳定地显示在屏幕上。单次：用于产生单次扫描，进入单次扫描状态后，按复位键，电路工作在单次扫描状态，扫描电路处于等待状态，当触发信号输入时，只产生一次扫描，下次扫描需再次按动复位键。

㉑ 触发指示（TRIG'D READY）：该指示灯具有两种功能指示。当仪器工作在非单次扫描方式时，该灯亮表示扫描电路工作在被触发状态；当仪器工作在单次扫描方式时，该灯亮表示扫描电路在准备状态，此时若有信号输入将产生一次扫描，指示灯随之熄灭。

㉒ 扫描扩展指示：在按下“×5 扩展”或“交替扩展”后指示灯亮。

㉓ ×5 扩展：按下后扫描速度扩展 5 倍。

㉔ 交替扩展：按下后，可同时显示原扫描时间和被扩展 5 倍后的扫描时间（在扫描速度慢时，可能出现交替闪烁）。

㉕ 光迹分离：用来调节主扫描和“×5 扩展”扫描后的扫描线的相对位置。

㉖ 扫描速率选择开关：根据被测信号的频率高低，选择合适的挡级。当扫描“微调”置于校准位置时，可根据刻度盘的位置和波形在水平轴的距离读出被测信号的时间参数。

㉗ 微调（VARIABLE）：用于连续调节扫描速率，调节范围≥2.5 倍。逆时针旋足为校准位置。

㉘ 慢扫描开关：用来观察低频脉冲信号。

㉙ 触发源：用来选择不同的触发源，共分为两组。

• 第一组。CH1：在双踪显示时，触发信号来自 CH1 通道，单踪显示时，触发信号来自被显示的通道。CH2：在双踪显示时，触发信号来自 CH2 通道，单踪显示时，触发信号来自被显示的通道。交替：在双踪显示时，触发信号交替来自两个 Y 通道，此方式用来同时观察两路不相关的信号。外接：触发信号来自于外接输入端口。

• 第二组。常态：用于一般常规信号的测量。TV-V：用于观察电视场信号。TV-H：用于观察电视行信号。电源：用于与市电信号同步。

㉚ AC/DC：外触发信号的耦合方式。当选择外触发源且信号频率很低时，应将开关置于“DC”位置。

㉛ 外触发输入插座（EXT INPUT）：当选择外触发方式时，触发信号由此端口输入。

㉜⊥：机壳接地端。

㉝ 带保险丝电源插座：仪器电源进线插口。

㉞ 电源 50Hz 输出：市电信号 50Hz 正弦输出，幅度约 $2V_{PP}$。

㉟ 触发输出（TRIGGER SIGNAL OUTPUT）：随触发选择输出约 100mV/div 的 CH1 或 CH2 通道输出信号，方便于外加频率计等。

㊱ Z 轴输入：亮度调制信号输入端口。

B6.3 测量方法

（1）电压测量

测量时把“VOLTS/DIV”开关的微调装置以逆时针方向旋至满刻度的校准位置，这样可以按“VOLTS/DIV”的指示值直接计算被测信号的电压幅值。由于被测信号一般都含有交流和直流两种成分，因此在测试时应根据下述方法操作。

① 交流电压测量。当只需要测量被测信号的交流成分时，应将 Y 轴输入耦合方式开关置于“AC”位置，调节“VOLTS/DIV”开关，使波形在屏幕中的显示幅度适中，调节“电平”旋钮使波形稳定，分别调节 Y 轴和 X 轴位移，使波形显示值方便读取，如图 B6-3 所示。根据“VOLTS/DIV”的指示值和波形在垂直方向显示的坐标（DIV），按下式读取。

$$V_{PP}=\text{“VOLTS/DIV”指示值}\times H(\text{DIV})$$

$$V_{有效值}=\frac{V_{PP}}{2\sqrt{2}}$$

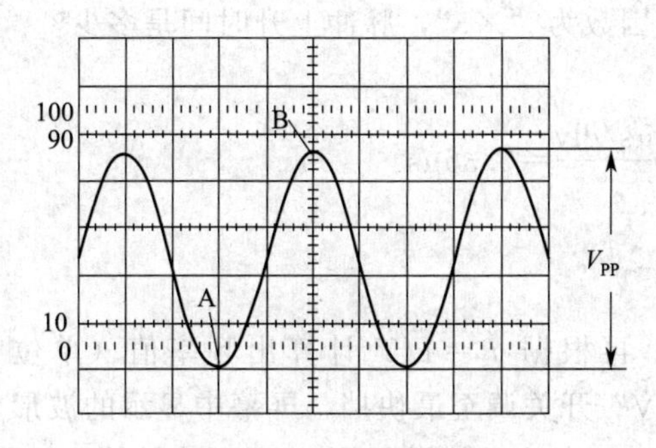

图 B6-3 交流电压的测量

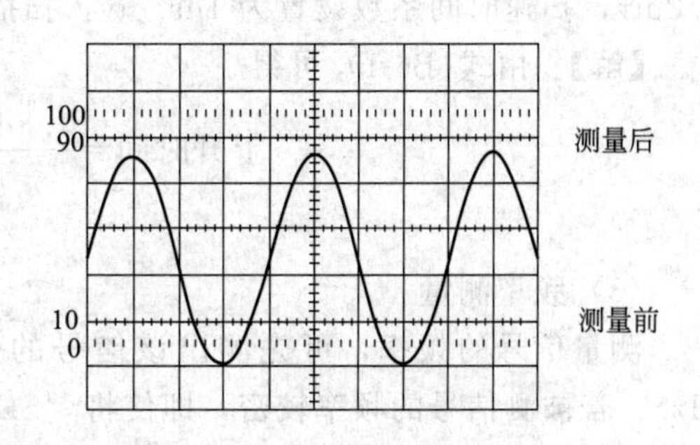

图 B6-4 直流电压的测量

如果使用的探头置 10∶1 位置，应将该值乘以 10。

② 直流电压测量。当需要测量被测量信号的直流或含直流成分的电压时，应先将 Y 轴耦合方式开关置于“GND”位置，调节 Y 轴位移使扫描基线在一个合适的位置上，再将耦合方式开关转换到“DC”位置，调节“电平”使波形同步。根据波形偏转原扫描基线的垂直距离，用上述方法读取该信号的各个电压值，如图 B6-4 所示。

(2) 时间测量

对某信号的周期或该信号任意两点间时间参数进行测量，可首先按（1）中操作方法使波形获得稳定同步后，根据该信号周期或需测量的两点间在水平方向的距离乘以“SEC/DIV”开关的指示值获得。当需要观察该信号的某一细节（如快跳变信号的上升或下降时间）时，可将“扩展×5”按键开关按下，使显示的距离在水平方向得到 5 倍的扩展，调节 X 轴位移，使波形处于方便观察的位置，此时测量的时间值应乘以 1/5。

测量两点间的水平距离，按下式计算出时间间隔。

$$时间间隔=\frac{两点间的水平距离\times扫描时间系数}{水平扩展系数} \tag{B6-1}$$

【例】 图 B6-5 中，测得 A、B 两点的水平距离为 8div，扫描时间系数设置为 2ms/div，水平扩展系数为“×1”，则时间间隔为多少？

【解】 由式(B6-1) 可得

$$时间间隔=\frac{8\text{div}\times 2\text{ms/div}}{1}=16\text{ms}$$

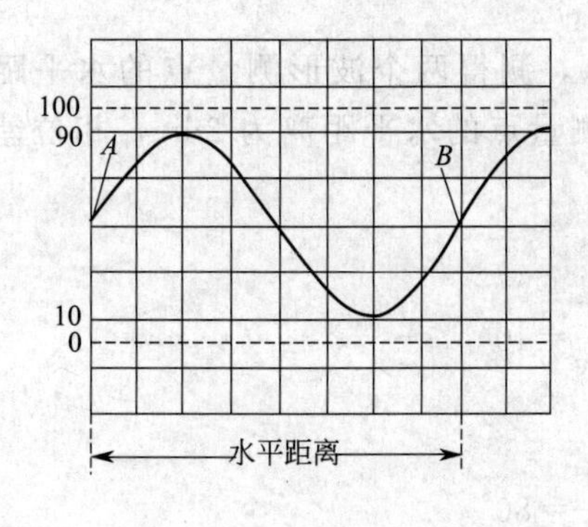

图 B6-5 时间间隔的测量

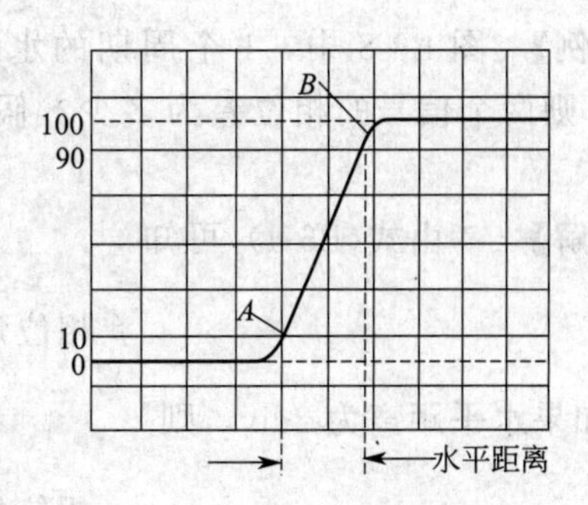

图 B6-6 上升时间的测量

【例】 图 B6-6 中，波形上升沿的 10％处（A 点）至 90％处（B 点）的水平距离为

1.8div，扫速时间系数设置为 1μs/div，扫描扩展因数为“×5”，脉冲上升时间是多少？

【解】 由式(B6-1) 可得

$$上升时间=\frac{1.8\text{div}\times 1\mu\text{s/div}}{5}=0.36\mu\text{s}$$

(3) 频率测量

测量信号的频率，可先测出该信号的周期，再根据 $f=1/T$ 计算出频率值（单位为 Hz）。若被测信号的频率较密，即使将“SEC/DIV”开关调至最快挡，屏幕中显示的波形仍然较密。为了提高测量精度，可根据 X 轴方向 10div 内显示的周期数 N 用下式计算。

$$f=\frac{N}{\text{“SEC/DIV”指示值}\times 10} \tag{B6-2}$$

(4) 两个相关信号的时间差或相位差的测量

根据两个相关信号的频率，选择合适的扫描速度，并将垂直方式开关根据扫描速度的快慢分别置“交替”或“断续”位置，将“触发源”选择开关置被设定作为测量基准的通道，调节电平使波形稳定同步，根据两个波形在水平方向某两点间的距离，用下式计算出时间差。

$$时间差=\frac{水平距离(格)\times 扫描时间因数(时间/格)}{水平扩展因数} \tag{B6-3}$$

【例】 图 B6-7 中，设扫描时间因数为 50μs/div，水平扩展因数置“×1”，测得两个测量点之间的水平距离为 1.5div，时间差为多少？

【解】 由式(B6-3) 可得

$$时间差=\frac{1.5\text{div}\times 50\mu\text{s/div}}{1}=75\mu\text{s}$$

若测量两个信号的相位差，可在用上述方法获得稳定显示后，调节两个通道的“VOLTS/DIV”开关和微调，使两个通道显示的幅度相等。调节“VAR”微调，使被测信号的周期在屏幕中显示的水平距离为几个整数格，则

$$每格的相位角=\frac{360^\circ}{一个周期的水平距离(格)} \tag{B6-4}$$

式中，每格的相位角单位为（°）；一个周期的水平距离单位为 div。

根据另一个通道信号超前或滞后的水平距离乘以每格的相位角，得出两个信号的相位差。

【例】 图 B6-8 中，1 个周期的水平距离为 9div，测得两个波形测量点的水平距离为 1div，则两个信号的相位差为多少？假设两个波形测量点的水平距离为 2div，相位差又为多少？

【解】 由式(B6-4) 可知

$$相位角=1\text{div}\times\frac{360^\circ}{9\text{div}}=40^\circ$$

如果水平距离为 2div，则

$$相位角=2\text{div}\times\frac{360^\circ}{9\text{div}}=80^\circ$$

(5) 两个不相关信号的测量

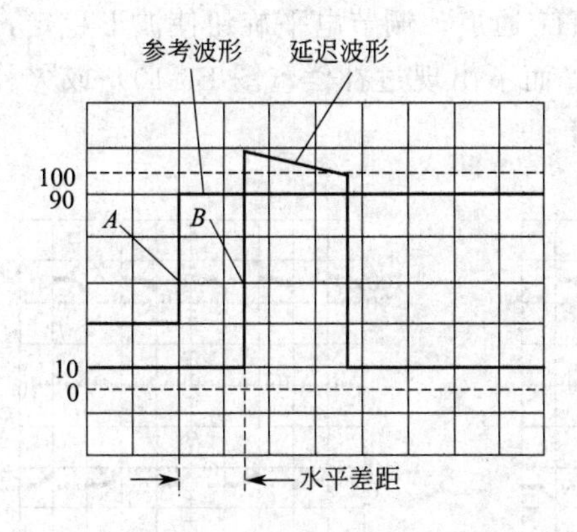

图 B6-7 两个相关信号时间的测量

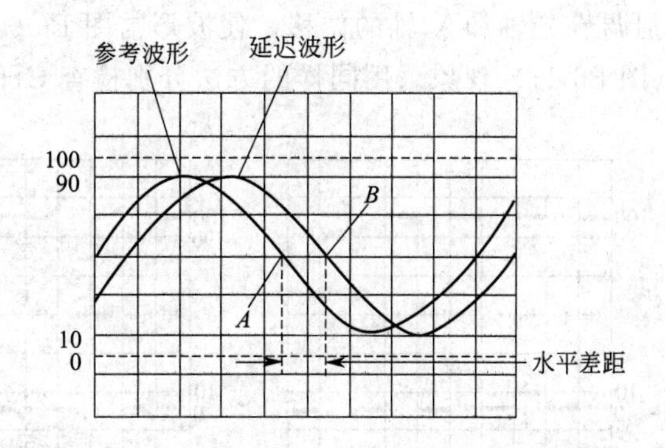

图 B6-8 对两个相关信号相位差的测量

当需要同时测量两个不相关信号时，应将垂直方式开关置于“ALT”位置，并将触发源选择开关“CH1”、“CH2”两个按键同时按下，调节电平可使波形同步。在使用本方式工作时，应注意以下两点。

① 因为本方式仅限于在“垂直方式”为“交替”时使用，因此被测信号的频率不宜过低，否则会出现两个通道交替闪烁现象。

② 当其中一个通道无信号输入时，将不能获得稳定同步。

B6.4 使用说明

（1）安全检查

① 工作环境和电源电压应满足技术指标中给定的要求。

② 初次使用或久藏后再用，应首先检查机器有无明显的异常现象，如机内有无异物进入，各部件是否有松动、脱落等现象。建议先放置在通风干燥处几小时，通电 1～2h 后再使用。

③ 使用时不要将机器的散热孔堵塞，长时间连续使用要注意机器的通风情况是否良好，防止机内温度升高而影响机器的使用寿命。

（2）仪器工作状态检查

① 检查主机。

② 把有关控制件置于表 B6-1 所列作用位置。

表 B6-1 控制件作用位置

控制件名称	作用位置	控制件名称	作用位置
亮度(INTERSITY)	居中	输入耦合	DC
聚焦(FOCUS)	居中	扫描方式(SWEEP MODE)	自动
位移(三个)(POSITION)	居中	极性(SLOPE)	＿／￣
垂直方式(MODE)	CH1	秒/格(SEC/DIV)	0.5ms/div
伏/格(VOLTS/DIV)	0.1V	触发源(TRLGGER SOURCE)	CH1
微调(三个)(VARLABLE)	逆时针旋足	耦合方式(COUPLING)	AC 常态

③ 接通电源，电源指示灯亮。稍等预热，屏幕中出现光迹，分别调节亮度和聚焦旋钮，使光迹的亮度适中、清晰。

④ 通过连接电缆将机器探极校准信号输入至CH1通道，调节电平旋钮使波形稳定，分别调节Y轴和X轴的位移，使波形与图B6-9吻合，而不出现过补偿（图B6-10）或欠补偿（图B6-11）现象。用同样的方法分别检查CH2通道。

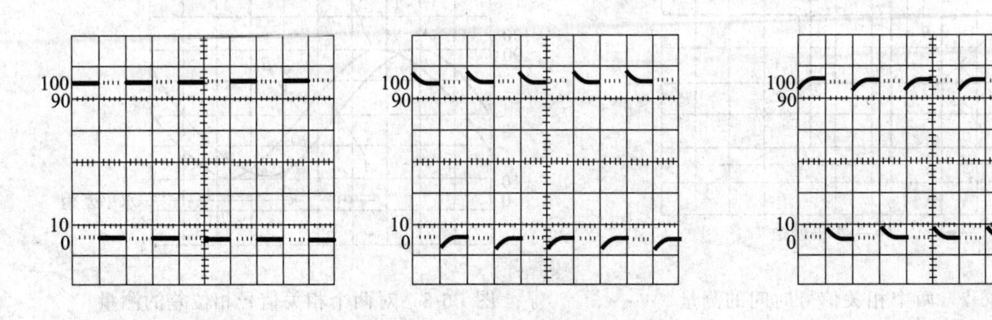

图 B6-9　补偿适中　　图 B6-10　波形过补偿　　图 B6-11　波形欠补偿

⑤ 探头检查。将探头分别接入两Y轴输入接口，将"VOLTS/DIV"开关调至10mV，探头衰减置"×10"挡，屏幕中应显示如图B6-9所示的波形。如波形有过补偿或欠补偿现象，可用高频旋具调节探极补偿元件，使波形达到最佳。

上述检查完成后，说明机器工作状态基本正常，可以进行测试。

B7 YB1615P型函数发生器

YB1615P型函数发生器作为实验室测试电路、实验电路的一种信号源，具有稳定性高、非线性失真小、能产生多种波形（如正弦波、三角波、矩形波等）的特点。

B7.1 工作原理

工作原理如图7-1所示。

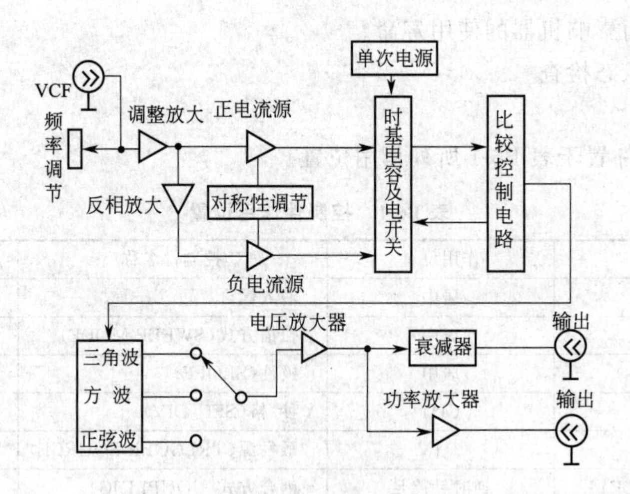

图 B7-1　YB1615P型函数发生器工作原理框图

B7.2　面板控制件及功能

面板操作键如图 B7-2 所示。

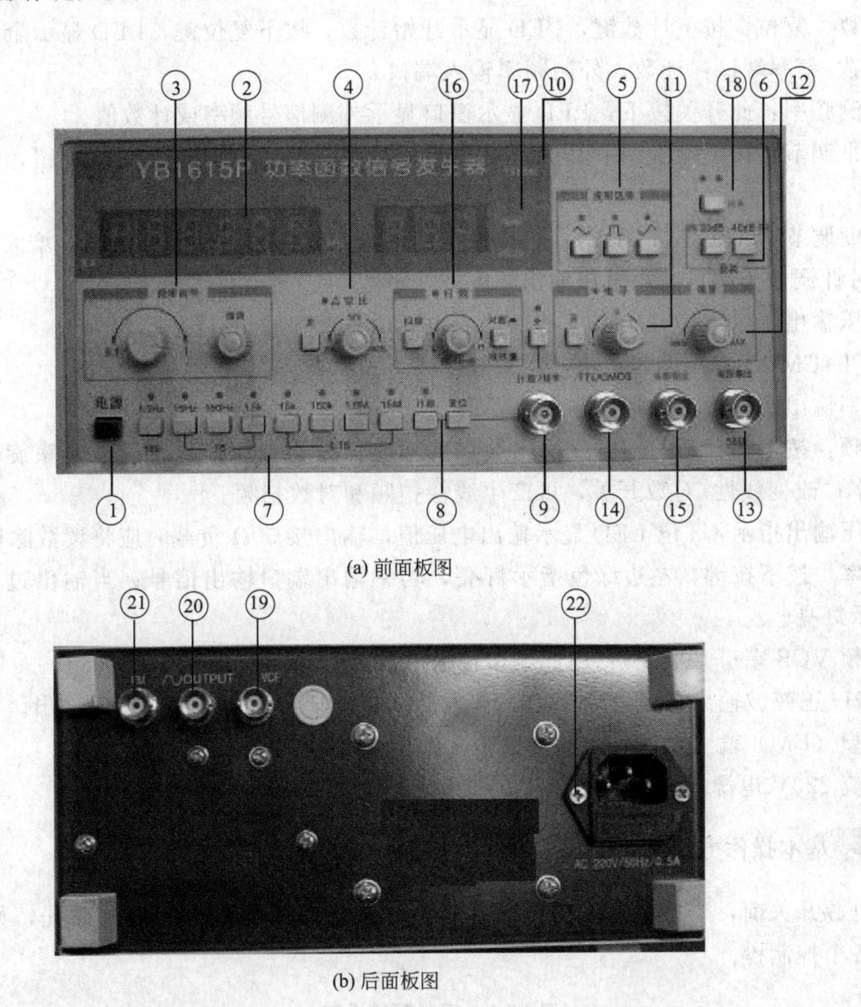

(a) 前面板图

(b) 后面板图

图 B7-2　YB1615P 型函数发生器面板图

各操作键作用如下。

① 电源（POWER）：电源开关按键弹出为“关”位置；将电源线接入，按下电源开关，接通电源。

② LED 显示窗口：此窗口指示输出信号的频率，当“外测”开关按下，显示外测信号的频率；如超出测量频率，溢出指示灯亮。

③ 频率调节（FREQUENCY）：调节此旋钮改变输出信号频率，顺时针旋转频率增大，逆时针旋转频率减小；微调旋钮可以微调频率。

④ 占空比（DUTY）：占空比开关和占空比调节按钮。将占空比开关按下，占空比指示灯亮，调节占空比旋钮，可以改变波形的占空比。

⑤ 波形选择（WAVE FORM）：按下对应波形的某一键，可选择需要的波形，3 个键都未按下，无信号输出，此时为直流电平。

⑥ 衰减（ATTE）：电压输出衰减开关，可选择 20dB 和 40dB；如果两键同时按下则为 60dB。

⑦ 频率范围选择（兼频率计数闸门开关）：根据需要的频率，按下其中某一键。

⑧ 计数、复位：按下计数键，LED 显示开始计数；按下复位键，LED 显示全为 0。

⑨ 计数/频率端口：计数、外测频率输入端口。

⑩ 外测频率：此开关按下，LED 显示窗口显示外测信号频率或计数值。

⑪ 电平调节：按下电平调节开关，电平指示灯亮，此时调节电平调节旋钮，可改变直流偏置电平。

⑫ 幅度调节（AMPLITUDE）：可改变电压输出幅度。顺时针调节旋钮，增大电压输出幅度；逆时针调节旋钮，减小电压输出幅度。

⑬ 电压输出端口（VOLTAGE OUT）：电压由此端口输出。

⑭ TTL/CMOS 输出端口：由此端口输出 TTL/CMOS 信号。

⑮ 功率输出端口：由此端口输出功率。

⑯ 扫频：按下扫频开关，电压输出端口的输出信号为扫频信号，调节速率旋钮，可改变扫频速率；改变线性/对数开关，可产生线性扫频和对数扫频。

⑰ 电压输出指示：3 位 LED 显示输出电压值，输出接 50Ω 负载时应将读数除以 2。

⑱ 功率：按下按键，左边绿色指示灯亮，功率输出端口输出信号；当输出过载时，右边红色指示灯亮。

⑲ 调频 VCF 端口（VCF）：由此端口输入电压控制频率变化。

⑳ 50Hz 正弦波输出端口（OUTPUT）：50Hz 约 $2V_{PP}$ 正弦波由此端口输出。

㉑ 调频（FM）输入端口：由此端口输入外调频波。

㉒ 交流 220V 电源插座。

B7.3 基本操作方法

打开电源开关前，先检查输入的电压，将电源线插入后面板上的电源插孔，如表 B7-1 所示设定各个控制键。

表 B7-1 控制键的设定

控制键	位置	控制键	位置
电源开关(POWER)	电源开关键弹出	电平开关	电平开关弹出
衰减开关(ATTE)	衰减开关弹出	扫频开关	扫频开关弹出
外测频开关(COUNTER)	外测频开关弹出	占空比开关	占空比开关弹出

所有控制键如表 B7-1 设定后，按下电源开关，函数信号发生器默认“10k”挡正弦波，LED 显示窗口显示本机输出信号频率。

将电压输出信号由电压输出端口（VOLTAGE OUT）通过连接线送入示波器 Y 输入端口。

(1) 三角波、方波、正弦波的产生

① 将波形选择开关（WAVE FORM）分别按下“正弦波”、“方波”、“三角波”，此时示波器屏幕上将分别显示“正弦波”、“方波”、“三角波”。

② 改变频率选择开关，根据需要，按下不同的频率选择开关，示波器显示的波形以及

LED 窗口显示的频率将发生明显的变化。

③ 调节幅度旋钮，顺时针旋转至最大，示波器显示的波形幅度将≥$20V_{PP}$。

④ 将电平开关按下，顺时针旋转电平旋钮至最大，示波器波形向上移动，逆时针旋转，示波器波形向下移动，最大变化量超过±10V。注意，信号超过±10V 或±5V(50Ω) 时被限幅。

⑤ 按下衰减开关，输出波形将被衰减。

(2) 计数、复位

① 按下复位键，LED 显示全部位 0。

② 按下计数键，计数/频率端输入信号时，LED 显示计数。

(3) 斜波的产生

① 波形开关置于“三角波”。

② 按下占空比开关，指示灯亮。

③ 调节占空比旋钮，使三角波变为斜波。

(4) 外测频率

① 按下外测频开关。

② 外测信号由计数/频率输入端输入。

③ 选择适当的频率范围，由高量程向低量程选择合适的有效数，以确保测量精度（注意，当有溢出指示时，应提高一挡量程）。

(5) TTL 输出

① TTL/CMOS 端口接示波器 Y 轴输入端（DC 输入）。

② 示波器将显示方波或脉冲波，该输出端可用作 TTL/CMOS 数字电路时钟信号源。

(6) 扫频（SCAN）

① 按下扫频开关，此时幅度输出端口输出的信号为扫频信号。

② 线性/对数开关。开关未按下时，在扫频状态下弹出时为线性扫频，按下时为对数扫频。

③ 调节扫频旋钮，可改变扫频速率。顺时针调节，增大扫频速率；逆时针调节，减小扫频速率。

(7) 压控调频（ACF）

由 VCF 输入端口输入 0～5V 的调制信号，此时幅度输出端口输出的为压控信号。

(8) 调频（FM）

由 FM 端口输入频率为 10Hz～20kHz 的电压调制信号，此时幅度输出端口为调频信号。

(9) 50Hz 正弦波

由交流 50Hz 正弦波（OUTPUT）输出端口输出 50Hz 约 $2V_{PP}$ 的正弦波。

(10) 功率输出

按下功率按键，上方左边绿色指示灯亮，功率输出端口有信号输出，改变幅度电位器，输出幅度随之改变。当输出过载时，上方右边红色指示灯亮。

B7.4 技术指标

(1) 电压输出

YB1615P 函数发生器输出电压指标见表 B7-2。

表 B7-2 输出电压指标

频率范围	0.15～15Hz	输出电压幅度	$20V_{PP}$(1MΩ)，$10V_{PP}$(50Ω)
频率分挡	8 挡 10 进制	输出保护	短路，抗输入电压：±35V(1min)
频率调整率	0.1～1	正弦波失真度	≤"100k"：2% >"100k"：30dB
输出波形	正弦波、方波、三角波、斜波、50Hz 正弦波	频率响应	≤5MHz±0.5dB >5MHz±1.5dB
输出阻抗	50Ω	三角波线性	≤100kHz：98%。>100kHz：95%
输出信号类型	单频、调频、扫频	占空比调节	20%～80%
扫频类型	线性、对数	直流偏置	±10V(1MΩ)；±5V(50Ω)
扫频速率	10ms～5s	方波上升时间	20ns($5V_{PP}$，1MHz)
VCF 电压范围	0～5V，压控比≥100：1	衰减精度	≤±3%
外调频电压	0～$3V_{PP}$(50Ω)	占空比对频率影响	±10%
外调频频率	10Hz～15kHz	50Hz 正弦输出	约 $2V_{PP}$

(2) TTL/CMOS 输出

输出幅度：低电平≤0.6V；高电平≥2.8V。

输出阻抗：600Ω。

输出保护：短路，抗输入电压为±35V (1min)。

(3) 频率计数

测量精度：5 位±1%或±1 个字。

分辨率：0.1Hz。

闸门时间：10s、1s、0.1s。

外测评范围：1Hz～30MHz。

计数范围：5 位 (99999)。

(4) 功率输出

频率范围 (3dB 带宽)：在 1～6 挡：方波和三角波均为 30kHz。正弦波为 100kHz。

输出电压：$35V_{PP}$。

输出功率：≥10W。

直流电平偏移范围：−15V～+15V。

输出负载阻抗：见表 B7-3。

表 B7-3 输出负载阻抗

输出电压	正弦波、三角波	方波
≤$35V_{PP}$	15Ω	30Ω
≤$30V_{PP}$	10Ω	16Ω
≤$25V_{PP}$	8Ω	10Ω
≤$20V_{PP}$	8Ω	8Ω

(5) 幅度显示

显示位数：3 位。

显示单位：V_{PP} 或 mV_{PP}。

显示误差：±15%或±1 个字。负载为 1MΩ 时直读；负载电阻为 50Ω 时读数除以 2。

分辨率：$1mV_{PP}$(40dB)。

(6) 电源

电压：（1±10％）220V。

频率：（1±5％）50Hz。

视在功率：约10V·A。

（7）环境条件

工作温度：0～40℃。

储存温度：－40～60℃。

工作湿度上限：90％（40℃）。

储存湿度上限：90％（50℃）。

B7.5 使用注意事项

① 工作环境和电源应满足计数指标中给定的要求。

② 初次使用机器或久储后再用，建议放置在通风干燥处几小时，通电1～2h后再使用。

③ 为了获得高质量的小信号（mV级）可暂将“外测开关”置“外”，以降低数字信号的波形干扰。

④ 外测频时，应先选择高量程挡，然后再根据测量值选择合适的量程，确保测量精度。

⑤ 电压幅度输出、TTL/CMOS输出要尽可能避免长时间短路或电流倒灌。

⑥ 各输入端口，输入电压不能高于±35V。

⑦ 功率输出过载或短路后，机内自动保护工作，恢复需10s以上时间。

⑧ 为了观察准确的函数波形，建议示波器带宽应高于该仪器上限频率的2倍。

附录C Multisim10 仿真软件简介

随着电子技术的发展，电路中元器件的种类越来越多，集成度越来越高，电路设计的复杂程度越来越高，电子产品的更新周期也越来越短。利用虚拟电路设计可以提高设计效率，排除设计缺陷，缩短设计周期，降低设计成本。目前，可利用的仿真软件很多，如EWB、Multisim以及Matlab等，这里主要介绍Multisim10的使用，在此基础上，用户可以触类旁通，掌握其他仿真软件的使用方法。

C1 虚拟电路实验平台 Multisim10

电子产品设计与计算机系统紧密相联，借助电子设计自动化EDA（Electronic Design Automation）软件可以完成传统的设计，还可以进行多种测试，如元器件的老化试验、印制板的温度分布和电磁兼容性测试等。

虚拟电路实验平台是一种在计算机上运行电路仿真软件来模拟实验的工作平台。仿真软件可以逼真地模拟各种电路的元器件以及仪器仪表，不需要任何真实的元器件与仪器仪表就可以进行相关课程的实验。这一平台具有功能全、成本低、效率高、易学易用以及便于自学、便于开展综合性或设计性实验等优点。它不仅可以作为现行的各种实验的一种补充与替代手段，而且可以作为复杂的电路系统的设计、仿真与验证的实用手段，可实现电路与系统的EDA。

Multisim10是National Instruments公司于2007年3月推出的Ni Circuit Design Suit10中的一个重要组成部分，它是基于Windows平台的电路级仿真工具，适用于模拟、数字电子电路的仿真设计，可以实现原理图的捕获、电路分析、电路仿真、仿真仪器测试、射频分析、单片机等高级应用。Multisim10以其数量众多的元件库、标准化的仿真仪器、直观的界面捕获、简洁明了的操作、强大的分析测试、可信的测试结果，为众多电子工程设计人员缩短产品研发时间、强化电路实验教学立下了汗马功劳。下面简单介绍 Multisim10 的基本功能和使用方法。

C1.1 Multisim10 的功能

Multisim10 是一个完整的系统设计工具，具有强大的功能。

① 电路原理的建立。

② 完整的元件库。Multisim10 提供了信号类、基本元件类、二极管类、晶体管类、模拟 IC 类、TTL 数字集成电路、CMOS 数字集成电路、微处理器电路类、RF 类等 16 大类、15000 多种元件。

③ 结合 Spice、HDL 共同仿真。

④ 高级 RF 设计功能。

⑤ 虚拟仪器测试及分析功能。

⑥ PCB 网络表文件转换功能。

⑦ 各种电子设计的分析功能。Multisim10 提供的仿真分析算法包括有：直流工作点分析；交流分析；瞬态分析；傅里叶分析；噪声分析；噪声特性分析；失真分析；直流扫描分析；交流/直流灵敏度分析；参数扫描分析；温度扫描分析；极点-零点分析；传递函数分析；最坏状况分析；蒙特卡罗分析；PCB 线宽分析等。

⑧ 项目及团队设计功能。

⑨ 可以自建 LabVIEW 虚拟仪器。

C1.2 Multisim10 的基本操作界面

Multisim10 启动后，系统进入其操作界面，如图 C1-1 所示。Multisim10 主界面由菜单栏、系统工具栏、设计工具栏、元器件库栏、仪表栏以及原理图编辑窗口等组成。

（1）菜单栏

Multisim10 的菜单栏用于查找所有的命令功能。在每个主菜单下均有一个下拉菜单，用户可以从中找到电路文件的存取、电路图的编辑、电路的方针与分析，以及在线帮助等各项功能的命令。

（2）系统工具栏

Multisim10 的系统工具栏包含的是常用的功能命令按钮。

（3）设计工具栏

设计工具栏是 Multisim10 的核心部分，它能够为程序运行提供各种功能按钮，指导用户按部就班地进行电路的建立、仿真、分析以及最终的数据输出。

（4）元器件库栏

它提供了从 Multisim 元器件库中选择、放置元件到原理图中的操作。该部分表示的元件均为真实元件。选择放置元件时，只需要单击其相应的元件组，然后从对话框中选择元件，当确定找到了所要的元件后，单击对话框中的“OK”按钮即可。如果不需要再放置元件，则单击“Close”按钮。

（5）仪表栏

仪表栏提供所有的仪表按钮，是 Multisim 进行虚拟电子实验和电子设计仿真最快捷而

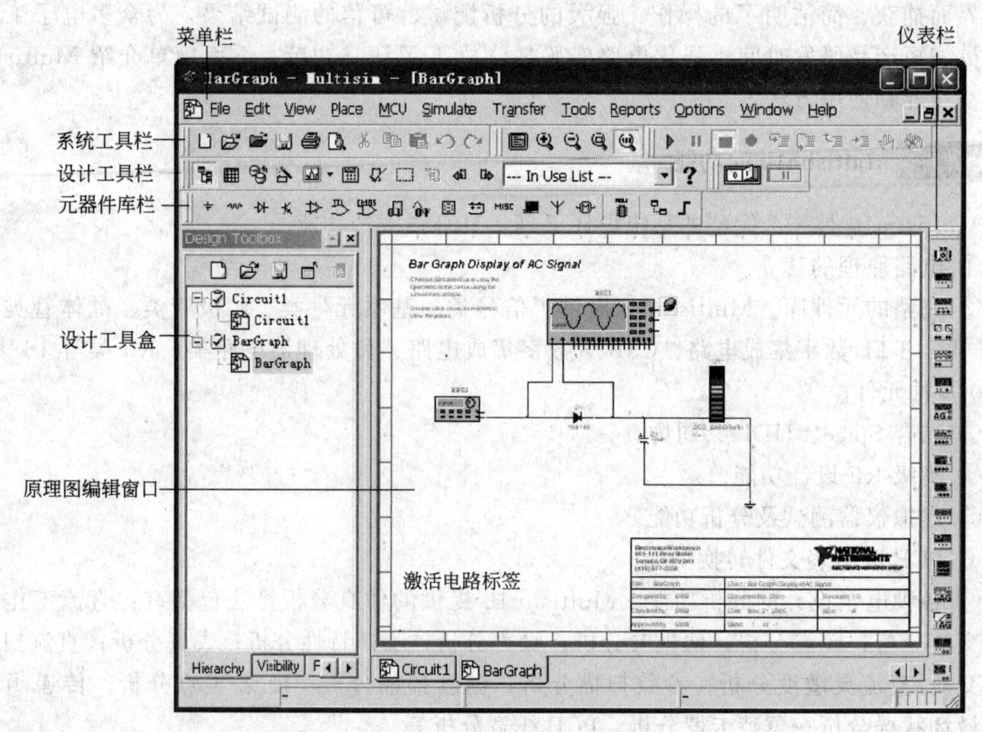

图 C1-1　Multisim10 基本界面

又形象的特殊窗口，也是 Multisim 最有特色的地方。

（6）原理图编辑窗口

该区域是 Multisim 的主要工作区，电路的输入、连接、测试及仿真均在该区域内完成。

C2 元件库及其使用

C2.1 元件的选取与放置

Multisim10 中的元件可以从两个地方来选取：元器件库栏、“Place”菜单下的“Component”命令。

Multisim10 将构成电路的所有元件存放在元器件库栏，元器件库栏中各按键对应的元件组说明如图 C2-1 所示。单击该工具栏上需要的元件组按键，或者单击“Place”菜单下的“Component”命令，也可在电路编辑窗口的空白处单击鼠标右键，从弹出的快捷菜单中选择“Place Component”命令，或者在键盘上按下快捷键“Ctrl＋W”，均可以打开“Select a Component”对话框，如图 C2-2。

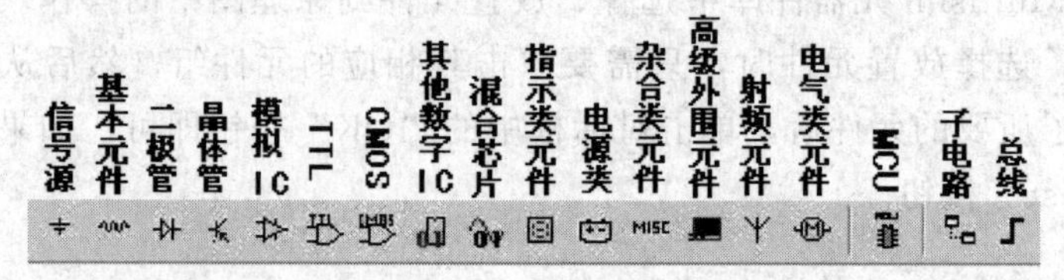

图 C2-1　Multisim10 元器件库栏

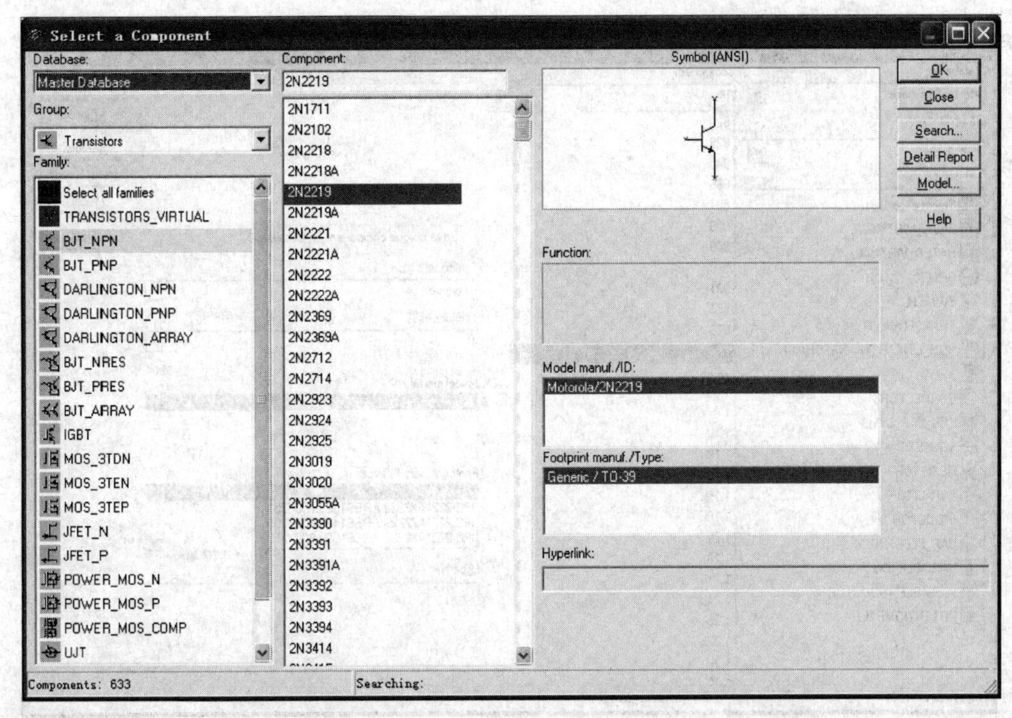

图 C2-2　“Select a Component”对话框

下面举例说明放置常用的电阻、电容和电感元件的步骤和注意事项。

①“Database”（数据库）的选择。Multisim10 提供了“Master Database”（主数据库）、“Corporate Database”（内部公共数据库）和“User Database”（用户数据库）三类数据库。默认状态为“Master Database”（主数据库），企业内部或用户自己手工添加的元件可以使用后两者。

②“Group”（大类）的选择。在图 C2-2 所示的元件选取对话框中，“Group”（大类）选择栏的下拉列表中列出了与元件工具栏一样的分类，用户根据元件所在的大类，选择相应的选项。电阻、电容和电感在“Basic”（基本）元件类中，用户在下拉列表中选择“Basic”即可，也可以直接点击元件工具栏的“Basic”按钮，弹出如图 C2-3 所示的显示“Basic”（基本）元件“Select a Component”对话框。

③“Family”（族）的选择。Multisim10 将元件类型称为“Family”（族）。用户在“Family”下选择相应的元件类。例如电阻，选择“RESISTOR”（电阻）。

④“Component”（元件）的选择。用户在前面的选择正确后就会在“Component”（元件）栏的下拉列表中找到元件的常用参数或型号。例如 1kΩ 的电阻，用户也可以在列表顶部空白处输入需要的电阻值。

⑤ 如果勾选“Save unique component on placement”（在放置中保存唯一元件）复选框，所有具有唯一合并值的元件将被保存到“Master Database”（主数据库）中。

⑥ 选择“Component type”（所需的元件类型）时，如果元件仅用于仿真，选择“no type”。若在“Component”（元件）列表中找不到所需的类型，可以手工输入。

⑦ 选择“Tolerance（%）”（允许误差值）。如果在列表中没有找到所需的允许误差值，可以手工输入。需要注意的是，误差列表在设置电位器、可调电感和可调电容时不出现。

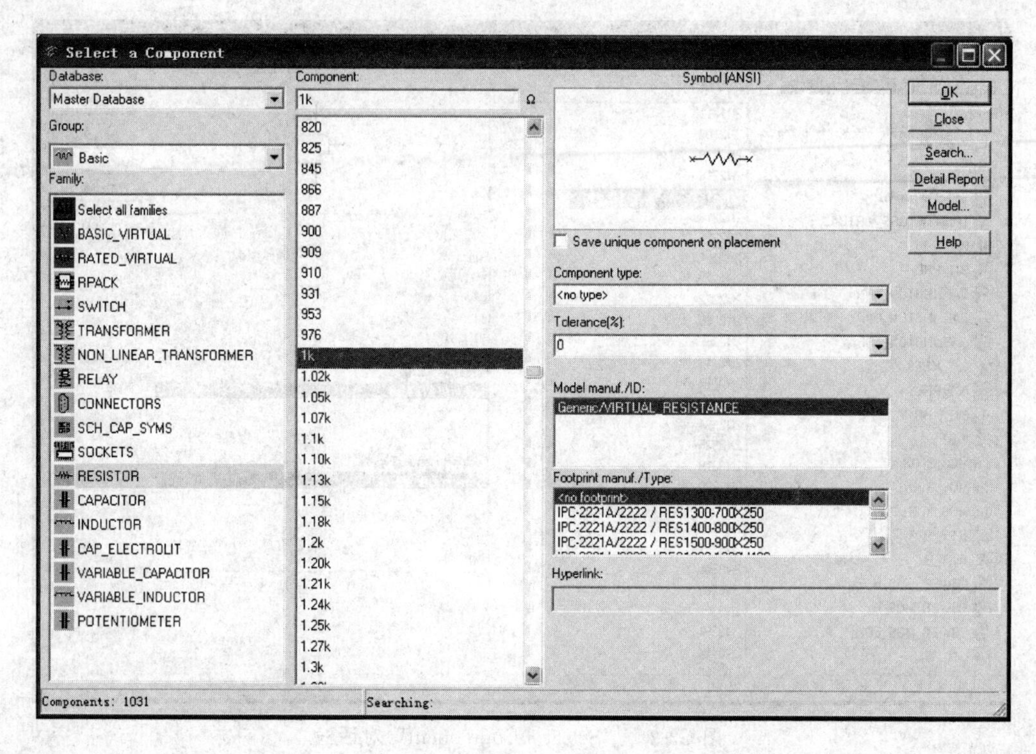

图 C2-3 显示“Basic”（基本）元件的“Select a Component”对话框

⑧ 在“Footprint manuf. /Type”（封装类型）列表中选择所需的封装类型。若放置的元件仅用于仿真，可以选择“〈no footprint〉”；如果要将原理图输出到 PCB，则必须选择封装类型。

⑨ 完成以上的操作后，可以单击右上角“OK”按钮，此时光标附着元件的图形一起移动，表示该元件准备被放置。移动光标到目标位置后，按下鼠标左键放置元件。如果需要重复放置同样的元件，可以对元件进行复制操作。首先选中该元件，单击鼠标右键，在快捷菜单中选择“Copy”，然后在电路工作区空白处单击右键，在菜单中选择“Paste”即可，元件的标签名称会自动按顺序改变。除了菜单操作，也可以使用快捷键操作，选中元件后，顺序按下键盘按键“Ctrl＋C”和“Ctrl＋V”，也可以实现元件的复制。在快捷菜单中，除了“Copy”（复制）和“Paste”（粘贴）命令外，也可以使用“Cut”（剪切）和“Delete”（删除）命令对元件操作。

C2.2 元件的调整

元件的调整分为位置调整、参数调整。操作时，位置调整包括移动、旋转和翻转等；而元件的参数调整指操作时设置元件的标签、编号、数值、模型参数等。

C2.2.1 位置调整

（1）移动

移动元件时，要将鼠标箭头指向所要移动的元件，按住鼠标左键移动就可以移动该元件到相应位置。

（2）旋转 90°

顺时针旋转：鼠标选中元件，单击右键，在打开的快捷菜单中选择“90 Clockwise”（顺时针）菜单命令，或者使用“Ctrl＋R”快捷键。

逆时针旋转：鼠标选中元件，单击右键，在打开的快捷菜单中选择“90 ClockwiseCW”（逆时针）菜单命令，或者使用“Ctrl＋Shift＋R”快捷键。

（3）翻转

垂直翻转：鼠标选中元件，单击右键，在打开的快捷菜单中选择“FlipVertical”（垂直翻转）菜单命令，或者使用“Alt＋Y”快捷键。

水平翻转：鼠标选中元件，单击右键，在打开的快捷菜单中选择“Flip Horizontal”（水平翻转）菜单命令，或者使用“Alt＋X”快捷键。

C2.2.2 参数调整

当需要对元件的参数进行调整时，只需要选中元件，双击该元件，弹出元件属性对话框进行调整，如图 C2-4 所示。元件属性对话框具有多种选项卡可供设置，包括有“Label”（标签）、“Display”（显示）、“Value”（数值）、“Fault”（故障设置）、“Pins”（引脚信息）、“Variant”（变量信息）等。通常对元件的修改有两方面：数值调整和标签修改。

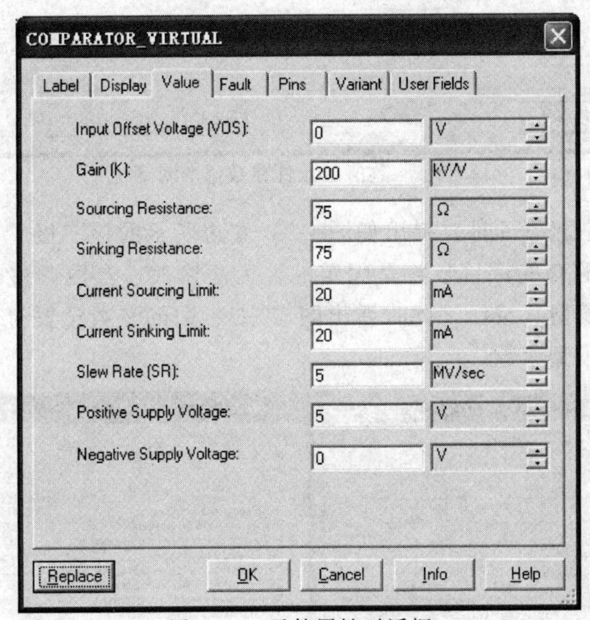

图 C2-4　元件属性对话框

（1）数值调整

双击元件后，在元件属性对话框菜单中选择“Value”选项卡，进入数值修改界面。由于元件不同，元件参数的修改方式也不同。元件参数调整分为数值型调整和复杂参数型调整两类。

① 数值型调整。电阻、电容类的参数都是简单参数，这类元件数值的调整可以直接双击元件，在弹出的元件参数修改对话框中直接修改，如图 C2-5 所示。用户可以直接在“Resistance（R）”栏选择下拉列表中的阻值，也可以输入电阻数值。

② 复杂参数型调整。二极管、三极管等元件的参数较多，用户修改参数需要通过编辑元件模型来实现。下面以三极管参数调整为例。

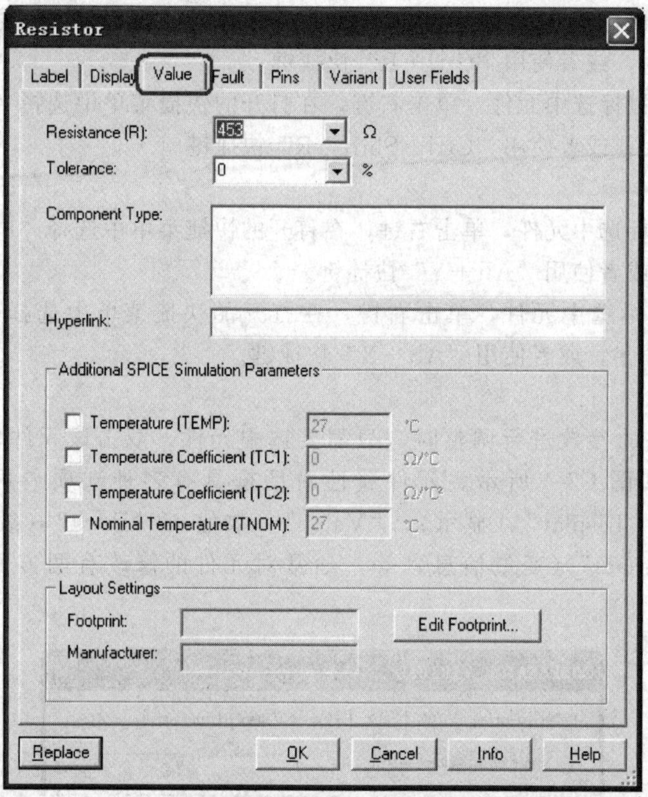

图 C2-5 数值型元件参数修改对话框

双击已放置好的三极管元件，弹出如图 C2-6 左边所示的该三极管的参数显示界面。需要注意的是，该界面的有些栏目参数是固定的，无法修改。参数调整时，单击左图右下方“Edit Model”（编辑模型）按钮，此时弹出图 C2-6 右边的参数设置对话框，用户可以在该对话框中修改相应的模型参数。

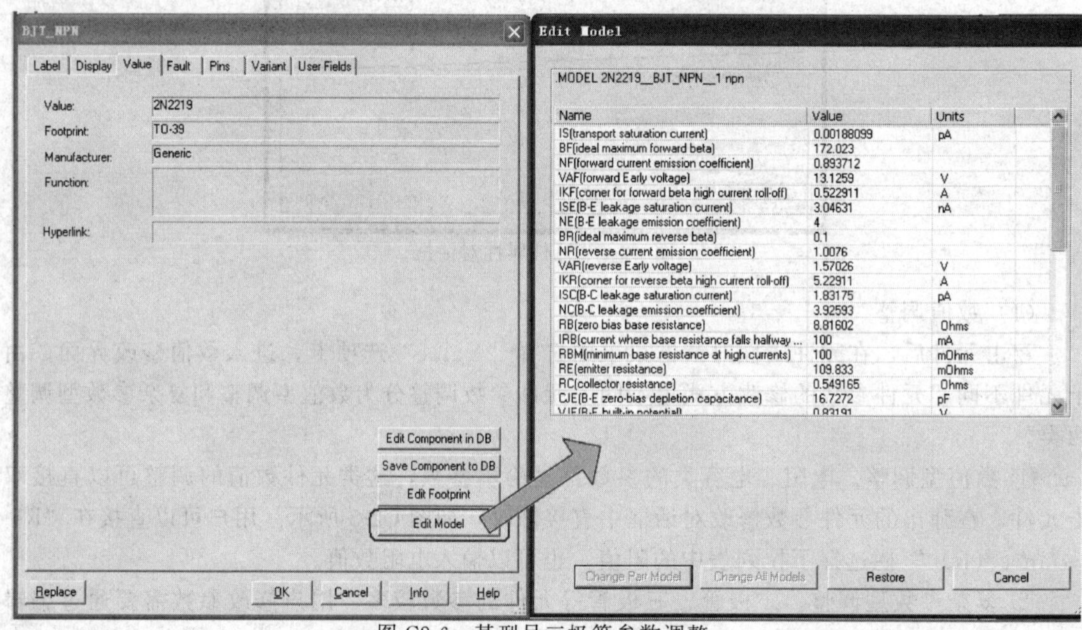

图 C2-6 某型号三极管参数调整

（2）修改元件标签和特征

如果需要修改元件的名称，用户可以双击元件，在弹出的元件属性对话框中选择“Lable”（标签页）选项卡，然后在“RefDes”（参考注释值）或“Lable”（标签）文本框中重新命名元件。如果需要终止修改，单击“Cancel”（取消）按钮即可。保存设置单击“OK”按钮。以电阻 R1 名称修改为例，如图 C2-7 所示。

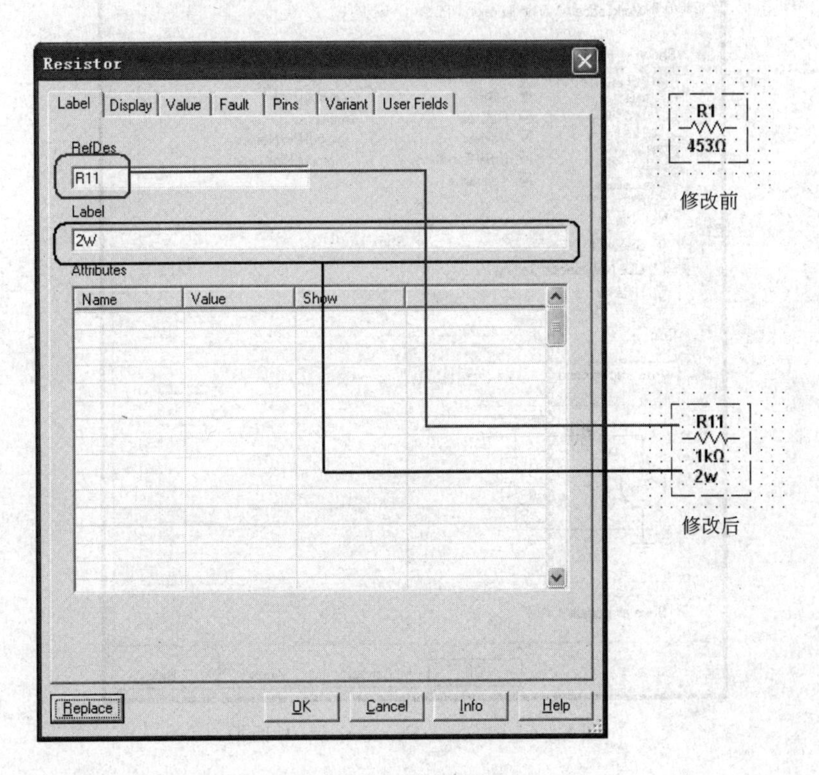

图 C2-7　电阻属性修改

C2. 3　虚拟元件的选取与放置

虚拟元件是 Multisim10 重要组成部分。利用“Virtual”（虚拟）工具栏，在工作区可以放置虚拟元件，图 C2-8 所示为虚拟工具栏。

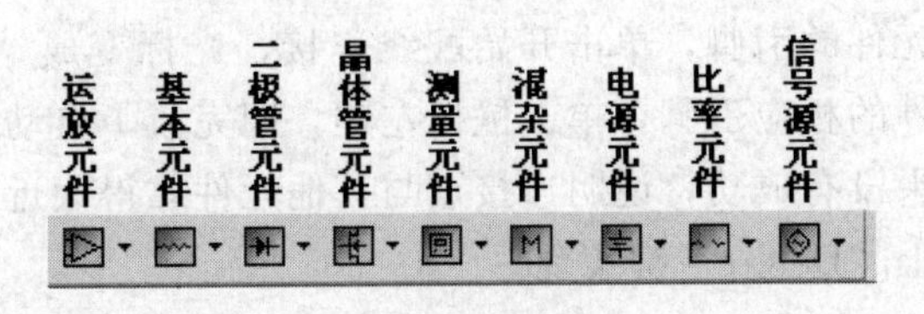

图 C2-8　虚拟工具栏

虚拟元件的放置步骤如下。

① 单击“Virtual”（虚拟）工具栏中所需的按钮。

② 在弹出的子菜单中单击需要的具体元件，此时光标会附着元件图形。

③ 在工作区中的目标位置单击鼠标左键放置元件。

需要注意的是：虚拟元件在电路工作窗口中显示的颜色和真实元件的不同，该颜色可以在主菜单的“Options”的子菜单“Sheet Properties”（电路图标属性）对话框中设置。如图C2-9所示。

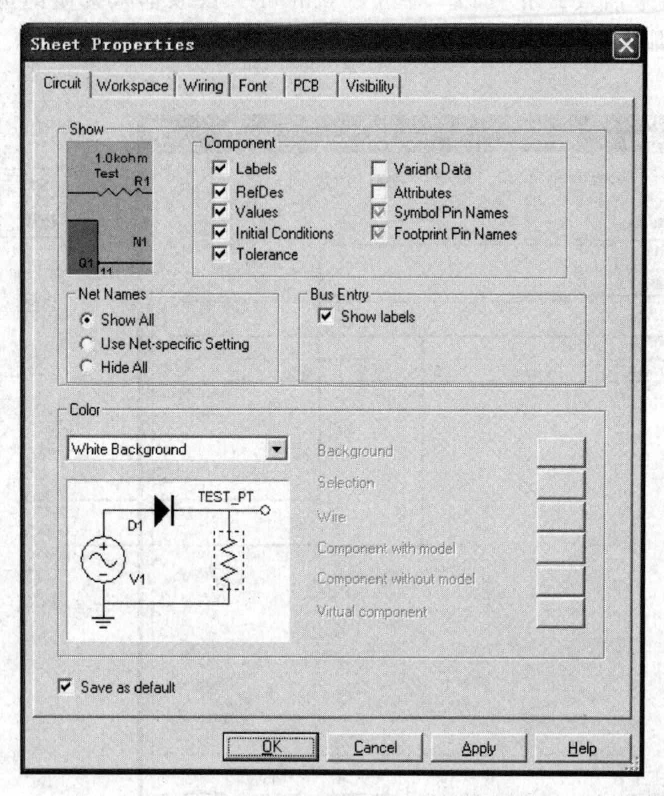

图 C2-9 “Sheet Properties”对话框

C2.4 元件与导线的连接

在电路窗口中放置好元件后，要用连线将元件与元件连接起来。每个元件的引脚都是一个连线的连接点。Multisim10提供自动连线和手工连线两种方式。自动连线可以避免连线从元件上飞过，手工连线可以按照人们的走线习惯进行布线。

（1）自动连线

将鼠标指在第1个元件的引脚，单击开始配线连接，光标变成“十字中心加黑点”，然后移动鼠标到第2个元件的相应引脚，单击鼠标左键，即完成了自动连线的功能，系统为绘制的线标上节点号。如果没有成功，说明连接点与其他元件靠得太近。线路的删除可以通过选中该线路，按下键盘上“Delete”键实现。

（2）手工连线

将鼠标指在第1个元件的引脚，单击开始配线连接，光标变成“十字中心加黑点”，然后移动鼠标，导线会随鼠标的移动而移动；当连线需要拐弯时，单击鼠标左键；到达第2个元件对应引脚时单击鼠标左键，导线就连接好了。

（3）设置导线颜色

当导线较多时，可以用不同的颜色区分，以便于区别。导线颜色的设置过程如下：选中一条导线，然后单击鼠标右键弹出快捷菜单，在快捷菜单中选择“Change Color”（修改颜色）或者“Segment Color”（片段颜色）命令，通过弹出的调色板设置窗口来选择不同的颜色，如图 C2-10 所示。

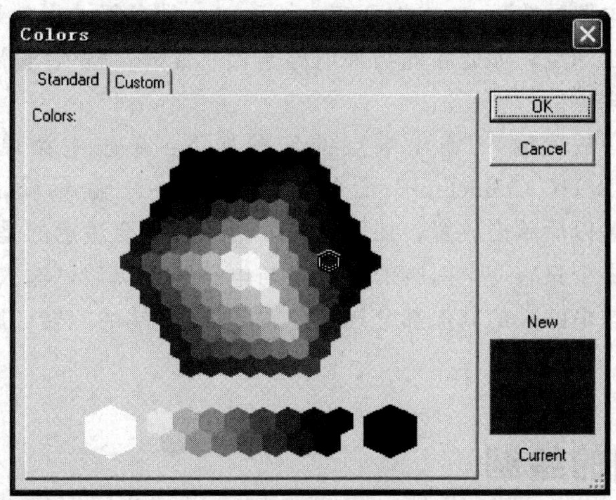

图 C2-10 导线颜色设置调色板窗口

(4) 任意角度线的绘制

Multisim10 在电路图绘制时一般采用水平和垂直两种直线方式（图 C2-11）。如果需要斜线，则无法直接绘制出来。用户可以单击导线，这时会出现拐点的标志，可以用鼠标拖动相应的拐点来调整连接线的方向。

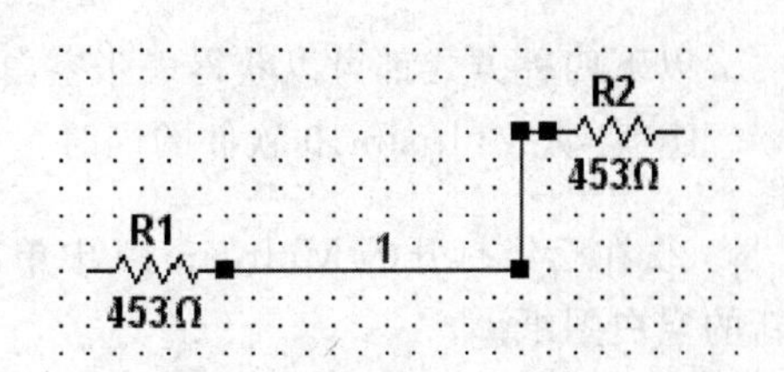

图 C2-11 连接线走向调整

(5) 导线与连接点的操作

在 Multisim10 中，两条导线交叉而过不会产生连接点，即两条导线并不相连，因此如果要让导线相接，可以在交叉点上放置连接点。具体操作是：启动主菜单中“Place”/“Junction”命令，单击需要放置连接点的位置，即可在该处放置一个连接点，两条导线就会连接，如图 C2-12 所示。如果需要删除连接点，在选中连接点后，单击右键，在弹出的快捷菜单中执行“Delete”（删除）命令即可；或者选中连接点，按下键盘上的“Delete”按键也可以达到同样的目的。

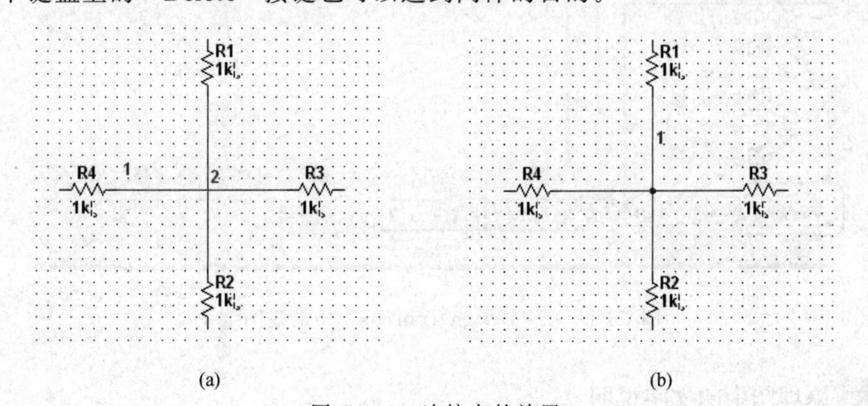

图 C2-12 连接点的放置

(a) 无连接点；(b) 有连接点

C2.5 输入/输出端点的操作

在 Multisim10 中，连接线路必须是引脚对引脚或引脚对线路，而不能把线路的任何一端悬空。不过，对于电路的输入/输出端而言，线路的一端可能本来就是空的，所以必须放置一个输入端点或输出端点，如此才能与外电路连接。此外，输入/输出端点更是子电路连接其上层电路的主要端点。

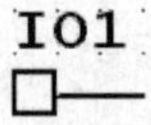

IO1

图 C2-13 放置点

放置输入/输出端点的步骤如下：单击主菜单中“Connector” | “HB/HC Connector”命令，即可取出一个输入/输出端点，移至适当的位置以后单击放置，如图 C2-13 所示。需要注意的是，输入/输出端相当于一个只有一个引脚的器件，与电路相连以后，输入/输出端的另一端不能与电路中的其他部分连接。输入/输出端的旋转、删除、更名等操作与元件操作相同。

C3 原理图的绘制

C3.1 新建空白图纸

以下四种方式都可以获得一张空白的图纸。

① 启动 Multisim10 软件的同时，Multisim10 自动打开一张新的空白的文档。

② 在已经打开的 Multisim10 中单击系统工具栏中的（新建）按键，可以得到一张新的空白图纸。

③ 在主菜单中选择“File” | “New”（新建）命令，也可以新建一张空白的图纸。

④ 打开的软件，在界面左边的“Design ToolBox”（设计工具盒）的“Hierarchy”（层次）选项页中单击，同样可以得到一张空白图纸，如图 C3-1 所示。

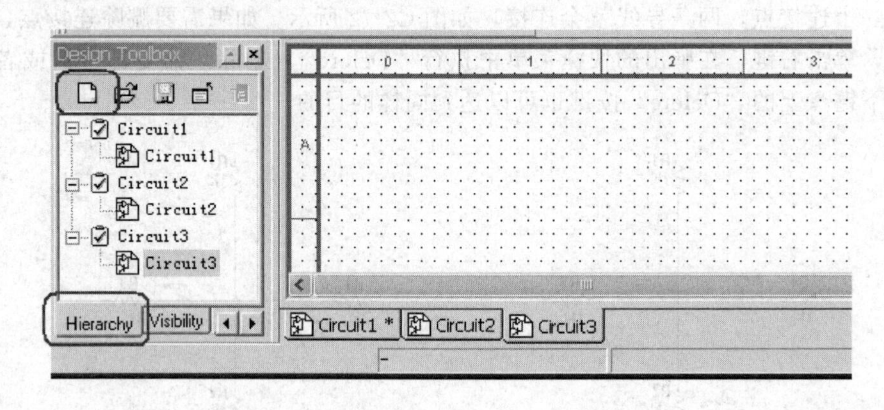

图 C3-1 在“Design ToolBox”中新建图纸

C3.2 原理图中的文字说明

在原理图中，有时需要在某些部位输入一些文字加以描述。用户可以在主菜单选择

"Place" | "Text"（文本）命令，当鼠标光标变成"I"时，将光标移到需要文字输入的地方，单击鼠标后，出现一个空白的文本框，此时可以进行文字输入，输入完毕后，在工作区空白处单击鼠标左键，表示文字输入结束，该文本框消失。当需要对文字进行移动是，可以单击文字，这是出现一个文本框体，用户可以用操作元件的办法移动该文本框体。当需要修改文字时，可以双击文字，当光标再次变成"I"时，就可以重新输入新的文字了。如果需要编辑文字，如修改颜色、大小等，可以选中文字，单击鼠标右键，在快捷菜单中选择"Pen Color"（颜色）修改颜色，选择"Font"修改文字大小、字体等，对话框如图 C3-2 所示。

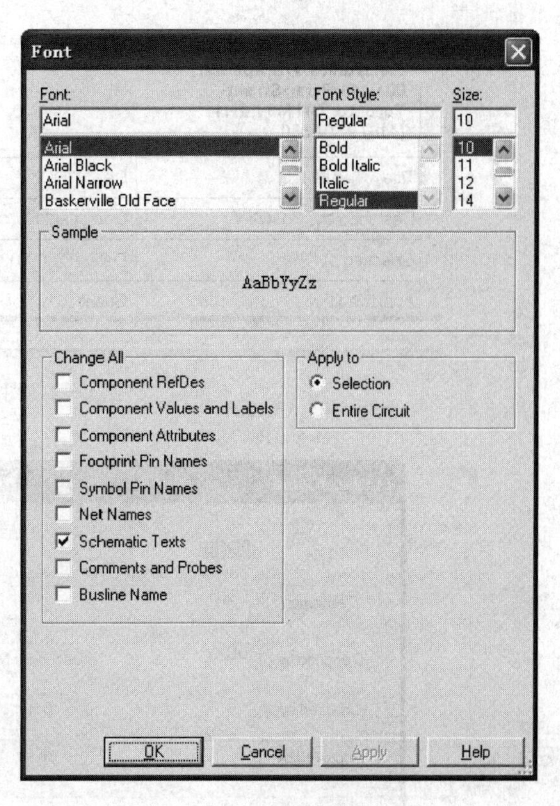

图 C3-2　文本属性修改对话框

C3.3　原理图标栏设置

图纸标题栏位于图纸右下角，是用于说明图纸是什么图纸、设计者以及设计时间等的信息框。当需要放置图纸标题栏时，用户单击主菜单"Place" | "Title Block"（标题框）命令，此时弹出标题栏格式选择对话框，如图 C3-3 所示。用户选择合适的对话框，单击"打开"按钮后，一个空白的标题栏会跟随在鼠标光标上，单击鼠标左键在工作区的右下角放下该标题栏。以第一个标题栏文件"default. tb7"为例，该标题栏格式如图 C3-4 所示，双击该标栏框，弹出如图 C3-4 所示的图纸标题栏修改对话框。

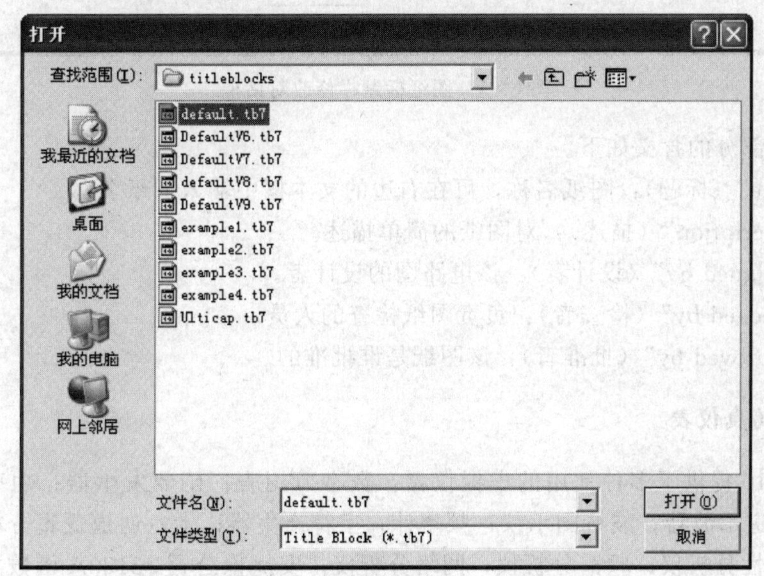

图 C3-3　标题栏格式选择对话框

Electronics Workbench 801-111 Peter Street Toronto, ON M5V 2H1 (416) 977-5550	NATIONAL INSTRUMENTS ELECTRONICS WORKBENCH GROUP	
Title: 电路1	Desc.: DQXY	
Designed by: DQXY	Document No: 0001	Revision: 1.0
Checked by:	Date: 2009-08-13	Size: A
Approved by:	Sheet 1 of 1	

4 5 6 7 8

图 C3-4 图纸标题栏

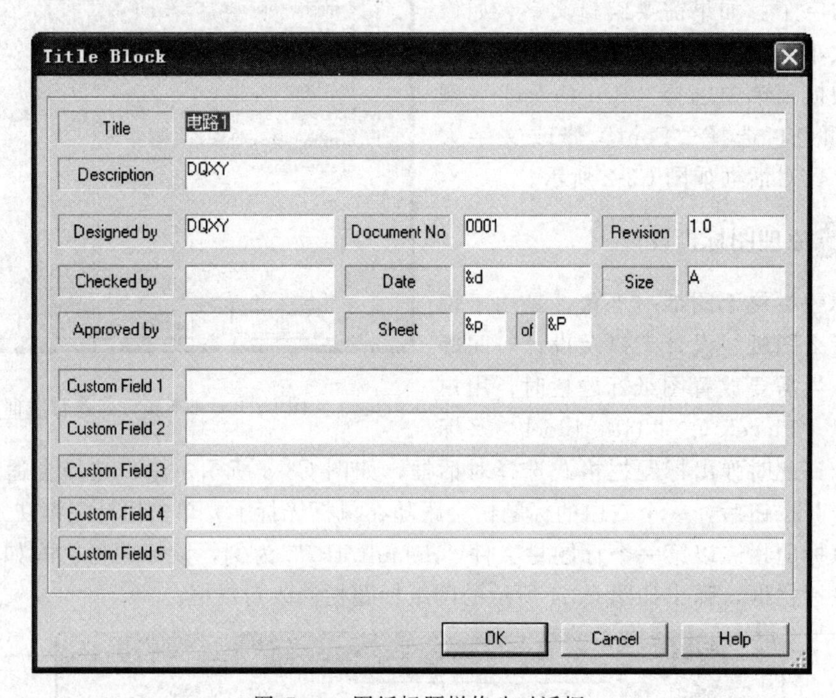

图 C3-5 图纸标题栏修改对话框

对话框各部分的含义如下。

（1）“Title”（标题）：图纸名称，可在右边的文本框中输入图纸名称。

（2）“Description”（描述）：对图纸的简单描述。

（3）“Designed by”（设计者）：该电路图的设计者。

（4）“Checked by”（检查者）：负责图纸检查的人员。

（5）“Approved by”（批准者）：该图纸是谁批准的。

C3.4 仿真仪表

Multisim10 提供了多种常用的虚拟仪器：数字万用表；函数发生器；功率表；双通道示波器；四通道示波器；波特图示仪；频率计；字符产生器；十六通道逻辑分析仪；逻辑转换仪；伏安特性分析仪；频谱分析仪；网络分析仪；安捷伦公司 33120A 函数发生器；安捷伦公司 34401A 数字万用表；安捷伦公司 54622D 示波器；泰克公司 TDS2024 示波器；动态

测量针；电流检测探针及 LabVIEW 虚拟仪器等。这些仪器的设置和使用与真实的仪器相同。这里重点介绍 Multisim10 提供的各种虚拟仪器的性能和使用方法。

打开软件后，在界面的右边有一长条的工具栏，这是各种虚拟仪器的按键，在使用时，直接用鼠标单击，然后在电路工作区空白处再次点击放置即可，虚拟仪表栏如图 C3-6 所示。

图 C3-6　虚拟仪表栏

这时在图纸上显示的是仪器的图标，表示该仪器如何接到电路中。双击该图标后，出现仪器的界面，此时用户可以设置仪器的相关参数，也可以设置在仿真时的数据显示。以万用表为例，图 C3-7 表示了万用表的仪器图标和仪器界面。

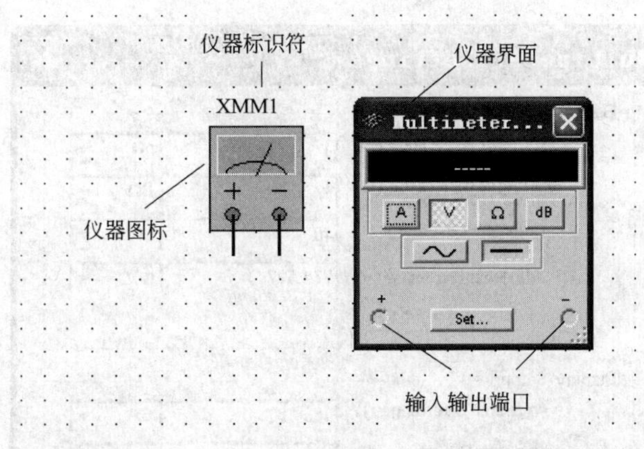

图 C3-7　万用表的仪器图标和仪器界面显示

电路连接好以后，用户可以单击软件工具栏窗口上的标志来进行仿真，需要暂停时可以单击旁边的标志。下面就具体介绍几种常用仿真仪器的特性和操作方法。

C3.4.1　万用表

万用表可以测量交直流电压、交直流电流、电阻以及分贝。Multisim10 中提供的万用表是可以自动切换量程的，因此不需要指定量程，其内阻和电流都是理想设定。

如图 C3-8 所示为万用表的仪器图标和仪器界面显示。在万用表界面上有 4 个功能选项：“A”用于测量电流；“V”用于测量电压；“Ω”用于测量电阻；“dB”用于测量分贝。下方的按钮“～”表示测量信号为交流或为 RMS 信号；“—”表示被测电压或电流信号为直流信号。“Set”按钮用于万用表的内部参数设置，单击后，弹出的对话框如图 C3-9 所示。

在测量时需要注意以下问题。

① 电流测量时，将万用表串联到被测电路，并注意电流的极性和被测信号的模式。

② 电压测量时，将万用表并联到被测电路，并注意电流的极性和被测信号的模式。

③ 电阻测量时，将万用表接至所需测量的电阻元件，此时，应保证元件周围没有电源连接，元件及元件网络已经接地，没有其他的元件或元件网络并联到被测元件上。万用表在欧姆挡可以产生一个 10mA 的电流，该值可以通过单击界面上“Set”按钮进行修改。

④ 测量分贝时，需要将万用表连接到所需测试衰减的负载上，分贝的默认计算是按照 774.597mV 进行的，也可以在“Set”中修改。

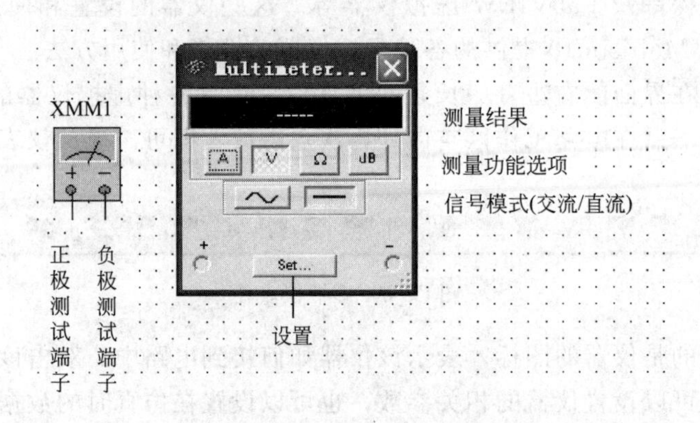

图 C3-8 万用表图标和仪器界面说明

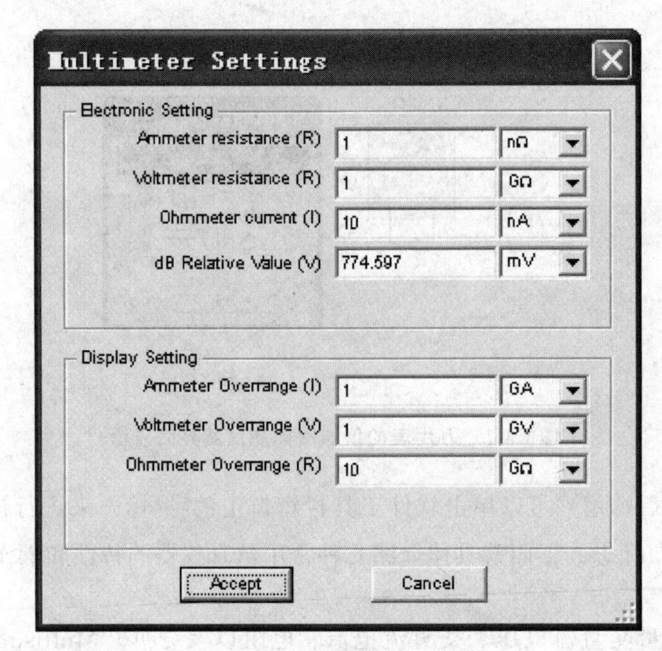

图 C3-9 万用表设置对话框

分贝衰减为 $20\lg(V_{out}/V_{in})$（单位 dB）。

C3.4.2 函数信号发生器

Multisim10 提供的函数信号发生器可输出正弦波、三角波和方波。波形的频率、幅度、占空比（方波/三角波）、直流偏移以及方波的上升/下降沿等都可以通过界面来设定。其输出频率范围很宽，从音频到射频的范围都可以调节。在电路仿真时，也可以进行参数调节，但是需要重新仿真才能看到调节后的结果。

图 C3-10 所示为函数信号发生器的图标以及面板界面，面板上有三个输出端“+”、“−”、和“Common”。

（1）电路连接方式

函数信号发生器与电路的连接方式有两种：单极性连接和双极性连接。

① 单极性连接：将“Common”（公共）端与地连接，“+”端或“−”端与电路的输入端相连。这种方式用于普通电路的连接。

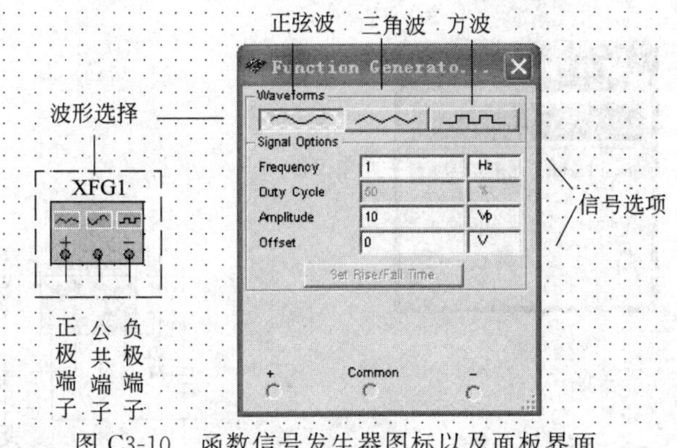

图 C3-10 函数信号发生器图标以及面板界面

② 双极性连接：将“＋”端与电路输入中“＋”端相连，而“－”端与电路输入的“－”端相连。这种方式用于信号源与差分输入的电路，例如运算放大器、差分放大电路等。

（2）面板设置

“Frequency”（频率）：信号的输出频率，默认值为1Hz。

“Duty Cycle”（占空比）：仅对方波、三角波有效。指高电平占整个周期的比值，默认值为50％。

“Amplitude”（幅值）：指的是输出信号的最大变化幅度值，它是“＋”或“－”对“Common”之间的值，默认值为10V。对于差分输入，即“＋”端对“－”端的幅值，应是设定值的2倍。

“Offset”（偏移）：指的是所含直流分量的大小，默认值为0V。

“Set Rise/Fall Time”：仅对方波有效，用于设置方波的上升/下降沿时间。图 C3-11 所示为“Set Rise/Fall Time”设置对话框，默认值为10ns。

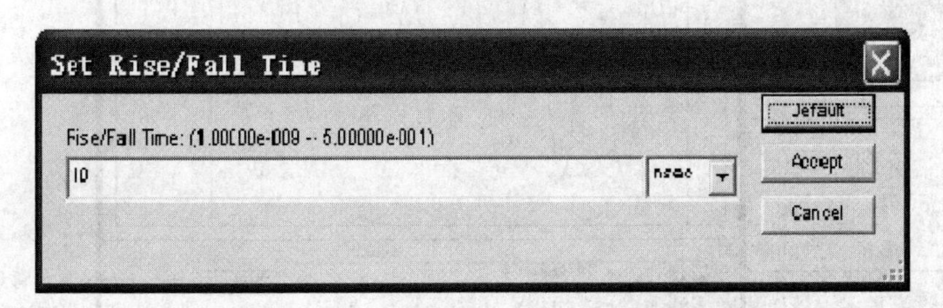

图 C3-11 “Set Rise/Fall Time”设置对话框

C3.4.3 功率表

功率表用于测量负载消耗功率或电源提供功率的仪器，常用于测量较大的有功功率，也就是电压差和流过电流端子电流的乘积，单位为瓦特（W）。功率表不仅可以显示功率，还可以显示功率因数。

图 C3-12(a) 为功率表的图标和仪器界面，连接时应该注意极性。图 C3-12(b) 为一个连接示例。

C3.4.4 双通道示波器

Multisim10 提供了一个可数字读数、可全程数字记录仿真过程的双踪（双通道）示波器，如图 C3-13 所示，用于显示电信号大小和频率的变化，也用于两路信号的波形比较。鼠标双击示波器图标可弹出示波器界面。

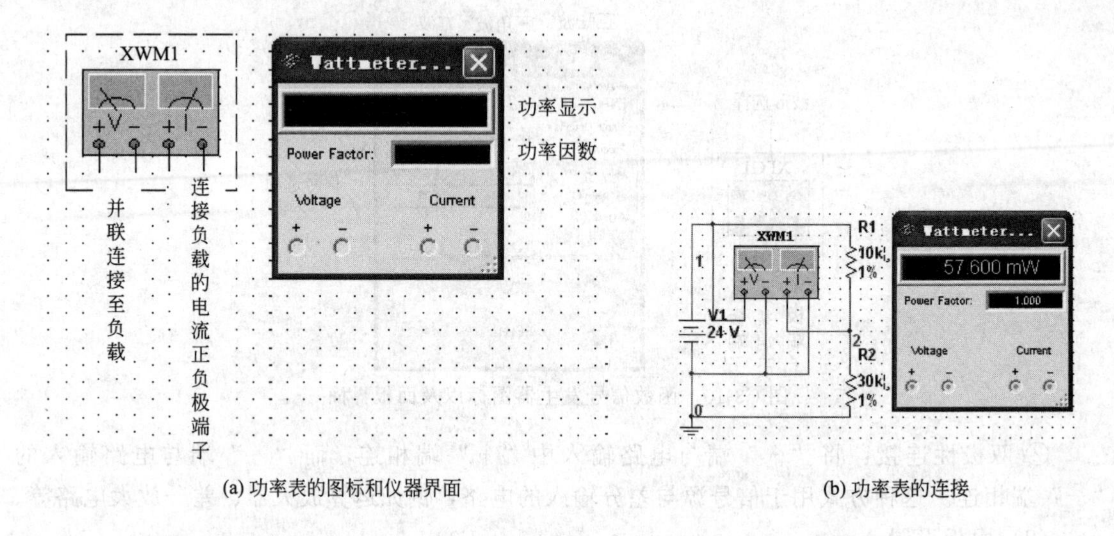

(a) 功率表的图标和仪器界面　　(b) 功率表的连接

图 C3-12　功率表

图 C3-13 所示的波形图界面可分为波形显示区、通道设置、时基设置、触发设置和数值读取框等几个部分。在波形显示区有两个游标，通过鼠标可以左右移动游标，此时下方的数据读取框体的 3 组数据也会跟随游标变化而改变。这 3 组数据分别表示：游标与波形交叉的时间点、波形幅值以及两个交叉点之间的时间间隔、幅值差。下面具体介绍界面上的几个示波器调整区域。

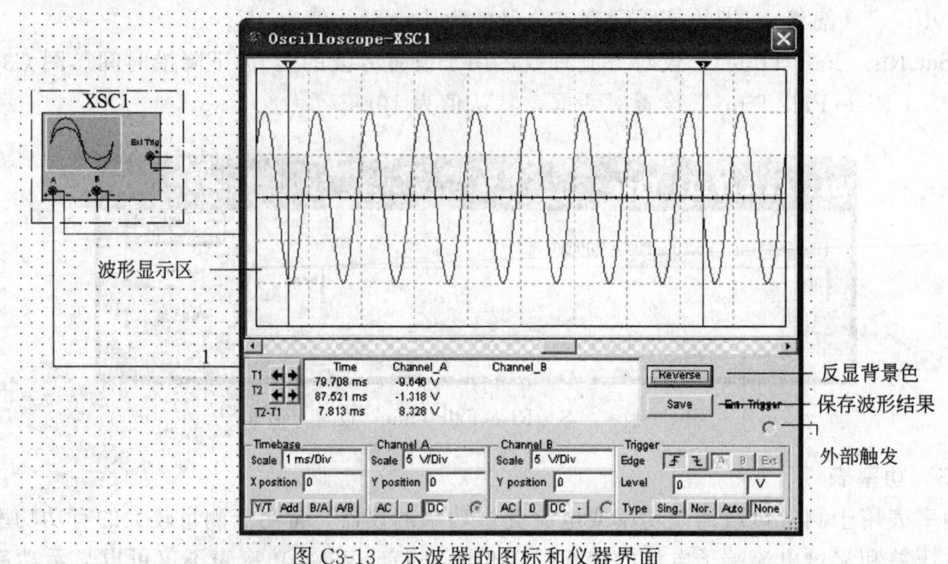

图 C3-13　示波器的图标和仪器界面

(1) Timebase——时基调整

时基用来设置 X 轴参数的类型和比列的大小。Multisim10 提供的示波器中，X 轴坐标的类型有“Y/T”(波形/时间，X 轴为时间)、“A/B”(A 通道/B 通道波形，X 轴为 B 通道信号的幅度)、“B/A”和“Add”(叠加显示，Y 轴为 A、B 两通道波形相加，X 轴为时间) 四种可选方式。

“B/A”和“A/B”方式主要用于“李沙育图形”的测量和一些需要显示两个电压相位

关系的测量。示波器使用最多的还是“Y/T”方式。这里主要介绍“Y/T”方式的调整。

“Y/T”方式的时基调整与普通示波器一样，通过调整“Scale”（刻度）来改变示波器显示区域波形的个数，其数值单位为“时间单位/div”。“div”是指示波器显示水平格，对于频率高的信号。该参数应该调小；而对于频率低的信号，该参数则应该调大。

除了刻度的调整以外，时基的调整还有“X position”（X 轴位置）调整，它用来设置波形起点的时间值，该值可以使波形左右移动。

（2）Channel——Y 通道设置

Y 通道的设置同样有刻度的设置和位置的调整，除此之外还有耦合方式的选择。

耦合方式分为“AC”耦合和“DC”耦合。使用“AC”耦合时，显示器上仅显示输入信号的交流成分，直流信号将被滤除；使用“DC”耦合，交流和直流信号同时显示。

在“Channel B”（B 通道）的输出端附近还有一个“－”按钮，它是用来改变 B 通道信号的极性的，主要用于与 A 通道信号叠加时进行加法运算或减法运算。

（3）Trigger——触发方式

触发方式的选择包括触发极性（Edge）、触发电平（Level）和触发信号（Signal）的选择等几个方面，这些设置与普通示波器一致。

（4）接地方式

示波器不一定需要接地，只需在电路中接地即可完成正常的测试。

除了以上几个设置外，为了方便区分不同的信号波形，可以分别选中通道 A、B 的导线，单击鼠标右键，在弹出的菜单中选择“Segment Color”，将导线设置成不同的颜色，则示波器上的波形颜色与导线颜色一致。同时，单击界面上“Reverse”（反色）按钮来切换显示区的背景色，有白色和黑色两种选择。

C3.4.5　四通道示波器

四通道示波器与双通道示波器的功能基本一致，但是可以同时观察 4 路波形，切换 Y 通道参数是通过通道选择按钮来实现的。图 C3-14 为四通道示波器的图标和界面。

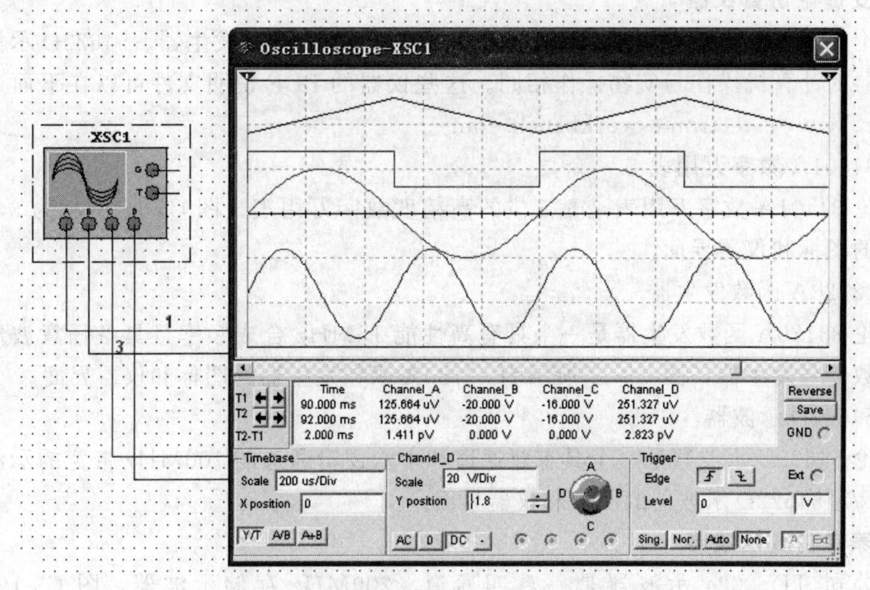

图 C3-14　四通道示波器的图标和界面

C3.4.6 波特图示仪

波特图示仪主要用于测试电路的幅频特性和相频特性，对电路的滤波分析非常有用。图C3-15为波特图示仪的图标和界面示意图。

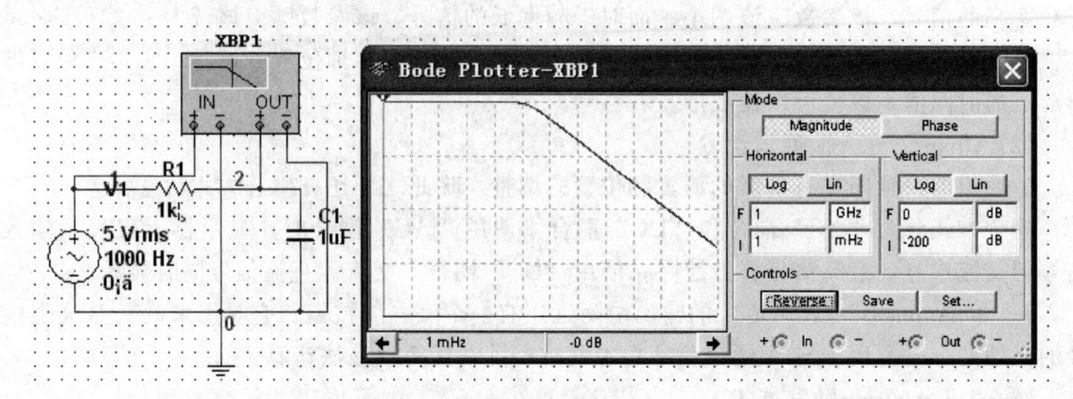

图 C3-15 波特图示仪的图标和界面示意图

波特图示仪的频率测量范围非常宽，由于它没有函数发生电路，因此必须要在电路中接入一个交流信号源。波特图示仪的面板上可以修改的参数主要有以下几项。

（1）幅频特性和相频特性

同一电路的幅频特性曲线和相频特性曲线的显示可以通过界面上“Magnitude”（增益）和“Phase”（相位）两个按钮来切换。

（2）设置 X、Y 轴坐标

在“Vertical”（垂直）选项区下选择“Log”（对数）和“Lin”（线性）来切换垂直坐标线是用对数刻度还是线性刻度（相频特性时仅能采用线性刻度），通过“F”（坐标终点值）、“I”（坐标起点值）来定义测试结果的显示范围。

在“Horizontal”（水平）选项区下的操作与在“Vertical”（垂直）选项区下相同。

C3.4.7 安捷伦仿真仪器

安捷伦仿真仪器包括有34401A数字万用表、33120A函数发生器、54622D示波器。这些仿真仪器的计算机操作与实物操作相同。这些仪器的PDF说明文件可以在下面这个网站中查找到：“www.electronicsworkbench.com”。

（1）34401A数字万用表

安捷伦34401A数字万用表是6.5位的高精度数字万用表，图C3-16所示为34401A数字万用表的图标和仪器界面。

（2）33120A函数发生器

安捷伦33120A函数发生器是一个具有高性能15MHz合成频率且具备任意波形输出的多功能函数信号发生器，图C3-17所示为33120A函数发生器的图标和仪器界面。

（3）54622D示波器

安捷伦54622D示波器是一个具有双通道和十六逻辑通道的100MHz带宽的示波器，图C3-18所示为54622D示波器的图标和仪器界面。

C3.4.8 泰克仿真示波器

泰克公司TDS2024示波器是一款四通道、200MHz存储示波器，图C3-19所示为TDS2024示波器的图标和仪器界面。

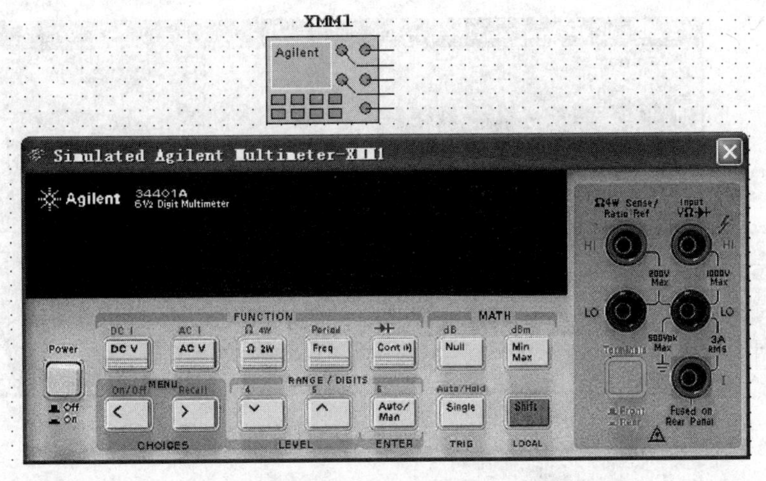

图 C3-16 34401A 数字万用表的图标和仪器界面

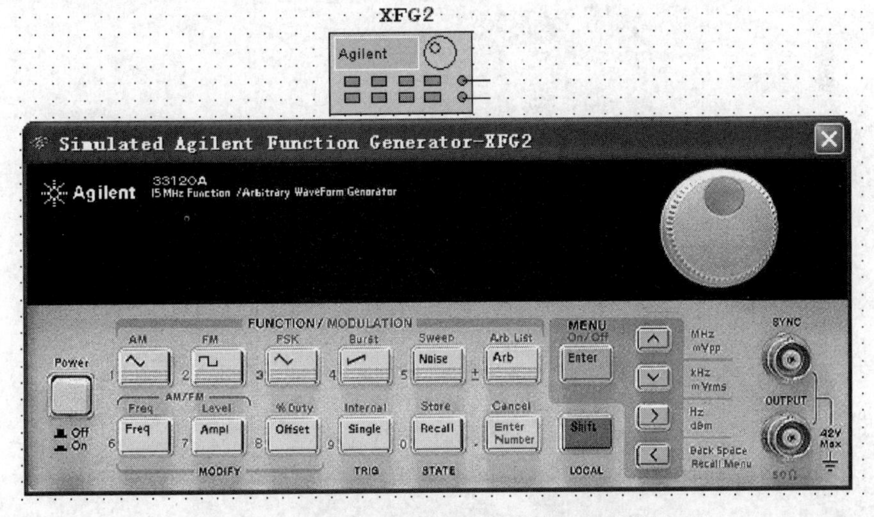

图 C3-17 33120A 函数发生器的图标和仪器界面

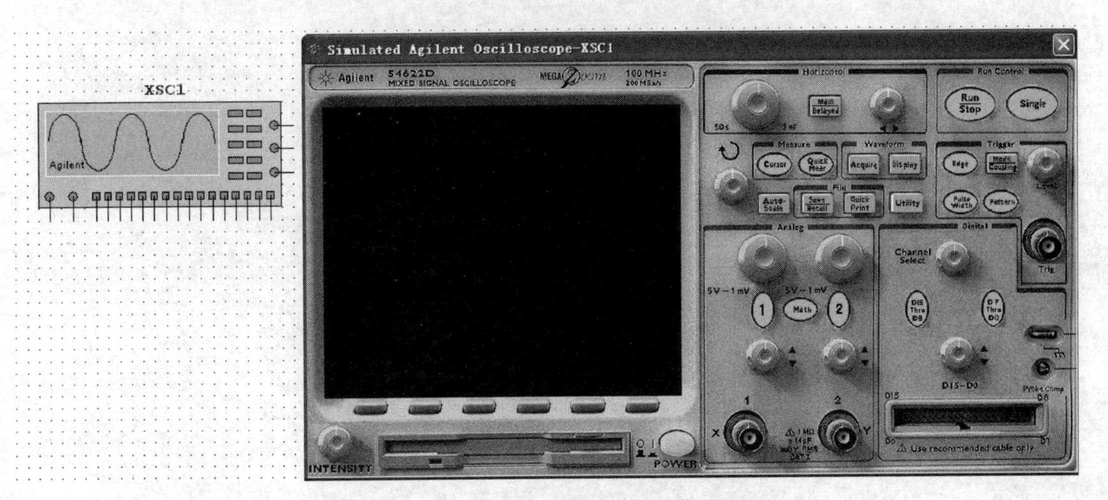

图 C3-18 54622D 示波器的图标和仪器界面

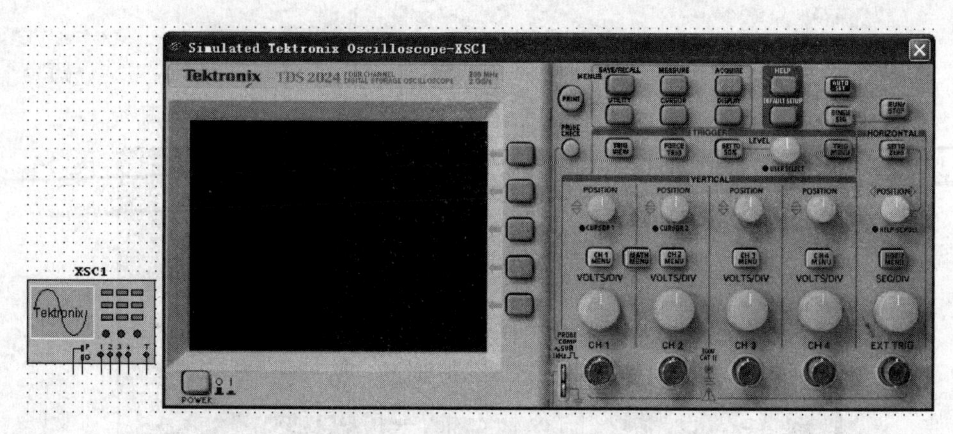

图 C3-19　TDS2024 示波器的图标和仪器界面

附录 D　电工电子开放实验室规程

（1）学生进入电工电子开放实验室操作规程

学生在实验前，必须仔细阅读该操作规程，该规程在每一台学生机的桌面上都有 PPT 可演示。要熟悉进入开放实验室的过程，掌握如何正确登录、正确打开实验程序、纪录实验数据和提交实验报告的方法。如图 D-1 所示。

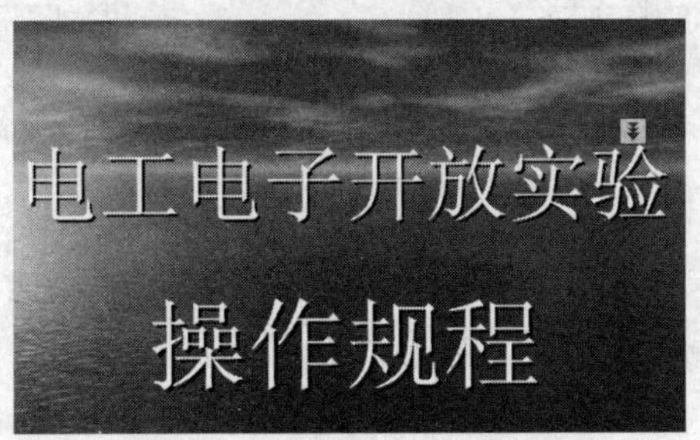

图 D-1

在江苏大学电气工程学院实验中心的网站上可进行查询、预约。操作步骤如图 D-2、图 D-3 所示。

图 D-2

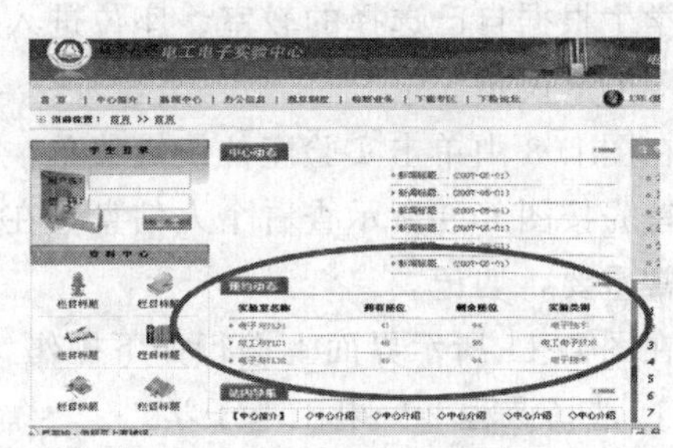

图 D-3

电工电子实验室的地址在电气学院二楼，在二楼大厅有三台刷卡触摸屏，如图 D-4 所示。其操作步骤如下。

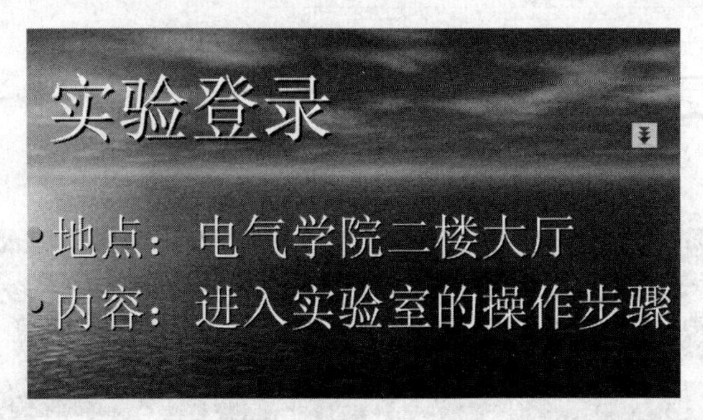

图 D-4

根据自己所做实验的内容，在刷卡触摸屏旁的公告栏里找到相应的教室号，在刷卡触摸屏上可进行两种操作，其操作步骤如图 D-5 所示。

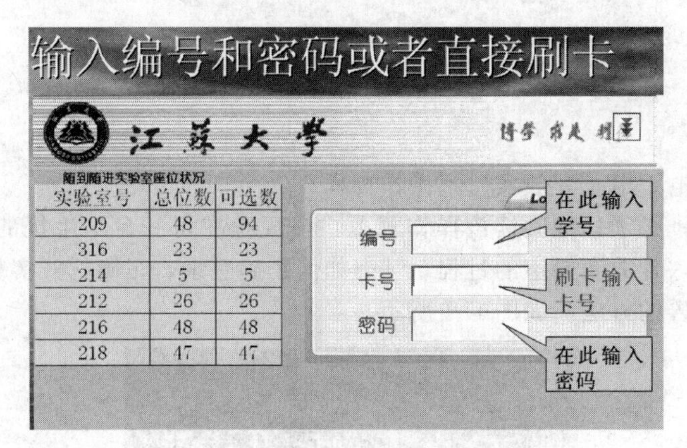

图 D-5

① 学生在刷卡触摸屏卡号位置直接刷金龙卡，此法方便快捷。

② 学生在刷卡触摸屏编号位置输入学号，在密码位置输入 6 个 8。

完成上述操作后，在图 D-5 的左边选择实验室号，弹出图 D-6 所示的界面。

在图 D-6 中选择座位号后，按“确认”按钮，将重新弹出图 D-5 所示界面，再一次按“确认”键即可。

(2) 学生上机操作步骤

学生根据自己选择的教室、座位进入实验室，如图 D-7 所示。打开计算机，计算机的桌面如图 D-8 所示。

在图 D-8 中单击实验座位快捷菜单，弹出图 D-9 所示的界面。

首先按图 D-9 所示查看个人信息，在弹出的图 D-10 所示的界面核对姓名、学号，这一项非常重要，切记。

在图 D-11 所示界面上进行如下操作。

① 选择课程——电工电子学。

② 选择实验类别——电工技术、电子技术。

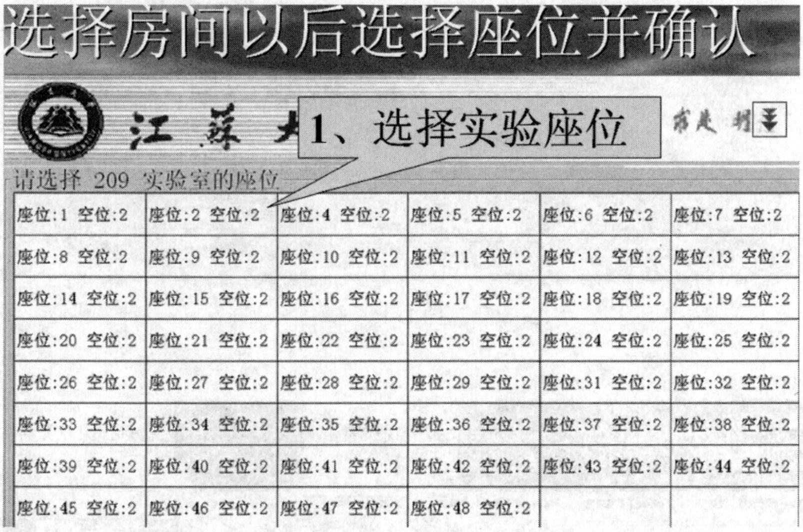

选择房间以后选择座位并确认
1、选择实验座位
请选择 209 实验室的座位
座位:1 空位:2
座位:2 空位:2
座位:4 空位:2
座位:5 空位:2
座位:6 空位:2
座位:7 空位:2
座位:8 空位:2
座位:9 空位:2
座位:10 空位:2
座位:11 空位:2
座位:12 空位:2
座位:13 空位:2
座位:14 空位:2
座位:15 空位:2
座位:16 空位:2
座位:17 空位:2
座位:18 空位:2
座位:19 空位:2
座位:20 空位:2
座位:21 空位:2
座位:22 空位:2
座位:23 空位:2
座位:24 空位:2
座位:25 空位:2
座位:26 空位:2
座位:27 空位:2
座位:28 空位:2
座位:29 空位:2
座位:31 空位:2
座位:32 空位:2
座位:33 空位:2
座位:34 空位:2
座位:35 空位:2
座位:36 空位:2
座位:37 空位:2
座位:38 空位:2
座位:39 空位:2
座位:40 空位:2
座位:41 空位:2
座位:42 空位:2
座位:43 空位:2
座位:44 空位:2
座位:45 空位:2
座位:46 空位:2
座位:47 空位:2
座位:48 空位:2

图 D-6

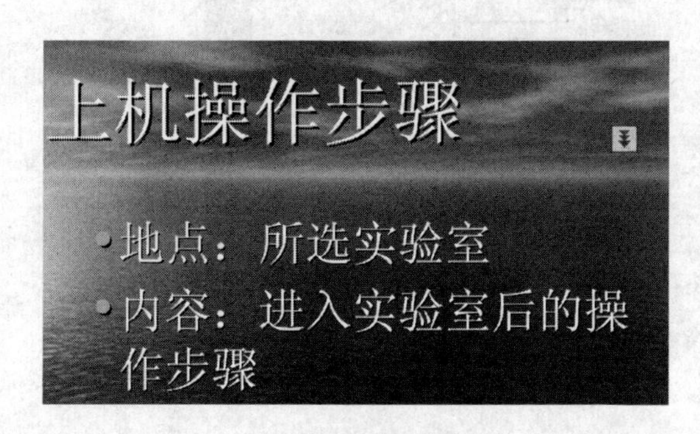

上机操作步骤
•地点：所选实验室
•内容：进入实验室后的操作步骤

图 D-7

开机进入实验系统
网上邻居
MATLAB 7.0
Windows Media Player
点此图标进入实验系统
回收站
RealPlayer
快捷方式 到 实验座位
快捷方式 到 实验座位7.31.exe
位置：C:\Program Files\Student
Internet Explorer
V1.0 S7-200 Explorer
超星阅览器

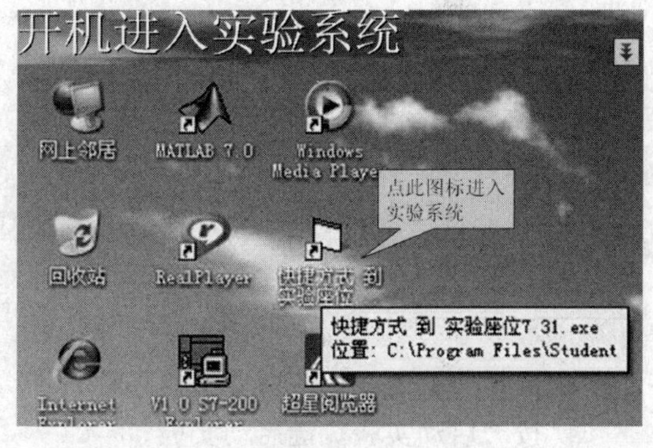

图 D-8

GZ实验室网 — 216 电子与PLD2 实验室 第 6 座位
系统信息
实验操作
日志管理
试题应答
实验报告
数据表格
自评试题
实验指导书
操作帮助
自控算法
实验编号
实验名称
启动实验
停止实验
课程
选择实验
类别
编号
曲线设计
刷新坐标
横坐标表号 2
横坐标下限 0
横坐标上限 200
纵坐标表号 3
纵坐标下限 -50
纵坐标上限 100
横坐标单位 V
纵坐标单位 mA
采样方式 0
图名称 电流电压曲线
查看个人信息

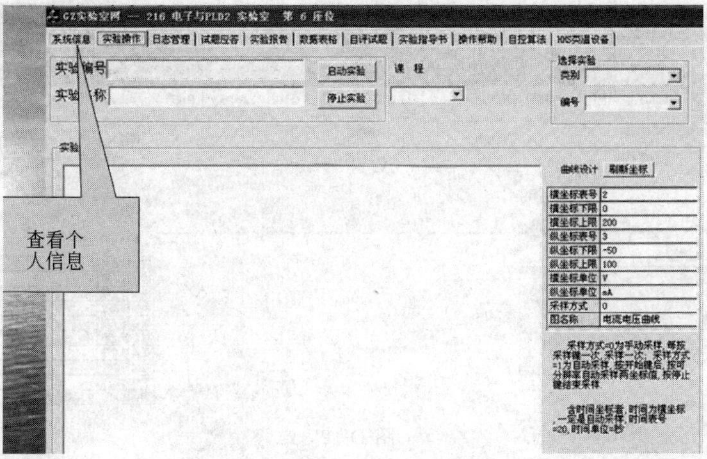

图 D-9

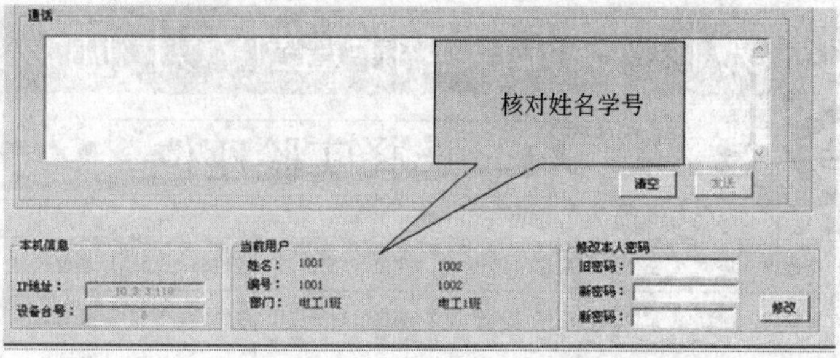

图 D-10

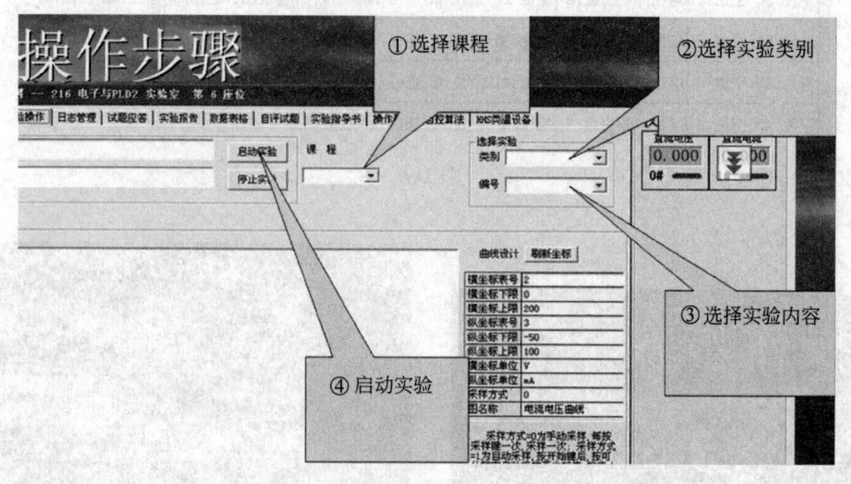

图 D-11

③ 选择实验内容——所做实验名称。

④ 按“启动实验”键启动实验。

在弹出的图 D-12 界面中进入实验报告界面。

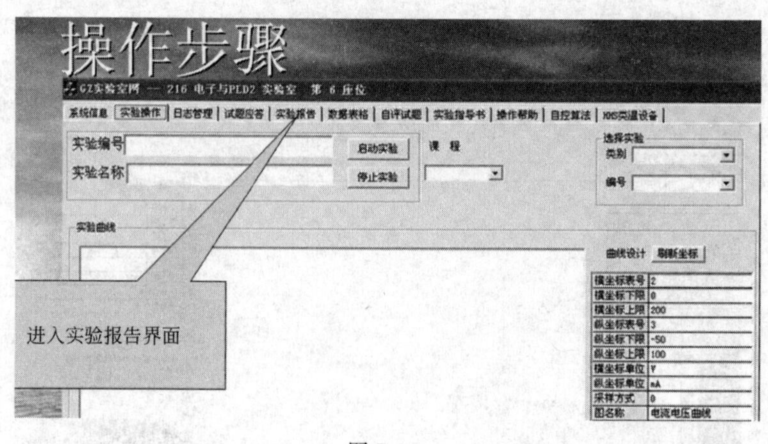

图 D-12

按图 D-13 所示界面操作步骤打开实验报告，按实验报告的内容进行实验。实验电路连接好、仪器仪表的量程选定后，一定要认真检查方可通电。实验中电路出现短路、过流、仪表超量程现象时，系统将自动报警，并在计算机中记录出现次数，此数据作为教师考评学生实验成绩的参考内容之一。

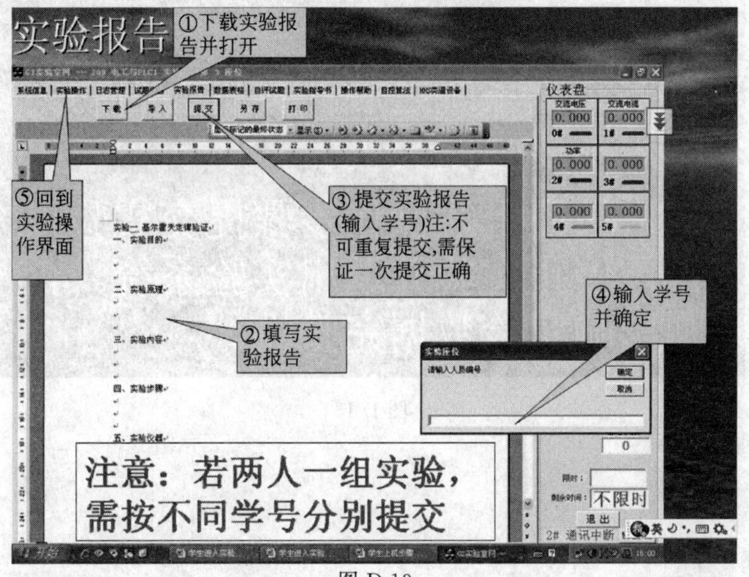

图 D-13

实验内容测量完成，把实验数据给实验教师检查，若有错误，将重新测量，实验数据检查合格后再提交。

提交完成后，弹出图 D-14 的界面，单击“停止实验”键，本次实验结束。如果还继续做下面的实验，可在图 D-14 中完成第⑥项后，重新按照图 D-11 所示界面进行操作。

最后结束实验，按图 D-14 中第⑦项的两种方法退出实验系统。图 D-15 是注意事项，要仔细阅读。

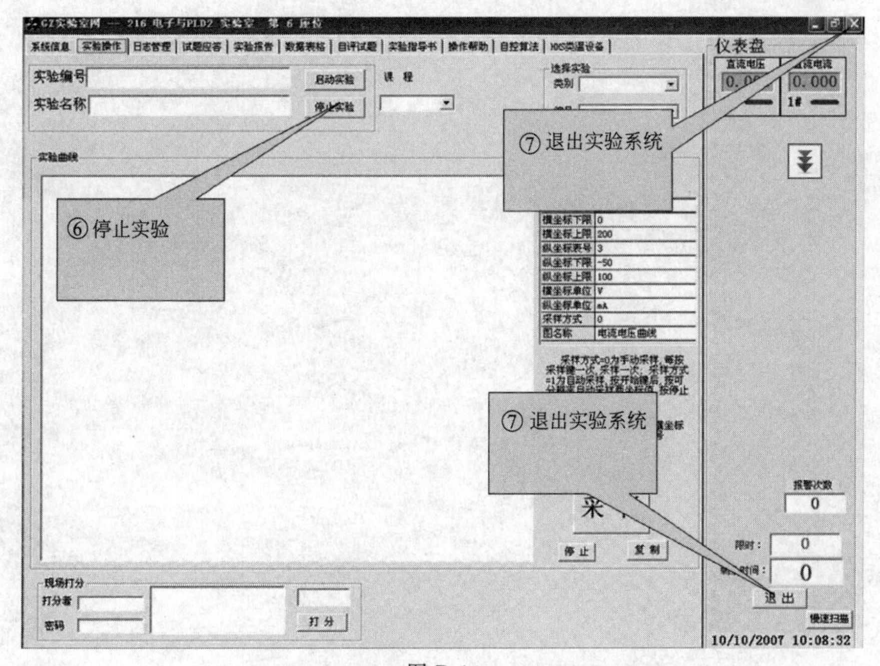

图 D-14

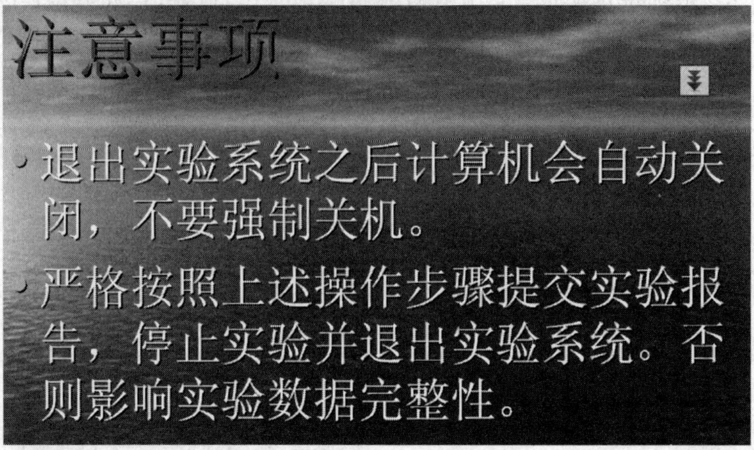

注意事项

- 退出实验系统之后计算机会自动关闭，不要强制关机。
- 严格按照上述操作步骤提交实验报告，停止实验并退出实验系统。否则影响实验数据完整性。

图 D-15

参考文献

[1] 谭延良，陆晋．电工学实验教程．镇江：江苏大学出版社，2011

[2] 陆晋．电工电子学实验教程．南京：东南大学出版社，2008.

[3] 张廷锋，李春茂．电工学实践教程．北京：清华大学出版社，2005.

[4] 谭延良．变电站值班电工．北京：化学工业出版社，2007.

[5] 周新云．电工技术．北京：科学出版社，2005.

[6] 刘蕴陶．电工电子技术．北京：高等教育出版社，2005.